最新版アトラス
世界紛争・軍備地図

最新版アトラス
世界紛争・軍備地図

編 著
ダン・スミス

アネ・ブレーン

翻 訳
森岡しげのり

ゆまに書房

Text copyright © Dan Smith, 2003
Maps and graphics copyright © Myriad Editions Limited, 2003
Relief maps from Mountain High Maps® copyright © Digital Wisdom Inc.
All rights reserved

The moral right of the author has been asserted

Japanese translation rights arranged with Myriad Editions Limited, Brighton, UK through Tuttle-Mori Agency, Inc., Tokyo.

日本語版版権©2003　株式会社ゆまに書房

目　次

はじめに　　6

第1章
戦争の原因　　10
1. 貧　困　　12
2. 人　権　　14
3. 政治体制　　16
4. 民族性　　18

第2章
軍　備　　20
5. 戦いへの備え　　22
6. 兵　役　　24
7. 軍事費　　26
8. 大量破壊兵器　　28
9. 国際武器取引　　30
10. 小型武器取引　　32
11. テロリズム　　34
12. アメリカの力　　36

第3章
戦争と民衆　　38
13. 死　　40
14. 残虐行為　　42
15. 難　民　　44
16. 地　雷　　46
17. 子ども兵士　　48

第4章
ヨーロッパ　　50
18. 北アイルランド　　52
19. ユーゴスラビア解体　　54
20. コソヴォとユーゴスラビア域内の戦争　　56
21. 旧ユーゴスラビアとその将来　　58
22. コーカサス　　60

第5章
中東と北アフリカ　　62
23. クルド族　　64
24. イスラエルとパレスチナ　　66
25. イスラエル人とパレスチナ人　　68
26. 北アフリカ　　70
27. 湾岸諸国　　72

第6章
アジア　　74
28. 中央アジア　　76
29. アフガニスタン　　78
30. 南アジア　　80
31. スリランカ　　82
32. 東南アジア　　84

第7章
アフリカ　　86
33. 植民地の歴史と独立運動　　88
34. 西アフリカ　　90
35. コンゴ問題　　92
36. ブルンジとルワンダ　　94
37. アフリカの角　　96
38. スーダン　　98
39. アフリカ南部　　100

第8章
ラテン・アメリカ　　102
40. コロンビアと周辺諸国　　104
41. 中央アメリカ　　106

第9章
和平構築　　108
42. 和平合意　　110
43. 平和維持　　112
44. 和平プロセス　　114

戦争一覧表について　　117

索　引　　124

はじめに

　私たちが新しい時代のはじまりとか、歴史の急激に転換する瞬間を目にするチャンスというのは滅多にあるものではない。2001年9月11日はまさにそんな瞬間だった。ニューヨークのワールド・トレード・センターのツイン・タワーとワシントンのアメリカ国防総省が破壊されて、3,000人以上が命を奪われた。残忍で冷酷な攻撃であり、現場で殺された多くの国籍の人々のなかに、同胞や信仰を同じくする者が含まれていようと、テロリストたちは意に介さなかった。

　世界でいま何が起きつつあるのかを知ろうとする者にとって、9月11日の出来事の理解を妨げる２つの原因はすぐに明らかになった。一つは、あの瞬間に多くの人々の目を曇らせたであろう悲しみと傷み、恐怖である。もう一つは、出来事のあまりの大きさゆえに、多くの人々が9月11日をまったく新しい世界の創造と受け止め、それ以前と以後の出来事を連続的に理解できなくなってしまったことだ。

　深い悲しみと感情の高ぶりは、多くの人々（とくにアメリカ人が）が事件の本当の原因を理解するのを妨げただけではなかった。2001年9月11日の出来事に関するさまざまなメディアの直後報道を見ても、それがなぜ発生したかをたずねること自体、ひじょうに難しいことに思われた。なぜと問いかけることは、答えが存在することを前提としているし、その答えが明快な理由を含んでいれば、すなわち攻撃が理にかなったものと認めることになる。だが、このような恐ろしいことが理にかなったものと言えるだろうか？

　戦争とは、恐怖に満ちている一方で、実は合理的な計算そのものでもある。たとえ数千人の命が失われたとしても、それには必ず理由がある。多くの暴力は盲目的で合理的な理由などありえないが、他方では物事を冷徹に見すえ、結果をかなり正確に予想したうえでなされる暴力、それゆえに一層冷酷な暴力も存在する。

　こうした行為を計算の結果である、あるいはそうかもしれないと口にすることは、けっして暴力を容認したことにはならないし、知的な行動として受け入れることにもならない。暴力に訴える者は、道徳の面で視野を奪われているだけではなく（人は自らも暴力にさらされることによってその道徳観は薄れるが）自己の行動が招く結果を見通す力も失っていることが多い。

　私たちは慎重に計算され計画された暴力、何らかの結果を得るために用いられる暴力が、意図とはまったく違う結果を招くのを過去いくどとなく目にしてきた。テロリズム撲滅を口にしつつそれを攻撃する行為は、実はテロリズムを助長するだけである。人民に反乱を思いとどまらせるための攻撃は、反乱勢力が新たなメンバーを獲得するのを手助けするだけである。安全を目的とした攻撃は、安全を損ねるだけである。

　9月11日の攻撃は計算ずくの行動であり、したがって目的を持っていたことは間違いないが、その目的が本当に達成されたかどうかは疑わしい。選ばれたターゲットを見れば、攻撃の目的がアメリカの財政的戦略的パワーであることがわかるし、これまでに収集された証拠やアルカイダ・ネットワークのリーダー、オサマ・ビン・ラディンの声明から、2001年9月11日にハイジャックされた第4の旅客機が政治的ターゲットを狙っていたことも推定されている。アルカイダを中東、とくにサウジアラビアから追放しようとするアメリカへの打撃と、イスラム世界を反アメリカで一体化させるための集合ラッパ、これが彼らの目的だったと見るべきだろう。

　この攻撃による、物理的な被害を除いた成果、事件直後のショックが消え去った後に浮かび上がったものといえば、世界の大多数を反アルカイダで結束させ、アフガニスタンのアルカイダ基地とその支援勢力に対するアメリカ主導の攻撃を容認させたことだけではなかったのか。アフガニスタン攻撃は、ビン・ラディンこそ取り逃がしたものの、彼に安全地帯を提供したタリバン政府を転覆させたという意味で、少なく見積もっても部分的成功と評価することができるだろう。

　仮に、一連の事件でアルカイダ側の勝利があったとすれば、それはパラドックスに満ちたものとなるだろう。アメリカは9月11日の攻撃に対し退却ではなく前進で応じ、アフガニスタンに侵攻しただけでなく、中東、中央アジアをはじめとする世界の隅々でその軍事プレゼンスを増強した。こうした兵力の広域分散は、アメリカの比類のない軍事力のなせる業ではあるが、決意と残忍さと攻撃方法を見つける知恵を持つ相手にとっては、うってつけの攻撃ターゲットを与えることにもなりかねない。だが仮にアメリカに対しさらなる攻撃

が行われれば、そのパワーをより広範囲にしかも力強く拡散させる動機を与えることになるだろう。

9月11日のような衝撃的な事件が持つ歴史的影響は、すぐには判定することはできないが、全体的に見ると事件の直後の反応が多少オーバー気味に振れていたことはたしかだろう。9月11日が、2つの時代にはさまれた中間期、すなわち12年前にはじまったばかりの中間期の終わりを意味することは明白だ。1989年11月、ベルリンの壁は壊され冷戦は終結した。1990年代全体をはさんだロング・ディケード（訳注：ディケードは10年間を意味するが、著者はロング・ディケードという言葉を1989年から2001年を指すために用いている）のはじまりとなったこのとき、人々が自宅へと持ち帰ったコンクリートのかけらには、歴史的瞬間の記念品としての意味もあったが、平和と自由の可能性の象徴でもあったのだ。マンハッタンのグラウンド・ゼロとワールド・トレード・センターの2つのビルの崩壊は、このロング・ディケードの終わりを記した。私たちはまだこの新しい時代に名まえをつけてはいないが、すでにはじまっていることは間違いない。ただ、私たちはロング・ディケードの終わりと同時に起こった変化を認める一方で、多くがこれまでどおり続いていることも認めざるをえない。

21世紀のはじめにおいて、なお続いていた戦争の多くは、10年以上前からのもので、その原因となった問題はさらに長い歴史を持っている。多くは、経済や政治のシステムの失敗に端を発している。経済や政治システムの失敗の原因は何かと問われれば、貧しい者が不利となるいまの世界の仕組みそのものをあげざるをえないだろう。また、原因のいくつかは社会そのものの弱さ（グローバルな不正義によって助長された面はあるが、不正義が直接の原因ではない弱さ）にあることも間違いない。

1989年の冷戦終結によって、一つひとつの紛争が超大国対立の一幕としてではなく、個々の事情、人間にとっての悲劇、人道上の惨事として、よりはっきり見えてくるようになった。さらに一つひとつの戦争を終わらせて、長く続いた戦いで荒廃した国の人々が人間らしい生活を回復するための行動が、容易になったということもあるだろう。

冷戦とはあまり関係がなくてもその時代から続く戦争がある一方で、1990年代のロング・ディケード、す なわち冷戦終結以後もいくつかの戦争が発生している。ソビエト連邦と旧ユーゴスラビアの崩壊によって引き起こされた悲惨な戦争は、1990年代を通じて続いた。一部は9月11日以後も続き、一部はそれ以前に終わったが、戦争の原因は一応コントロールされているだけで、完全に解消されたわけではない。人類史を大転換させるかと思われた9月11日の惨事をもってしても、こうした状況をすべて変えることはなかった。新時代の新しいモンスターが出現した一方で、冷戦終結以前の昔から生き続けてきたモンスターも、90年代の戦間期を過ぎたいまも世界を徘徊しているのだ。

壁が崩される以前の時代は、世界の覇権を争う2大国、すなわちアメリカとソビエトの2極対決として特徴づけることができるだろう。これに対し新しい時代は、アメリカの圧倒的軍事優位によって特徴づけられる。軍事的にはアメリカの圧倒的パワーに迫ろうとする国さえないが、そのアメリカが比類なき軍事力によって不死身とはなりえなかったことは、9月11日の教訓のひとつとしてすべての人々が学んだ。力と安全は、まったく別の事柄だったのだ。

このことは、本アトラスに込められた簡明な思想と考えていただいてかまわない。力は正しくも悪くも使うことができ、現時点で世界最大の力を持つ国はアメリカである。その力を行使するうえでの基準は、もっとも基本的で常識的感覚でいうところの安全、すなわちつつましい生活を営む普通の人々のための安全でなければならない。

本アトラスは、1983年にスタートしたシリーズの第4版である。創刊当時は、戦争と平和の世界を描くということと、2大国対立を世界規模で概観すること、つまりこの国はこちら側、この国はあちら側といった仲間分けとほとんど変わりない作業であった。この20年間の世界の変化をふまえて私が感じたのは、グローバルで全体的な視点を少しだけ薄め、局地的個別的な視点に移して戦争と平和の世界を描き出す必要性だった。そうすることによって、状況は以前よりも複雑に見えるようにはなった。ただし、20年間このアトラス・シリーズの執筆を続けてきた立場の私にも、状況が複雑に見えるようになっただけなのか、本当に複雑化したのか確信が持てないことを白状しなければならない。

冒頭から3つの章は、全体像の説明に割いた。第1章では、武力紛争の原因となる世界のトレンドを、第2章

では軍事力と兵器などに関する説明、第3章は人道的道徳的な問題の説明にあてた。第4章から第8章までは、地域別の記述にあて、戦争を生みそして終わらせるための力学を考察した。最終章では、再び視点をグローバルに転じて、どのようにして平和を構築するかの問題を全体的に論じた。

全体論と個別論をバランスよく配分することには努力したつもりだが、あえて議論を一般化せざるを得なかったいくつかの部分については、それぞれの分野の専門家諸氏の許しを請いたい。こうした考察のなかから、次にあげたいくつかの結論を読み解いていただくことができれば私の幸せとするところだ。「暴力的な争いを引き起こす条件」「平和な関係を築くうえで必要な政治的リーダーシップ」「一貧困国の小領域であれグローバル・スケールであれ、暴力とパワーのみに頼った安全追求の虚構性と危うさ」。

第4版の制作にあたっては、多方面からの助力をいただいた。オスロ国際平和研究所（PRIO）の同僚諸氏からは、貴重な助言とさまざまな情報を提供していただいた。なかでも、Pavel Baev, Scott Gates, Nils Petter Gleditsch, Kristian Berg Harpviken, Wenche Hauge, Nic Marsh, Ananda Millard, Håvard Strand, そして研究所長のStein Tønnessonに特別な感謝を捧げたい。

Jill Lewisは、HIV/AIDSと紛争の関連を示すデータの所在を示してくれた。Berit Tolleshaugは、Kristin Ingstad Sandberg, Cecilie Sundby, Olav Høgberg, Karen Hostensらの作業を引き継ぐかたちで、武力紛争に関する最新データの整理をしてくれた。ここにあげた諸氏には限りない感謝の気持ちを述べると同時に、すべての成功は彼らの功績、すべてのミスは私一人の責任に帰すことをここに明示するものである。

Ane Brænはリサーチ・アシスタントとして本アトラスの制作に加わったが、結果的にはデータの選択やプレゼンテーションなどで重要な決断を担うようになった。最終的な彼女の仕事はたんなるアシスタントの仕事としての範疇を越えているため、本アトラスのタイトル・ページにそのクレジットを記すこととした。彼女の努力と献身に加えて、楽しい仕事仲間であってくれたことに対しても感謝したい。人が人に対し痛みと苦しみを与えた証拠を収集するというけっして楽しくはない仕事に、よき仲間の存在は大切だった。

Myriad Editionsは、口述筆記や数値の地図化を引き受けてくれた。Myriadのクリエーティブ・チームは、職業意識にあふれ、またありとあらゆる締め切りをぎりぎりまで引き延ばしたり、時には破ったりする私の悪癖を、卓越したユーモアのセンスを持って受け止めてくれた。Myriadの仕事に格式と切れ味を添えたのはクリエーティブ・ディレクターのCorinne Pearlmanだ。直観的な地図デザインはIsabelle Lewisの作品だ。Paul Jeremyは素材の持つ可能性をフルに引き出す術を心得たエディターだ。活発で能率のよい会社に人間味を添えて切り盛りするCandida Laceyはいつしか私のよき友となっていた。楽しく一緒に仕事ができたことを、彼らに感謝したい。

ダン・スミス
オスロにて

第1章

戦争の原因

　1989年に冷戦が幕を閉じると、新たな時代がはじまった。だが、第三世界や旧ソビエト連邦、南東ヨーロッパにおける果てしない戦いの現実が知られるようになると、新たな平和の時代のはじまりを願った西側の希望はうち砕かれた。冷戦終結以降に全世界で発生した戦争の数は120を超えている。

　こうした戦争が、以前よりも人々に知られるようなった理由のひとつには、戦争の数そのものが増えたことがあげられるだろう。1990年代の初頭における年間の武力紛争の件数は、数年前と比べ急増した。しかしながら、1990年代の中頃になると、発生ペースは低下し年間トータルも減少に向かった。そして20世紀が終わろうとする頃には、ちょうど冷戦終結直前と同じ程度の数の戦争が続いていた。

　もうひとつの理由としては、冷戦がなくなったことによって、実際に起きている戦いが見えるようになったことがあげられるだろう。20世紀後半の大部分を通じ、アメリカ合衆国とソビエト連邦という2大国と、それぞれを中心とした同盟システムの対立は、多くの人々の世界観を東西対立という視点からの解釈へと偏らせた。そして、このフレームワークに合わないものは、無視される傾向があったのである。

　現代の戦争のうち、国家対国家の争いは10%に満たない。植民地宗主国からの独立戦争などは、ほぼ完全に過去のものとなった一方で、一国家の地方や民族グループのリーダーが国家からの離脱をめざす分離独立戦争は数多くおこなわれている。国家同士の戦争は、その重要性のみならず、希少性ゆえにメディアによって積極的に取り上げられるが、現代の戦争はほとんどすべてが国家対国家ではなく国家内の戦争なのである。

1990-2001年　世界の武力紛争

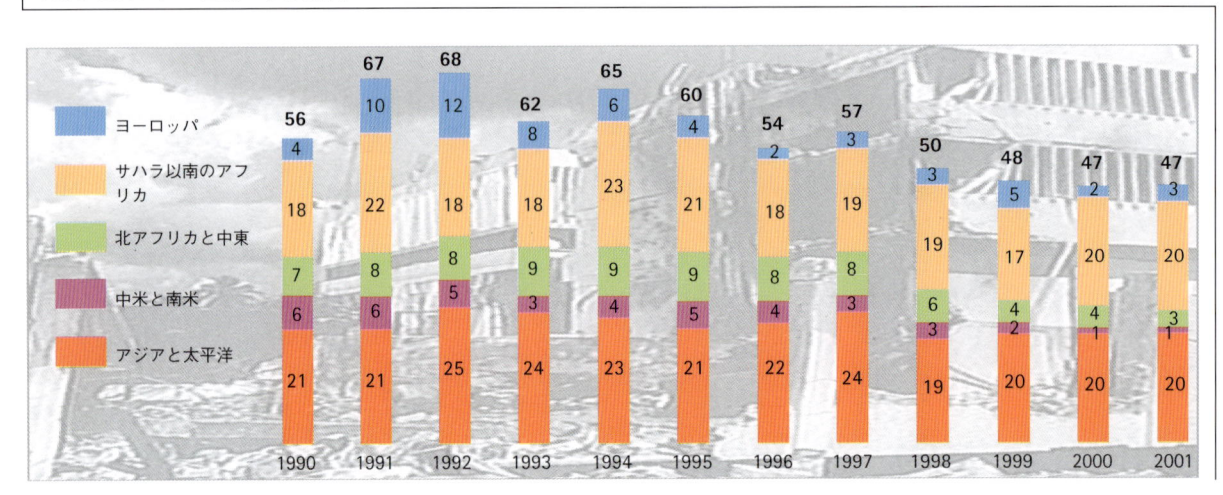

	1990	1991	1992	1993	1994	1995	1996	1997	1998	1999	2000	2001
合計	56	67	68	62	65	60	54	57	50	48	47	47
ヨーロッパ	4	10	12	8	6	4	2	3	3	5	2	3
サハラ以南のアフリカ	18	22	18	18	23	21	18	19	19	17	20	20
北アフリカと中東	7	8	5	9	9	9	8	8	6	4	4	3
中米と南米	6	6		3	4	5	4	3	3	2	1	1
アジアと太平洋	21	21	25	24	23	21	22	24	19	20	20	20

人々はそう簡単に武器を手にするわけではない。戦争への決断は複雑なもので、さまざまな要因を含んでいる。戦争に不可欠の2要素とは、（意見や利害の）不一致と戦うための手段である。その一方で、不一致の本質や、事態を暴力へと向かわせる要因はさまざまだ。

　考えられる戦争の原因の多さが、戦争の本質理解を妨げている理由でもある。このことが、エキスパートたちからはほぼ間違いないといえる程度に予想されながら、世界の政治リーダーたちにとってはまったく予想外ともいえる戦争が現代になっても起きている理由でもあるのだ。

　戦争を理解しようとするとき、その原因をタイプごとに分けることは意味があるだろう。まず存在するのは、バックグラウンドとなる原因、つまり数十年かけて蓄積した案件、火がつけられるのを待つばかりに火薬の樽を積み上げた諸問題だ。次に、政治的なファクター、政治リーダーや政治運動の動静、彼らの目的とするもの、それを追求する方法が存在する。これらは、いわば爆発物に差し込まれた着火を待つばかりの導火線に相当する。そして次にあげる誘因は、本質的に予想しにくいものである。これはわざと戦争を引き起こそうという行為かもしれないし、要人暗殺やデモ行動が暴動に発展したり、警察の活動を発端とした虐殺などといった突発事故に近いものであることのほうが多く、ときには世界的に重要な物資の価格変動であったりもする。これらは、導火線に火をつけるマッチにたとえられる。

　この章で示す4枚の地図は、戦争の背景となる原因を示している。戦争開始につながる政治的な行為と誘因については、第4章から第8章にかけて記述する。

　1枚目の地図は、より長期的な戦争の背景原因と、劣悪な経済条件、平和的な変化を模索するための政治的開放度の欠落とを関連づけて理解するうえでの助けになるだろう。ここに見られるのは、不公平の基盤である。国の富や資源が貧しければ貧しいほど、それを手に入れるための競争は激しくなり、多くの民衆のニーズに応える国家の能力は弱まる。これが不満を助長し、不公平を感じさせ欲求不満をあおる。それは野心的な政治リーダーにとって、またとない場となり、自分に追従する者と共感できるかに関わりなく、不平不満を組織化し、不正義に対する不満を声高に語るのである。

　民衆がこうしたリーダーたちに追従する理由は、そうすることによって日々の生活で目にする不正義を是正するチャンスが与えられると信じるからだ。こうしたリーダーが民衆を戦争に押しやらなかったとすれば、むしろ幸運だったと言うべきだろう。だが、特に貧しい国、民主政治が根づいていない国の民衆たちは、このような幸運には恵まれてこなかった。もし社会が比較的公平で、貧富の差がそれほど大きくない世界であれば、民衆は運にたよる必要もないのである。

I 貧困

現代の戦争は、最貧国に集中している。

- 国連人間開発報告書に、2000年に高い発展を示したと分類されている国で、1997年から2001年のあいだに内戦が起こったのは2%である。
- 中発展国で、1997年から2001年のあいだに内戦が起こったのは30%である。
- 低発展国で、1997年から2001年のあいだに内戦が起こったのは56%である。

貧困国でより多くの戦争が起きている理由の一つは、民衆の要求が富裕国ほど簡単に満たされないからである。国が貧しければ貧しいほど、紛争を和らげたり、非暴力の方向へと導くような政治制度を展開させることが、富裕国に比べてむずかしい。さらに最貧地域の若者たちは、反乱勢力に加わることによって、安全を手に入れ、さらに普通の生活では得られないような特権を手にすることができる。

貧しい者の代弁者を自称する反乱軍が、実は残忍な搾取者であるケースも少なくない。他より裕福で力を持つ者は、すでに持っているものを守り、さらに多くを手に入れることもできる。そして、貧しい国々では豊かな国のように、強欲な者たちによる収奪から国を守ることができない。

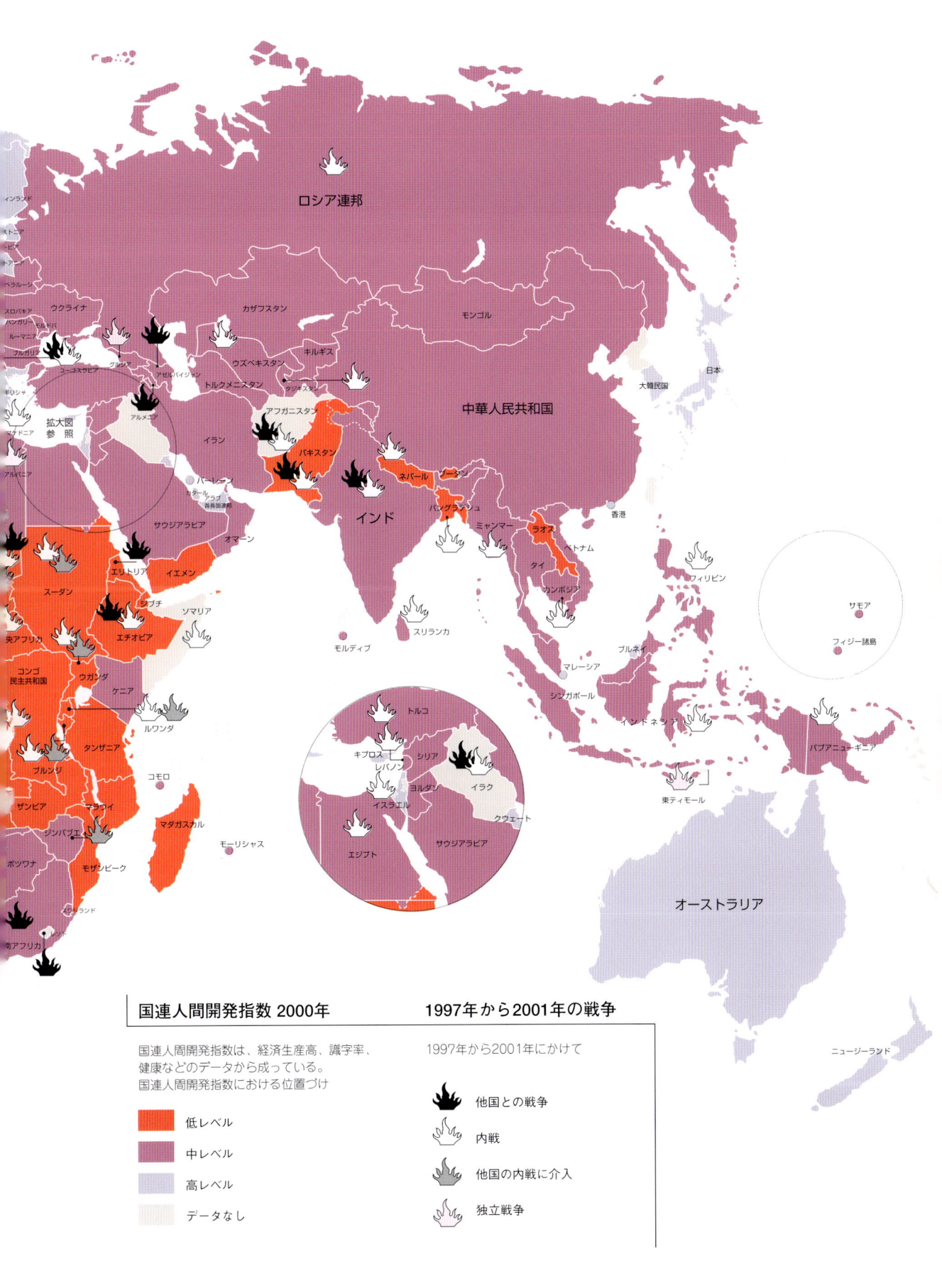

国連人間開発指数 2000年

国連人間開発指数は、経済生産高、識字率、健康などのデータから成っている。
国連人間開発指数における位置づけ

- 低レベル
- 中レベル
- 高レベル
- データなし

1997年から2001年の戦争

1997年から2001年にかけて

- 他国との戦争
- 内戦
- 他国の内戦に介入
- 独立戦争

2 人権

2001年9月11日以降、独断的な逮捕や拘禁が行われた

　戦争と極度の人権侵害は互いに密接に関係している。

　20世紀の終わりには、

- 内戦に関与した国の72%で裁判なしの処刑が行われていたことが報告されていた。
- 独断的な逮捕拘束、警察、刑務所での暴力、難民や移民に対する不当な扱いなどの重大な人権侵害が指摘された国のうち、6%が内戦状態にあった。
- 拷問で批判された国のうち、30%が内戦状態にあった。
- 裁判なしの処刑（政治的敵対者、戦時捕虜、社会的異端者などを対象）で批判された国のうち、58%が内戦状態にあった。

　国家が極端な暴力を行ったとき、支配体制に対する最初の抵抗は、沈黙という形をとる。もしも不平不満を作り出した条件がさらに悪化したときは、当局側が強硬な暴力に出たとしても、すべての反対勢力を抑えることはできず、反対勢力の側も暴力に訴える以外に選択肢がなくなる。

　戦争がはじまったとき、ほとんどの政府が真っ先に試みるのが情報、討論、抗議の自由の抑圧である。時にはこの抑圧は過激な形をとることがある。

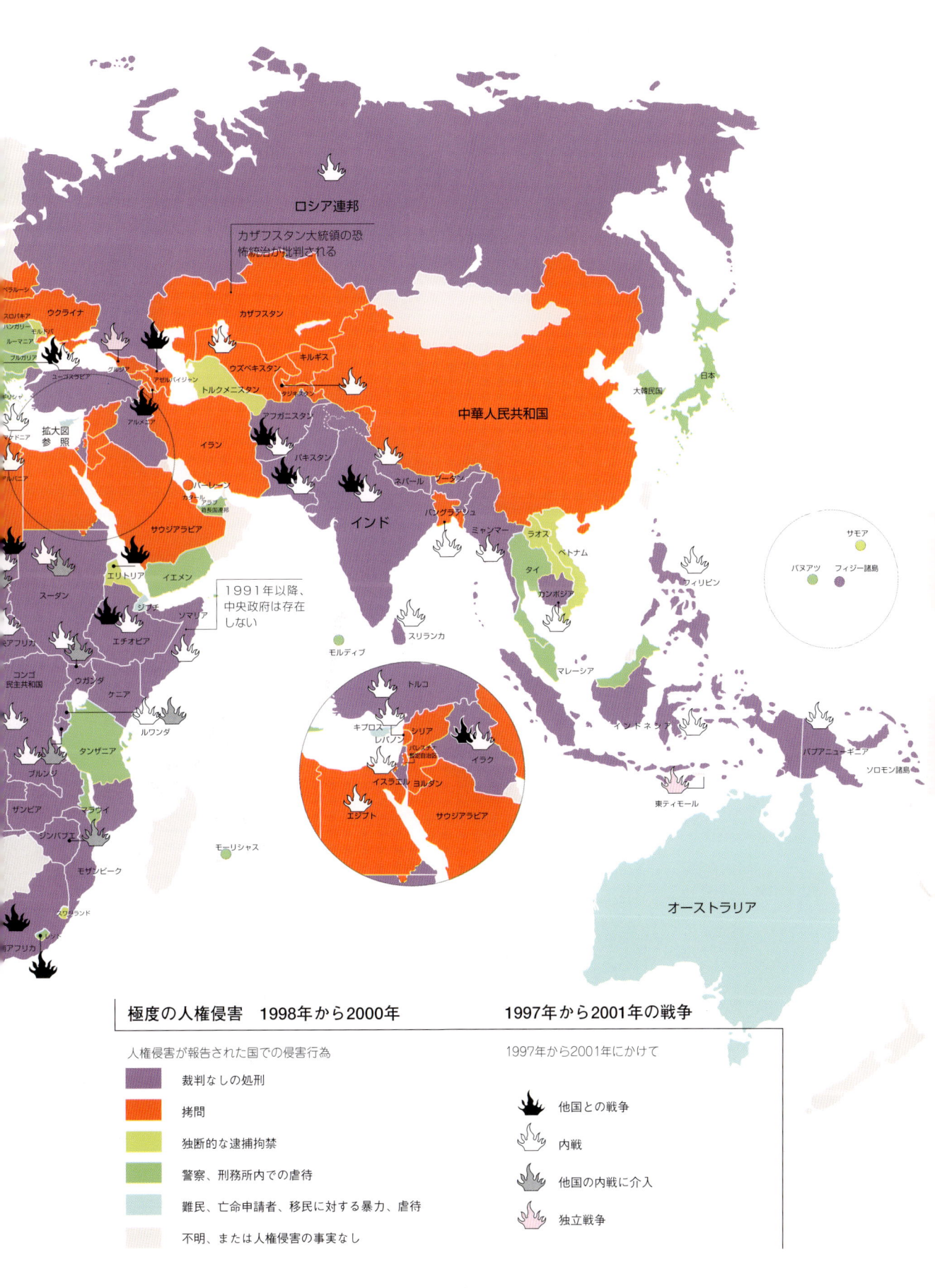

極度の人権侵害　1998年から2000年

人権侵害が報告された国での侵害行為

- 裁判なしの処刑
- 拷問
- 独断的な逮捕拘禁
- 警察、刑務所内での虐待
- 難民、亡命申請者、移民に対する暴力、虐待
- 不明、または人権侵害の事実なし

1997年から2001年の戦争

1997年から2001年にかけて

- 他国との戦争
- 内戦
- 他国の内戦に介入
- 独立戦争

カザフスタン大統領の恐怖統治が批判される

1991年以降、中央政府は存在しない

3 政治体制

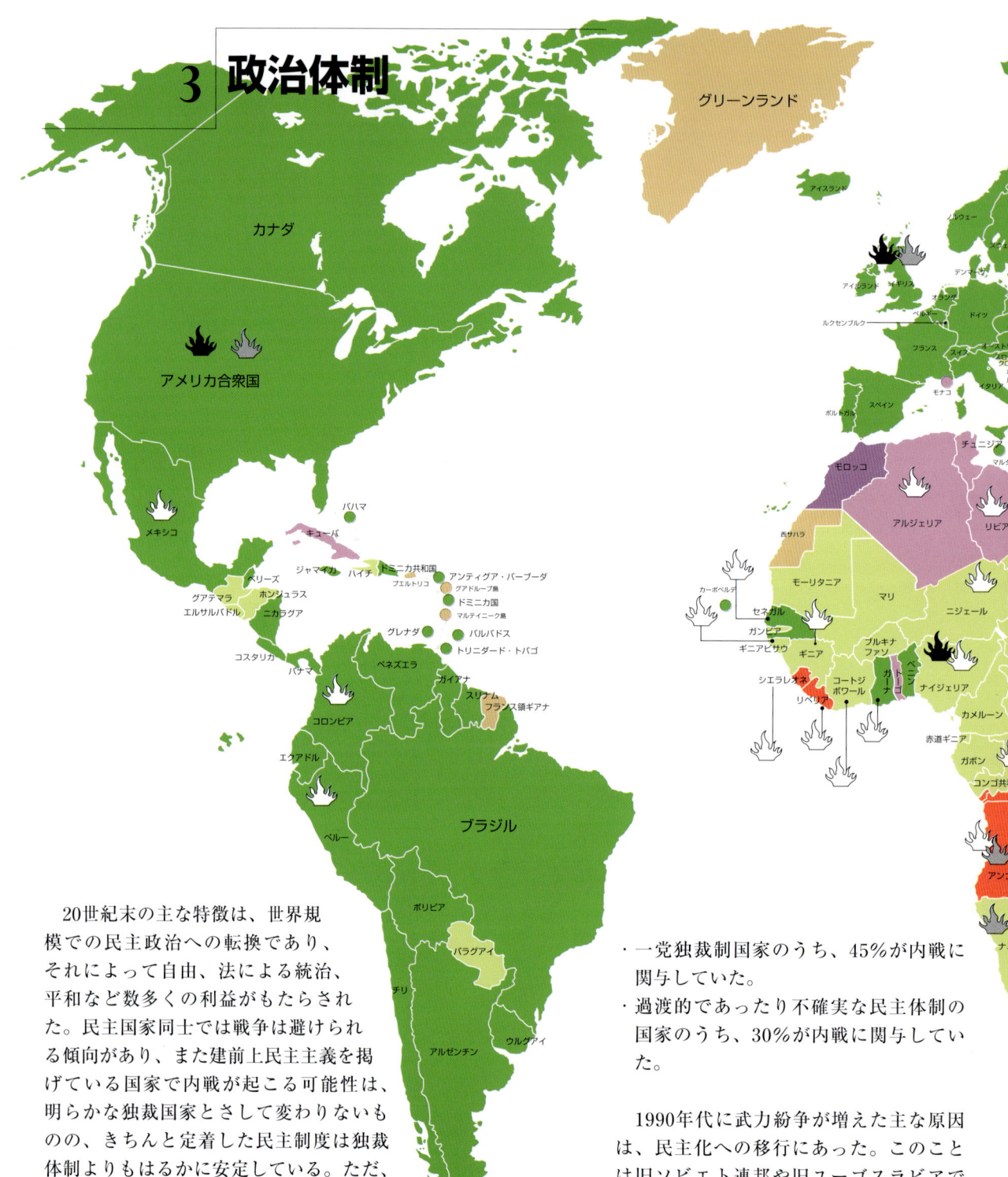

　20世紀末の主な特徴は、世界規模での民主政治への転換であり、それによって自由、法による統治、平和など数多くの利益がもたらされた。民主国家同士では戦争は避けられる傾向があり、また建前上民主主義を掲げている国家で内戦が起こる可能性は、明らかな独裁国家とさして変わりないものの、きちんと定着した民主制度は独裁体制よりもはるかに安定している。ただ、民主制度が比較的戦争に対して安全とはいっても、そこに至るまでの道筋は危険に満ちている。

　20世紀が終わろうとするとき、

・確立した民主国家のうち、12％が内戦に関与していた。
・一党独裁制国家のうち、45％が内戦に関与していた。
・過渡的であったり不確実な民主体制の国家のうち、30％が内戦に関与していた。

　1990年代に武力紛争が増えた主な原因は、民主化への移行にあった。このことは旧ソビエト連邦や旧ユーゴスラビアでは特に際立っていた。ゲームのルールがはっきりしていなかったり、当事者すべてに受け入れられていなかったり、完全に定着していない場合では、政治的な対立を押しとどめる歯止めもない。選挙での敗北や敗北の予測も戦争を促すことがある。

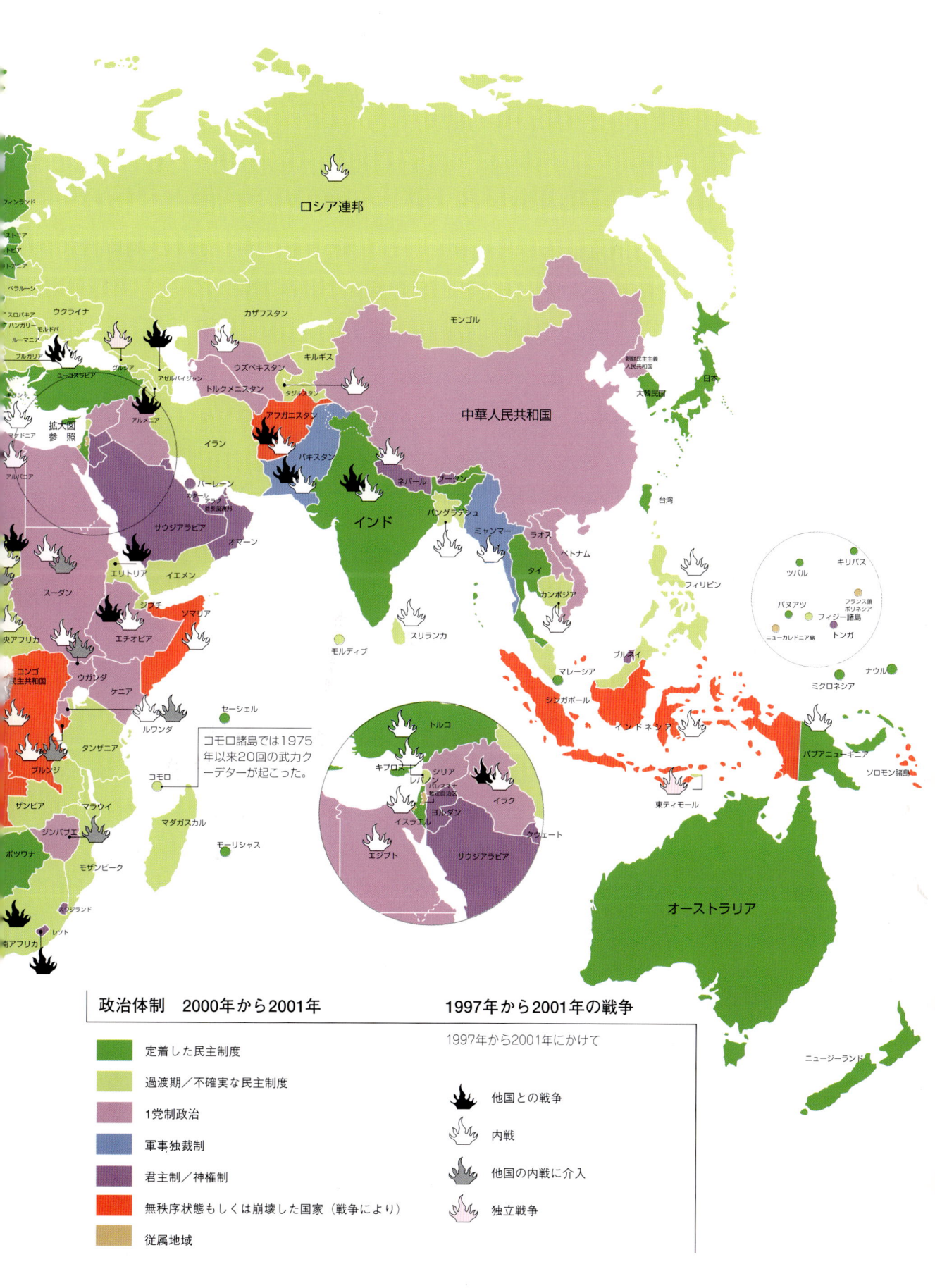

| 政治体制　2000年から2001年 | 1997年から2001年の戦争 |

1997年から2001年にかけて

- 定着した民主制度
- 過渡期／不確実な民主制度
- 1党制政治
- 軍事独裁制
- 君主制／神権制
- 無秩序状態もしくは崩壊した国家（戦争により）
- 従属地域

- 他国との戦争
- 内戦
- 他国の内戦に介入
- 独立戦争

コモロ諸島では1975年以来20回の武力クーデターが起こった。

4 民族性

　長期的にみると、隣接する民族グループ同士の関係は、統計的には戦争よりも平和を維持する傾向がある。しかし、「異質な者たちからの脅威」という最も安易な理由で国民を結束させようとする政治リーダーにとって、民族性や人種、国籍の違いは、非常に利用しやすいチャンスとなる。つまり必要とされるのは、日常生活の不満の責めをすべて背負わせることのできるよそ者グループである。こうした恐れや思い込みの下に、世界中であまりにも多くの人々が合理的な議論もないまま、他者への暴力を支持し、結果的に自分たちの自由をもせばめてしまっている。

　21世紀はじめの現在、多様な民族を有する国家のほとんどは戦争状態にはない。しかし、こうした国々では、戦争のリスクが高いことは言うまでもないし、これが貧しく、非民主的な国であればリスクはなおさらだ。ただし、国内の民族性の多様さが戦争にはまったくつながらないケースも存在する。

　異なる民族グループや人種、国家などの脅威を理由に内戦がはじまった国では、相いの脅威と憎悪は暴力を伴うことで、さらにエスカレートし、和解への望みははるか彼方へと遠ざかる。こうなった場合、戦争再発の可能性は非常に高い。

人種の多様性 2000年

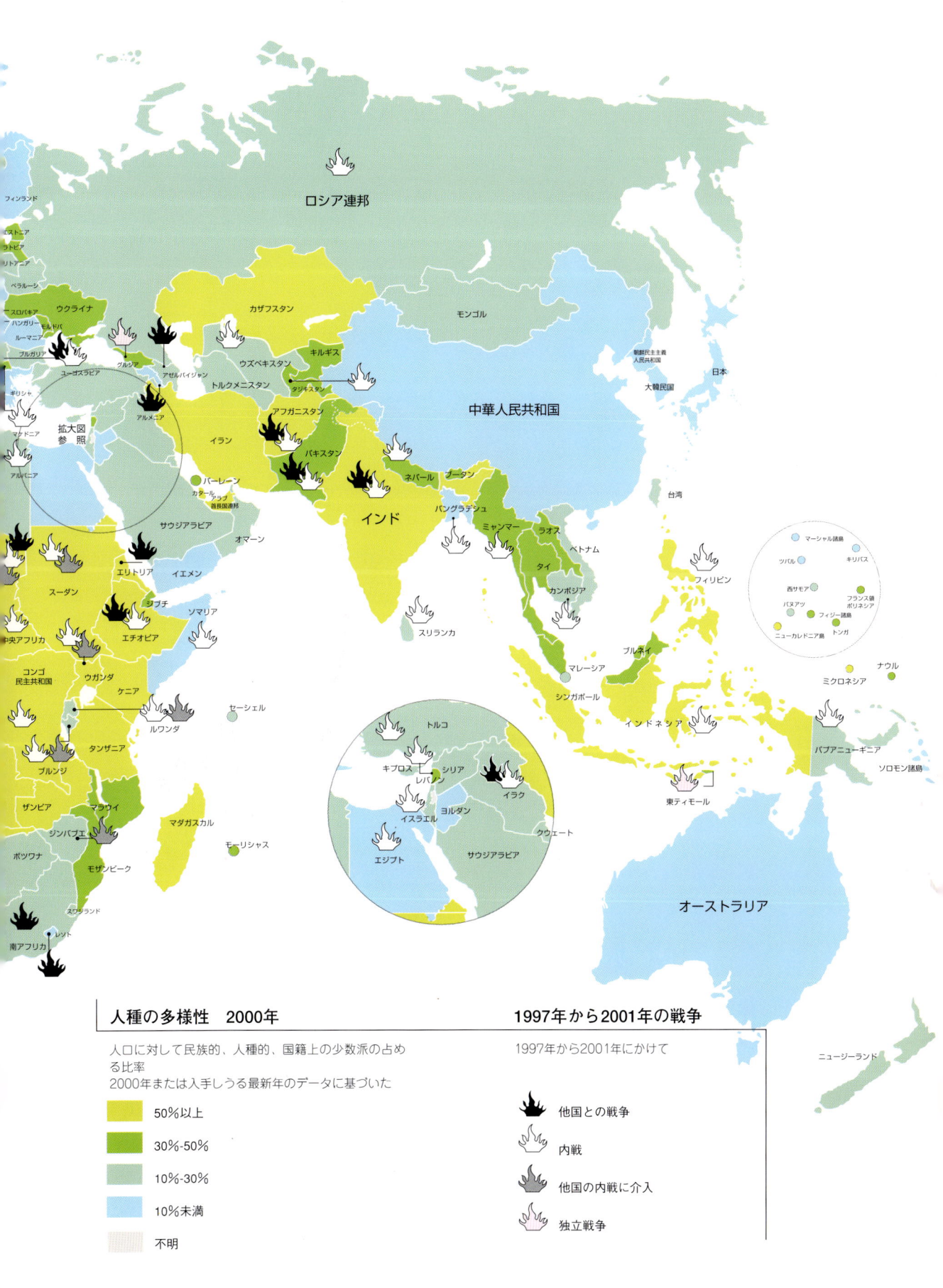

人口に対して民族的、人種的、国籍上の少数派の占める比率
2000年または入手しうる最新年のデータに基づいた

- 50%以上
- 30%-50%
- 10%-30%
- 10%未満
- 不明

1997年から2001年の戦争

1997年から2001年にかけて

- 他国との戦争
- 内戦
- 他国の内戦に介入
- 独立戦争

第2章

軍備

　現代における軍備は安全を手に入れる手段としてよりも、国家パワーとそのパワーを示す手段としての意義が主となっている。

　第二次世界大戦終結から1989年まで続いたアメリカ合衆国とソビエト連邦の対立は、つねに政治的な意味合いと軍事的な意味合いを持っていた。軍事的な対立はヨーロッパと北東アジアに大量の軍隊を集結させたが、米ソの敵対はつねに全世界を視野におさめていた。

　だが、冷戦を終わらせたのは軍事的な手段ではなかった。冷戦が終わった理由は、ソビエト・ブロックの社会ならびに経済の制度が力尽きたためであり、その崩壊によるプレッシャーを政治体制が受け止めて状況を安定させることができなかったからである。こうした軍事的努力の末に判明し、われわれが深く学んだことは、真の安全保障とは軍隊の力によるのではなくて、社会や経済、政治体制の強さによってもたらされるということだった。

　このことが十分理解されるのとほぼ同時に（訳注：正確には冷戦終

全世界に配置された主要兵器

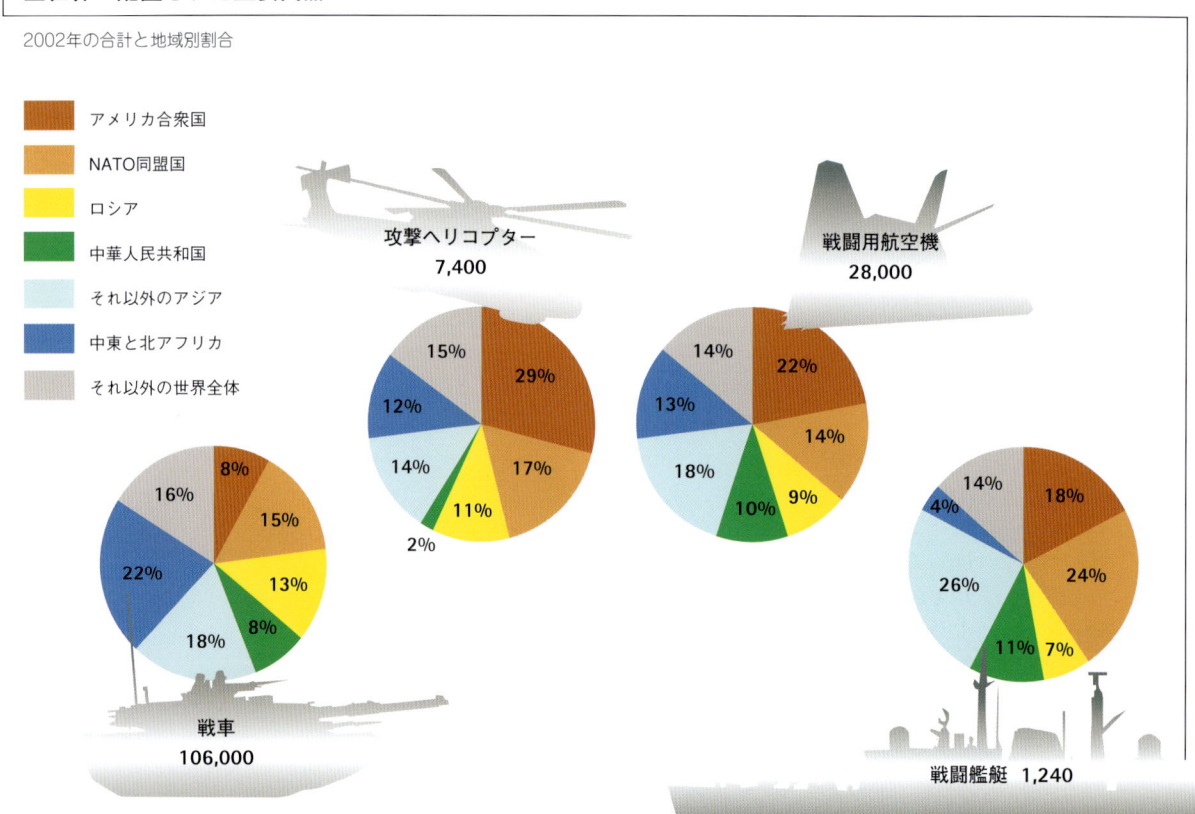

2002年の合計と地域別割合

- アメリカ合衆国
- NATO同盟国
- ロシア
- 中華人民共和国
- それ以外のアジア
- 中東と北アフリカ
- それ以外の世界全体

攻撃ヘリコプター 7,400
- 29% アメリカ合衆国
- 17% NATO同盟国
- 11% ロシア
- 2% 中華人民共和国
- 14% それ以外のアジア
- 12% 中東と北アフリカ
- 15% それ以外の世界全体

戦闘用航空機 28,000
- 22% アメリカ合衆国
- 14% NATO同盟国
- 9% ロシア
- 10% 中華人民共和国
- 18% それ以外のアジア
- 13% 中東と北アフリカ
- 14% それ以外の世界全体

戦車 106,000
- 8% アメリカ合衆国
- 15% NATO同盟国
- 13% ロシア
- 8% 中華人民共和国
- 18% それ以外のアジア
- 22% 中東と北アフリカ
- 16% それ以外の世界全体

戦闘艦艇 1,240
- 18% アメリカ合衆国
- 24% NATO同盟国
- 7% ロシア
- 11% 中華人民共和国
- 26% それ以外のアジア
- 4% 中東と北アフリカ
- 14% それ以外の世界全体

結の少し前から）、ヨーロッパが重大な安全保障上の問題のひとつを解決し、それがほぼ非軍事的な手段によって実現したことを多くの人々が認識しつつあった。第二次世界大戦以前の70年以上にわたって、ヨーロッパが抱えた最大の安全保障問題はフランスとドイツの対立だった。今日ではこの2国の戦争は考えられなくなったが、その理由はNATOという軍事同盟の存在だけでなく、両国の未来がともにEUにおける経済協力の繁栄に依存しているという、より根本的な事実による。

　ただ、経済的繁栄や民主政治、協調などが安全保障の基礎であるとはいっても、安全保障のある面は軍事的手段によってのみ実現することも事実だ。一例をあげるなら、国連平和維持活動（PKO）に求められる機能のなかには、軍事組織以外には実行できない部分が存在するのである。ただし、軍事的手段は真の和平と安全保障を創造するのではなく、むしろこれらの基盤ができあがるまでの一時的な現状維持手段にすぎない。安全保障が最終的には非軍事手段に基づくとしても、政治権力が強力な軍事力によってもたらされることもまた真実である。最強の国家がどこであるかについては疑問の余地はない。

　アメリカが保有するハード面での軍備だけでも、その規模は堂々たるものだが、この国の優位性を知るうえではなお不十分であることを指摘しておこう。アメリカとNATO同盟国以外が保有する80,000両の主力戦車と18,000機の戦闘用航空機は、維持管理が不良であったり、故障しやすかったり、稼働率半分といった代物ばかりだ。かりにこれらの機材が、十分な整備を受けていたとしても、アメリカが保有する最新で最高度に進化を遂げた兵器には到底太刀打ちできない。その結果として、アメリカは、必要時に呼び寄せることのできる同盟国軍隊を従えて、世界のあらゆる場所に軍事力を行使することができるのだ。

　ただし、軍事力はそのまま安全保障とはなりえない。2001年9月11日のワールド・トレード・センターとアメリカ国防総省に対する攻撃は、このことを改めて強調した。この攻撃以前、アメリカはハイテクを駆使したミサイル防衛システムについて積極的に議論していた。しかし、最先端兵器に対するこのシステムをもってしても、9月11日のテロ攻撃には無力であっただろう。

　まさに軍事力と安全保障とは相反する存在である。いかなる困難を排してでもアメリカ本体を攻撃しようと試みる一部の政治的狂信者たちを、憤激の淵まで追い込んだのは、サウジアラビアに代表される中東地域や全世界に展開するアメリカの力の投影そのものなのである。アメリカがその軍事力に頼って中東の利権を守ろうとすれば、この小さな世界にあってアメリカ国民の安全と豊かな暮らしに脅威が及ぶのは必然だ。軍備がすべてではないのだから。

5 戦いへの備え

　世界中の常備軍と予備軍は、世界人口の1%をわずかに下回る男女（大半は男）合わせて5400万人の兵士から成り立っている。この数字は、冷戦が頂点にあった1980年代のなか頃に比べて約10%の減である。常備軍だけを見ると2200万人で、こちらは1980年代中期の20%減となっている。

　軍構成員の数は、軍隊の強さを表す数値としてはあまり意味を持たない。軍隊のなかには、数のうえでははるかに優勢な軍勢よりも強力な攻撃力を凝縮した組

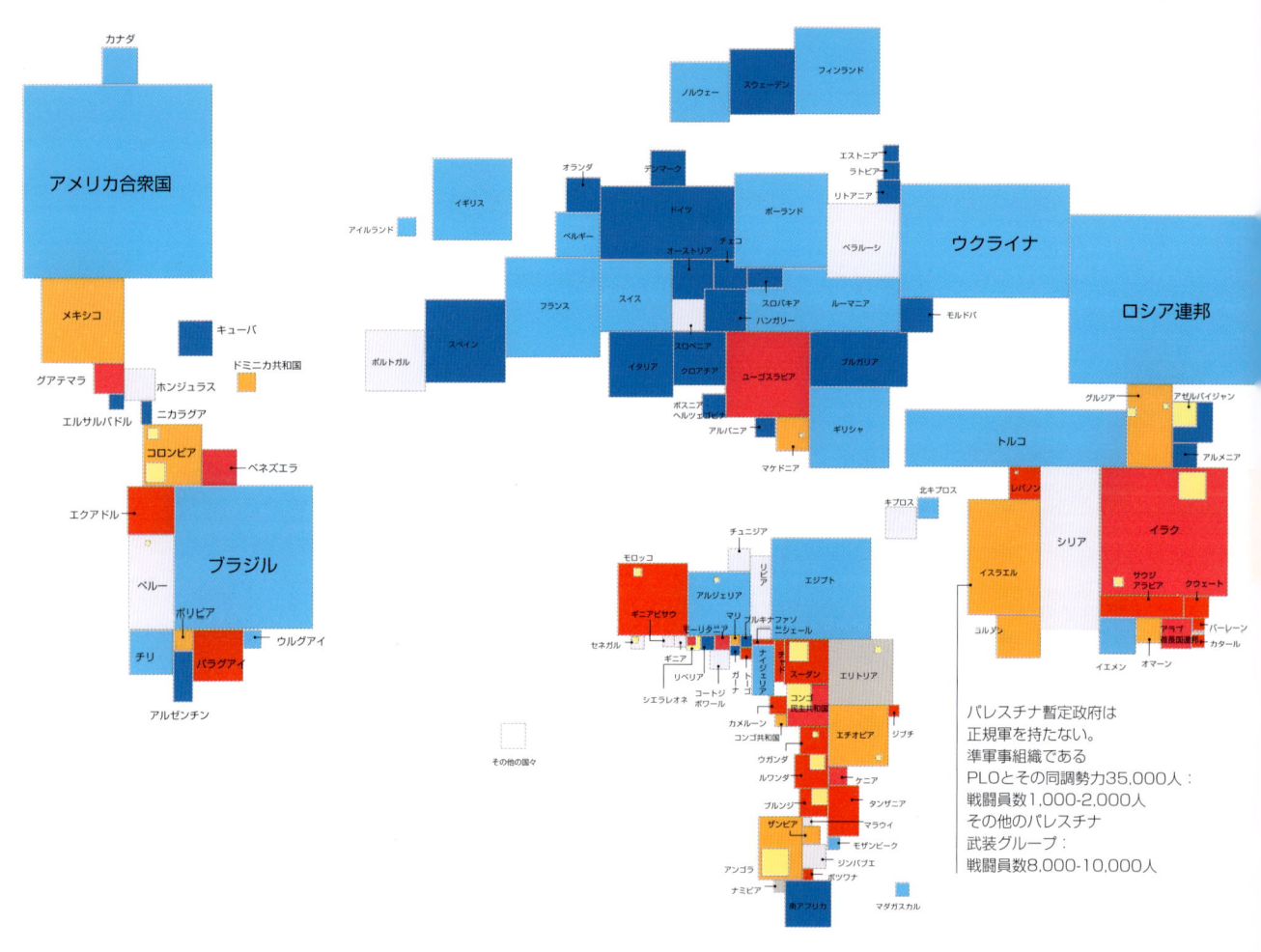

パレスチナ暫定政府は
正規軍を持たない。
準軍事組織である
PLOとその同調勢力35,000人：
戦闘員数1,000-2,000人
その他のパレスチナ
武装グループ：
戦闘員数8,000-10,000人

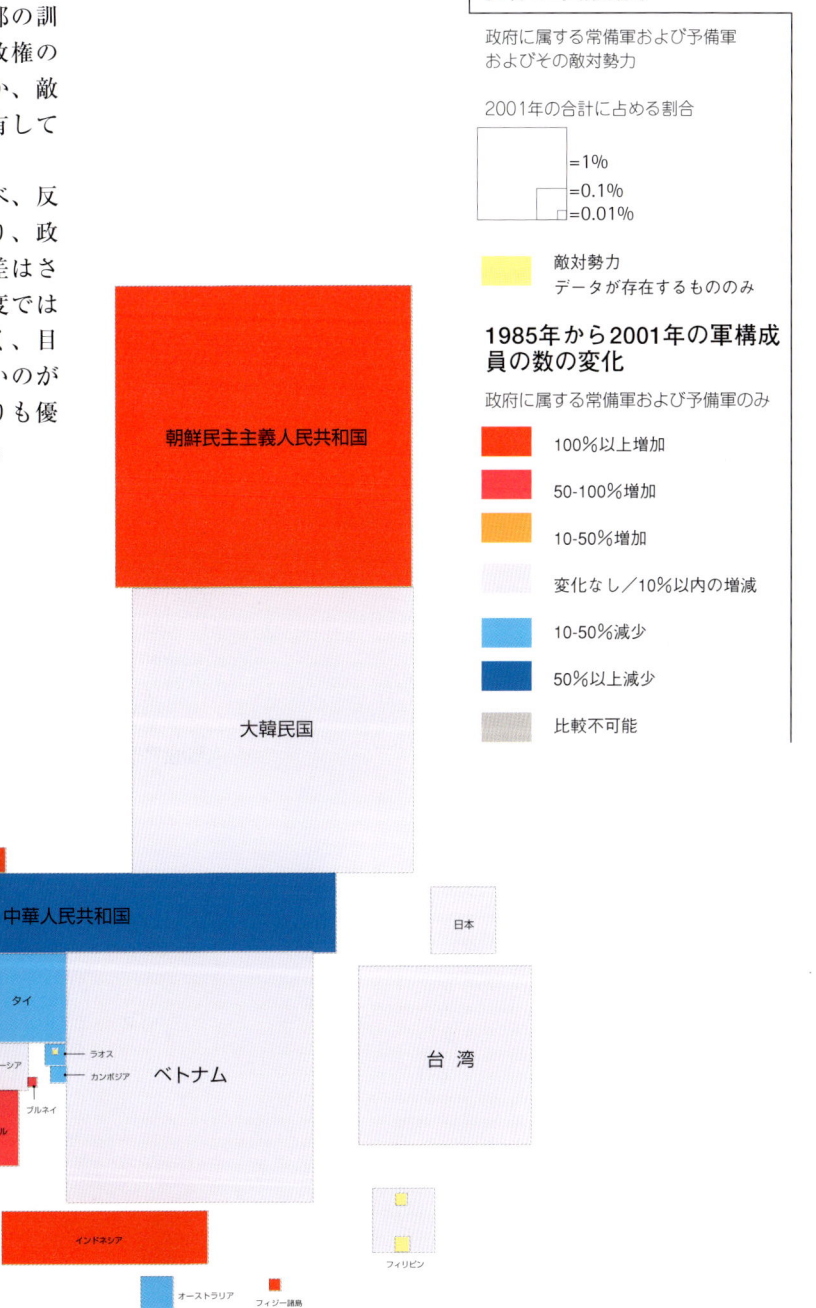

織も存在する。その理由はいくつも考えられるが、ひとつにはその軍隊内部の訓練と組織のレベル、いいかえれば政権の目標に忠実であるか遊離しているか、敵に対しより高度なテクノロジーを有しているかどうかの違いだ。

　一国の政府が組織する軍隊に比べ、反乱勢力は一般的に数では劣勢であり、政府側が予備兵力を動員すればこの差はさらに広がる。ところが、兵士の練度では反乱勢力が上回ることも少なくなく、目的のための士気は反乱軍の方が高いのが一般的で、また敵対する政府軍よりも優れた装備を手にしていることもある。

世界の軍構成員

政府に属する常備軍および予備軍およびその敵対勢力

2001年の合計に占める割合
- □ =1%
- □ =0.1%
- □ =0.01%

■ 敵対勢力
データが存在するもののみ

1985年から2001年の軍構成員の数の変化

政府に属する常備軍および予備軍のみ

- ■ 100％以上増加
- ■ 50-100％増加
- ■ 10-50％増加
- □ 変化なし／10％以内の増減
- ■ 10-50％減少
- ■ 50％以上減少
- ■ 比較不可能

6 兵役

ほとんどの国が、若者に兵役を義務として課し、強制的に義務を履行させているが、なかには良心に基づく忌避を認めているケースもある。ボランティア（志願者）だけを兵士として受け入れている国のほとんどは、個人の選択の自由という理由ではなく、プロの志願者で構成される軍隊の効率性をもっぱらの理由としている。アメリカは、ベトナム戦争を経た1970年代に義務兵役を全廃したが、その理由は自由意志に反した徴募兵士への依存がもはや機能しないという確信であった。

職業軍人の兵役期間は一般的に義務兵役よりも長く、徴兵の場合よりも困難で複雑な任務をはたすべく訓練することができる。彼らは通常、任務の達成により大きなプライドを抱くと同時に、戦闘をいとわず、より多くの実戦経験を重ねることを望む傾向がある。

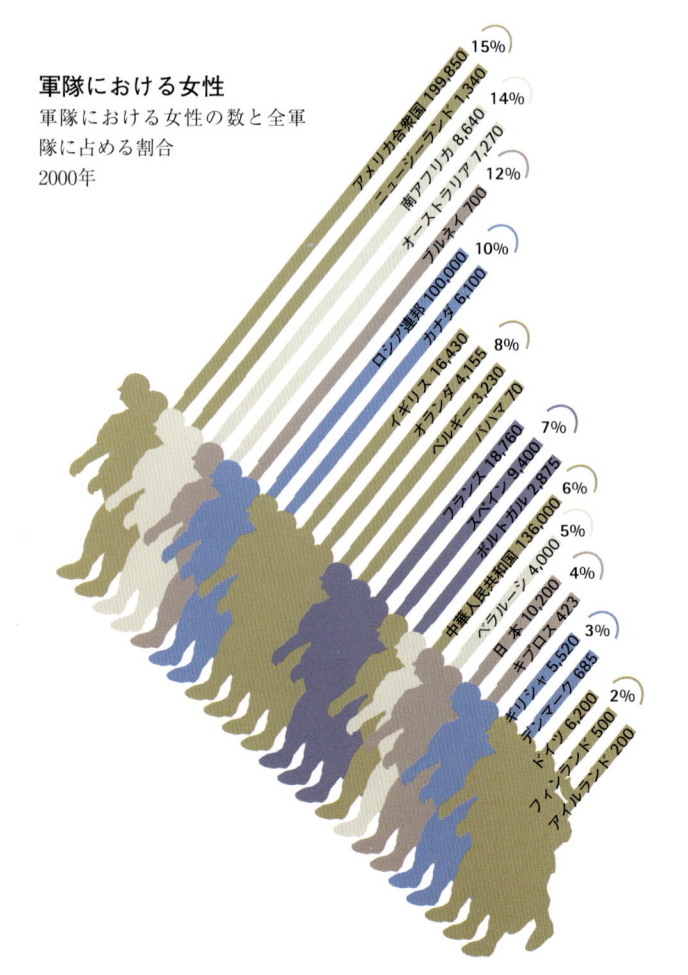

若者に課される義務兵役の期間は、国によって大きな差がある。スイスの場合、最初の軍務は15カ月間だが、北朝鮮では最長10年にもなる。一国のなかでも、兵役期間は陸軍、海軍、空軍などで異なる場合が多い。特定の民族グループの出身

軍隊における女性
軍隊における女性の数と全軍隊に占める割合
2000年

- アメリカ合衆国 199,850 — 15%
- ニュージーランド 1,340 — 14%
- 南アフリカ 8,640
- オーストラリア 7,270 — 12%
- ブルネイ 700
- ロシア連邦 100,000 — 10%
- カナダ 6,100
- イギリス 16,430 — 8%
- オランダ 4,155
- ベルギー 3,230
- バハマ 70 — 7%
- フランス 18,760
- スペイン 9,400 — 6%
- ポルトガル 2,875
- 中華人民共和国 136,000 — 5%
- ベラルーシ 4,000 — 4%
- 日本 10,200
- キプロス 423 — 3%
- ギリシャ 5,520
- デンマーク 685
- ドイツ 6,200 — 2%
- フィンランド 500
- アイルランド 200

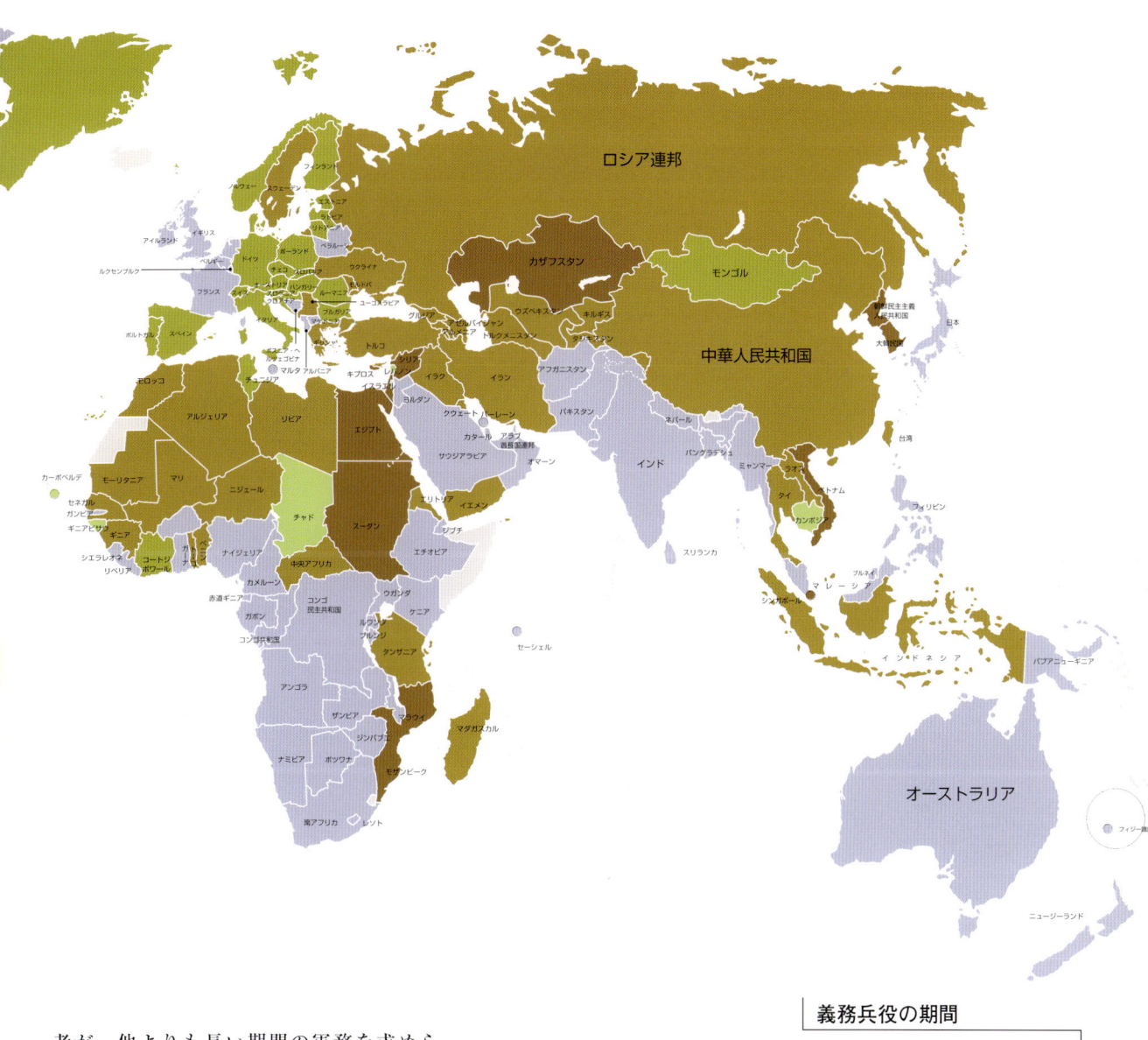

者が、他よりも長い期間の軍務を求められる例もある。

　近年、これまで女性の受け入れに消極的だった軍隊が、徐々に容認するようになっている。女性を受け入れている軍隊では、戦闘任務ではなく、主として医療、通信、管理、その他軍隊のインフラストラクチャに関わる任務を割り当てているのがふつうだ。しかし、アメリカでは、女性を男性と同等に扱い、戦闘任務も認めるようになってきている。

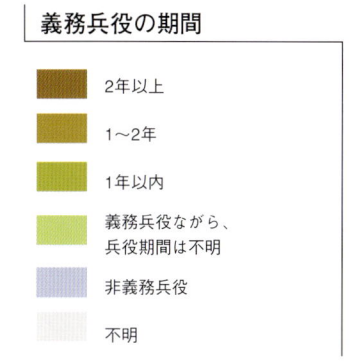

義務兵役の期間

- 2年以上
- 1～2年
- 1年以内
- 義務兵役ながら、兵役期間は不明
- 非義務兵役
- 不明

7 軍事費

　2000年1年間の全世界の軍事費は、8100億米ドルである。これは、15年前の冷戦最盛期に比べて3分の1の減少である。

　長く続いた東西の対立が終わり、冷戦に中心的に関わってきた国のほとんどが軍事費の大幅削減に踏み切り、アメリカも軍事費を削減したものの、圧倒的な軍事的優位を占めるようになった。

　一国の政府の軍事支出は、安全保障の必要性から国内的な威信、世界の果てまで軍事力を届かせることへの衝動など、さまざまな要因によって決定される。

　こうした決定が経済におよぼす負担をはかる方法はいくつも存在する。図に示したコインの大きさは、国民1人あたりの軍事費を上位15カ国について表したものである。

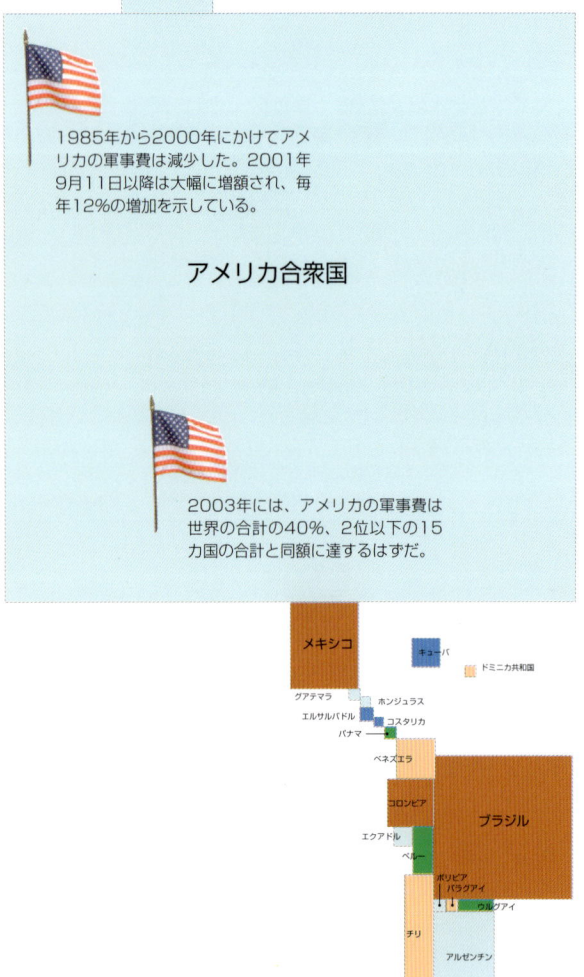

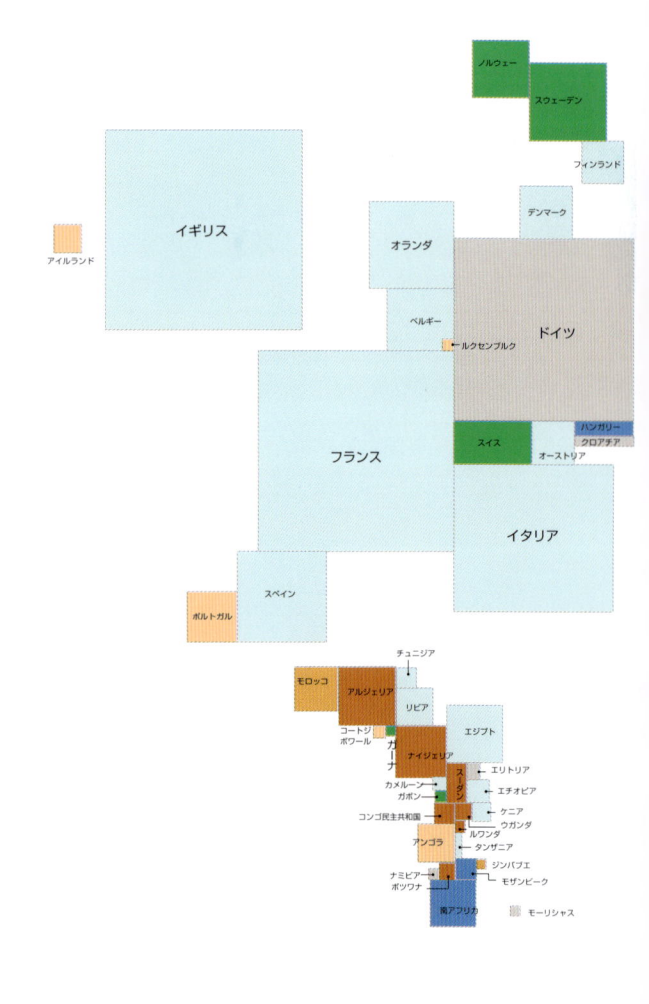

1985年から2000年にかけてアメリカの軍事費は減少した。2001年9月11日以降は大幅に増額され、毎年12%の増加を示している。

アメリカ合衆国

2003年には、アメリカの軍事費は世界の合計の40%、2位以下の15カ国の合計と同額に達するはずだ。

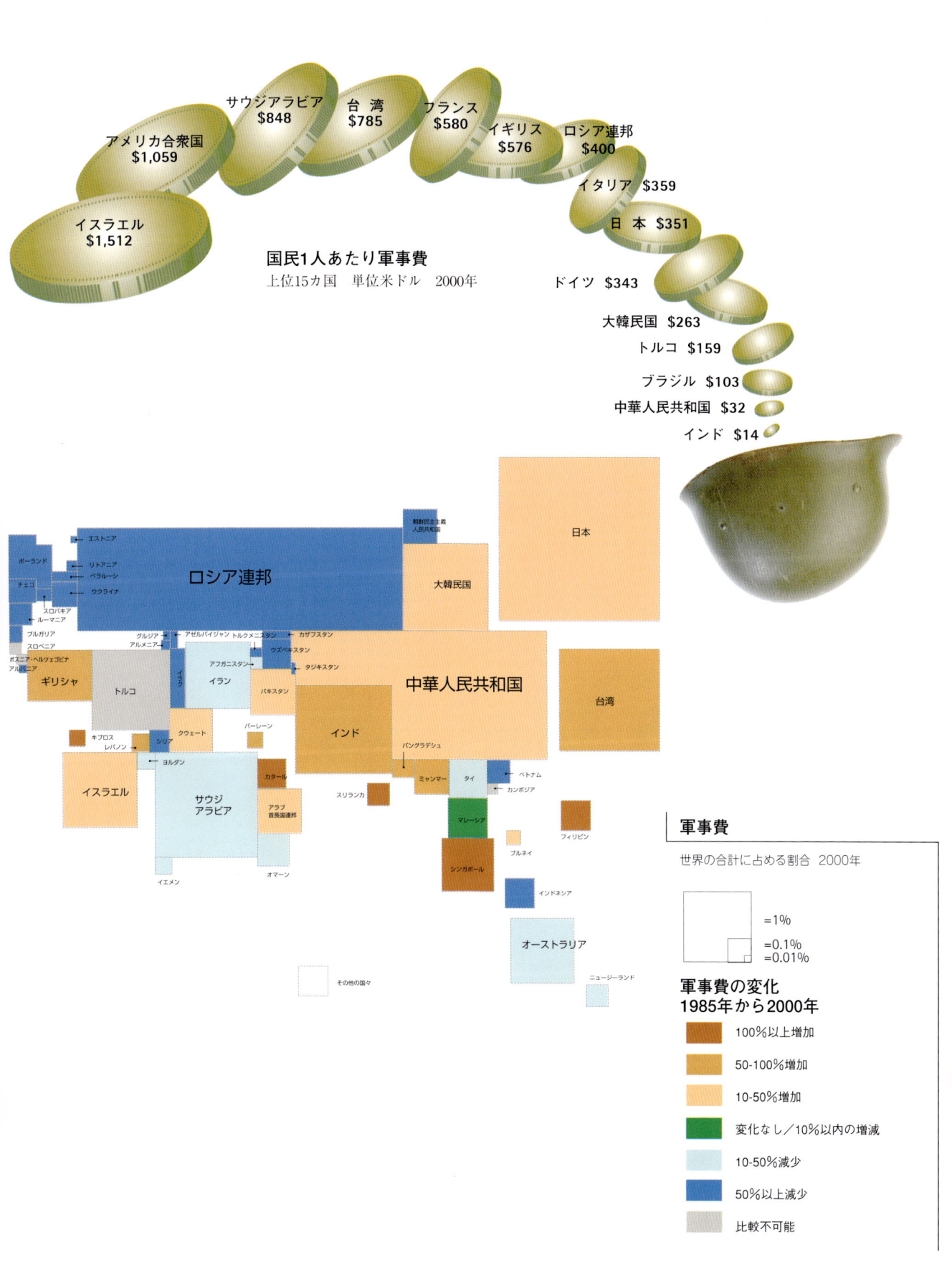

国民1人あたり軍事費
上位15カ国　単位米ドル　2000年

- イスラエル $1,512
- アメリカ合衆国 $1,059
- サウジアラビア $848
- 台湾 $785
- フランス $580
- イギリス $576
- ロシア連邦 $400
- イタリア $359
- 日本 $351
- ドイツ $343
- 大韓民国 $263
- トルコ $159
- ブラジル $103
- 中華人民共和国 $32
- インド $14

軍事費

世界の合計に占める割合　2000年

- □ =1%
- =0.1%
- =0.01%

軍事費の変化
1985年から2000年

- 100%以上増加
- 50-100%増加
- 10-50%増加
- 変化なし／10%以内の増減
- 10-50%減少
- 50%以上減少
- 比較不可能

国名（地図上）: ポーランド、エストニア、リトアニア、ベラルーシ、ウクライナ、チェコ、スロバキア、ルーマニア、ブルガリア、スロベニア、ボスニア・ヘルツェゴビナ、アルバニア、ギリシャ、トルコ、グルジア、アルメニア、アゼルバイジャン、トルクメニスタン、カザフスタン、ウズベキスタン、タジキスタン、ロシア連邦、朝鮮民主主義人民共和国、日本、大韓民国、キプロス、シリア、レバノン、イスラエル、ヨルダン、サウジアラビア、クウェート、バーレーン、カタール、アラブ首長国連邦、イエメン、オマーン、イラク、イラン、アフガニスタン、パキスタン、インド、バングラデシュ、中華人民共和国、台湾、スリランカ、ミャンマー、タイ、ベトナム、カンボジア、マレーシア、シンガポール、ブルネイ、フィリピン、インドネシア、オーストラリア、ニュージーランド、その他の国々

27

8 大量破壊兵器

今日存在する核兵器の数は、冷戦最盛期よりもはるかに少なくなっている。ただし、これらが想像を絶する破壊力を秘めている事実に変わりはなく、中程度のサイズの核兵器1基で、大都市ひとつを破壊することができる。多くの専門家が最大の核戦争リスクと考えているのがインドとパキスタンで、最小にして最新の核兵器を保有する。

核兵器貯蔵施設

2001年現在、全世界に存在する核弾頭数合計は、約19,000基。冷戦最盛期だった1985年の50,000基からは大幅減

ロシア連邦
9,196

衛星
2010年までに：

高軌道衛星4基
アメリカに向けて発射されるミサイルを探知するための宇宙空間配備赤外線システム衛星

低軌道衛星24基
アメリカに向けて発射されるミサイルの飛行経路を追尾するための宇宙空間配備赤外線システム衛星

レーダー
2007年までに：
アラスカの先端のシュミア島（アリューシャン列島の一角）に1基新設

5基アップグレード：
アラスカ、カリフォルニア、マサチューセッツ、イギリスのフィリングデールズ（イギリス政府の承認を要する）
グリーンランドのチューレ（デンマーク政府の承認を要する）

2010年までに：
9基新設、場所は不明だが、日本と韓国を含む可能性がある

陸上配備迎撃手段（ミサイル）
アラスカ
2007年までに100基
ノースダコタ
2010年までに150基増加

指揮通信施設
コロラド州シャイアン・マウンテン

米国防省管轄の主要演習場および実験施設
マーシャル諸島クウェジェリン環礁

NMD（北米ミサイル防衛）

アメリカ合衆国は、ミサイル防衛システム構築計画を積極的に推進するため、1972年のABM条約（弾道弾迎撃ミサイル制限条約）の廃棄を目指している。2002年にロシアが、長年核兵力均衡の要と考えられてきた同条約の廃棄反対を取り下げる姿勢を示したことによって、アメリカの主要同盟国の間に存在した懐疑論や反対論は影をひそめ、アメリカ政府は即座に同システムの開発に着手した。システム全体のコストは、2015年までに600億米ドルと予想されている。

核兵器の使用と実験

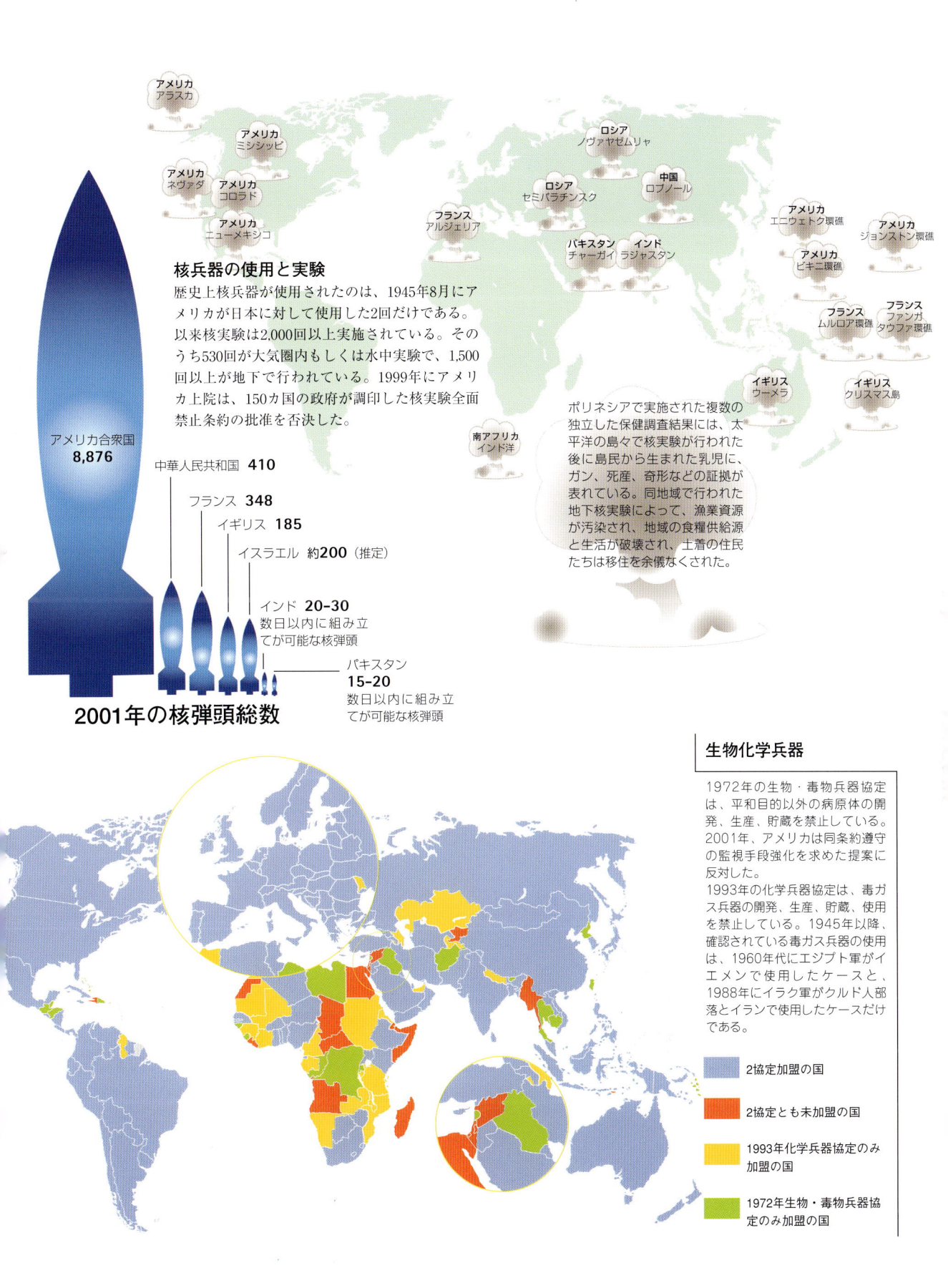

歴史上核兵器が使用されたのは、1945年8月にアメリカが日本に対して使用した2回だけである。以来核実験は2,000回以上実施されている。そのうち530回が大気圏内もしくは水中実験で、1,500回以上が地下で行われている。1999年にアメリカ上院は、150カ国の政府が調印した核実験全面禁止条約の批准を否決した。

核実験地

- アメリカ アラスカ
- アメリカ ミシシッピ
- アメリカ ネヴァダ
- アメリカ コロラド
- アメリカ ニューメキシコ
- フランス アルジェリア
- ロシア ノヴァヤゼムリャ
- ロシア セミパラチンスク
- 中国 ロプノール
- パキスタン チャーガイ
- インド ラジャスタン
- アメリカ エニウェトク環礁
- アメリカ ビキニ環礁
- アメリカ ジョンストン環礁
- フランス ムルロア環礁
- フランス ファンガタウファ環礁
- イギリス ウーメラ
- イギリス クリスマス島
- 南アフリカ インド洋

2001年の核弾頭総数

- アメリカ合衆国 8,876
- 中華人民共和国 410
- フランス 348
- イギリス 185
- イスラエル 約200（推定）
- インド 20-30 数日以内に組み立てが可能な核弾頭
- パキスタン 15-20 数日以内に組み立てが可能な核弾頭

ポリネシアで実施された複数の独立した保健調査結果には、太平洋の島々で核実験が行われた後に島民から生まれた乳児に、ガン、死産、奇形などの証拠が表れている。同地域で行われた地下核実験によって、漁業資源が汚染され、地域の食糧供給源と生活が破壊され、土着の住民たちは移住を余儀なくされた。

生物化学兵器

1972年の生物・毒物兵器協定は、平和目的以外の病原体の開発、生産、貯蔵を禁止している。2001年、アメリカは同条約遵守の監視手段強化を求めた提案に反対した。
1993年の化学兵器協定は、毒ガス兵器の開発、生産、貯蔵、使用を禁止している。1945年以降、確認されている毒ガス兵器の使用は、1960年代にエジプト軍がイエメンで使用したケースと、1988年にイラク軍がクルド人部落とイランで使用したケースだけである。

- 2協定加盟の国
- 2協定とも未加盟の国
- 1993年化学兵器協定のみ加盟の国
- 1972年生物・毒物兵器協定のみ加盟の国

9 国際武器取引

　兵器ビジネスの主役はアメリカだ。その軍事費は世界最高で、兵器産業の規模と売上高も世界最大である。技術開発への巨額の投資によって、同国は今後も競争相手の追従を許さない地位を確保しそうだ。

　国際兵器市場がブームを迎えたのは、1970年代の後期から1980年代の前期だ。その後バブル経済が破綻し、冷戦が終わりを迎えたため、需要は急激にしぼんだ。1990年代の後半になるとマーケットは安定したが、次のブームはまだやってこない。

　一部の顧客に対する武器売却に、重大な懸念が持たれている。理由は、きわめて敵対的な国家である場合と、実際に武力紛争に関与しているかの2通りだ。このため、武器の禁輸がしばしばなされる。

　武器の禁輸によって、戦闘で失われた兵器を補充したり、修理のためのスペア・パーツや更新機材の供給が絶たれるため、戦術面での選択肢はある程度制限される。また、武器の禁輸によって一国の戦争準備をさまたげることもできる。

　しかしながら、いったんはじまってしまった戦争を、武器禁輸によって停止させた例はない。むしろ、武器供給国が手を汚していないことを強調するための手段であることが多い。さらに、ほとんどいかなる場合でも禁輸をかいくぐる方法は存在してきた。

武器禁輸
■ 1996年から2000年の間に、限定期間であっても国際武器禁輸の対象となった国

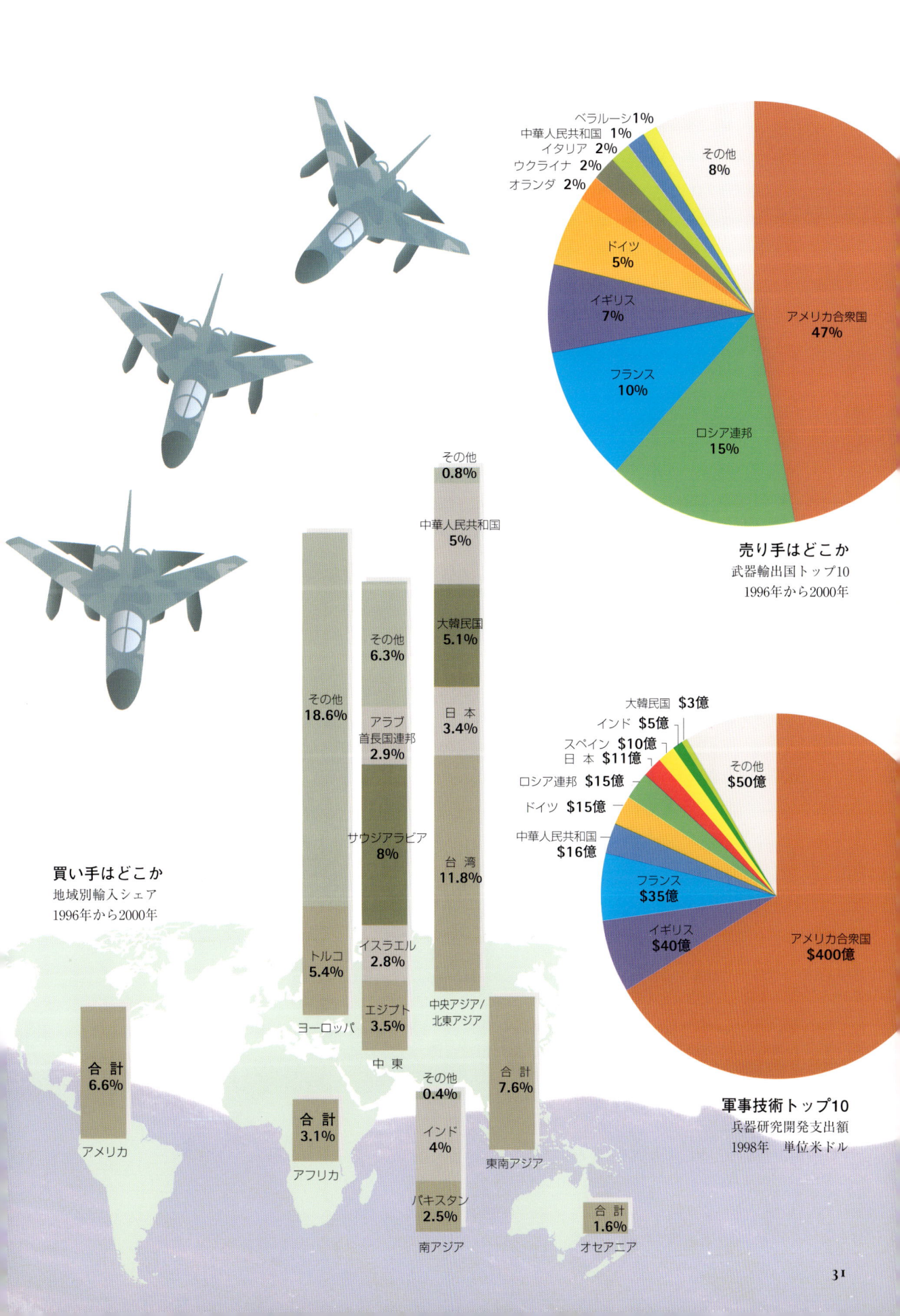

売り手はどこか
武器輸出国トップ10
1996年から2000年

- アメリカ合衆国 47%
- ロシア連邦 15%
- フランス 10%
- イギリス 7%
- ドイツ 5%
- オランダ 2%
- ウクライナ 2%
- イタリア 2%
- 中華人民共和国 1%
- ベラルーシ 1%
- その他 8%

買い手はどこか
地域別輸入シェア
1996年から2000年

アメリカ 合計 6.6%

アフリカ 合計 3.1%

ヨーロッパ
- その他 18.6%
- トルコ 5.4%

中東
- その他 6.3%
- アラブ首長国連邦 2.9%
- サウジアラビア 8%
- イスラエル 2.8%
- エジプト 3.5%

南アジア
- その他 0.4%
- インド 4%
- パキスタン 2.5%

中央アジア/北東アジア
- その他 0.8%
- 中華人民共和国 5%
- 大韓民国 5.1%
- 日本 3.4%
- 台湾 11.8%

東南アジア 合計 7.6%

オセアニア 合計 1.6%

軍事技術トップ10
兵器研究開発支出額
1998年 単位米ドル

- アメリカ合衆国 $400億
- イギリス $40億
- フランス $35億
- 中華人民共和国 $16億
- ドイツ $15億
- ロシア連邦 $15億
- 日本 $11億
- スペイン $10億
- インド $5億
- 大韓民国 $3億
- その他 $50億

31

10 小型武器取引

小型武器取引にかかわる世界的な規模での信頼すべき情報はほとんどない。以下は推定である：
- 世界中に存在する小型武器は5億挺。
- 全世界の小型武器取引の年間合計額は、50億米ドルに達する。
- 取引全体の5分の1は非合法である。
- 毎年小型武器によって殺される人の数は50万人。そのうち犯罪にからんで殺される数が20万人。戦争で殺される数が30万人。

小型武器が簡単に入手できることは、戦争の動機とはならないが、手段とはなりうる。1997年、アルバニアの混迷によって数千挺の武器がこの国の軍隊から流出し、その多くが隣接するコソヴォへと持ち込まれた。1991年のソ連崩壊によって、大小あらゆるサイズの大量の武器が、黒海の西岸から中央アジアに至る地域に流入した。

小型武器の拡散が最も大きな問題となるのは、戦争の最中ではなく、終わった直後であることが多い。和平によって使われなくなった武器が、突如として供給過剰状態を引き起こすからだ。状態のよいカラシニコフ小銃1挺が20ドルから30ドルの現金か、それに相当する食糧という驚くべき安値で売り払われ、どこか他の戦場や犯罪者の手へと渡ってゆくのである。1992年に和平が達成されたモザンビークから流出した武器は、南アフリカのブラックマーケットや中央アフリカの戦争地域へと持ち込まれた。

元兵士たちから銃器を買い上げる計画がしばしば実行されてきたが、これも逆効果を引き起こすことが多い。回収した武器を管理する立場の人間に腐敗が蔓延していて、彼らはしばしば元値の半分でこれを売り払い、現金を懐に入れてしまうのだ。さらに、高値の市場価格が形成される結果、近隣諸国からの武器まで引きよせてしまい、武器買い上げ制度によって誰が武装解除されたのかもわからない状況が現出している。

今のまま小型武器の大量生産が続き、主要生産国がいいかげんな管理を続ける限り、この問題はいつまでも続くことだろう。

小型武器の輸出国トップ10

- アメリカ合衆国　$120,000万以上
- ドイツ　$38,400万
- ブラジル　$10,000万-$15,000万
- ロシア連邦　$10,000万-$15,000万
- オーストリア　$6,000万
- チェコ　$5,900万
- イギリス　$4,400万
- 大韓民国　$4,300万
- ポーランド　$4,000万
- スロヴァキア　$4,000万

小型武器の不法な取引は金額にして毎年10億米ドルに達し、小型武器取引高全体のうち、最大で20％を占めている。

不審船舶

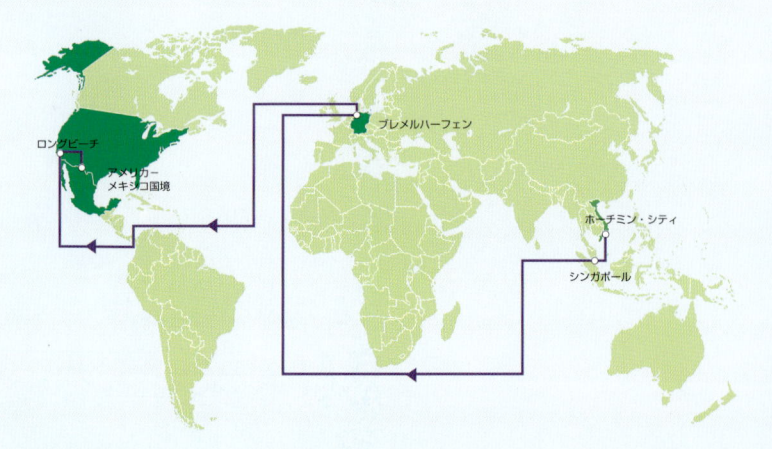

1997年3月
アメリカーメキシコ国境で、米連邦捜査員がロング・ビーチから送り出された疑わしい封印コンテナ2個を開けさせた。武器は、元々アメリカ軍がベトナムに残置したものだった。ホーチミン・シティ（サイゴン）からシンガポールへ送られた後、ドイツのブレメルハーフェンへ送られ、パナマ運河を経由した後、ロングビーチに到着しメキシコへと積み替えられた。

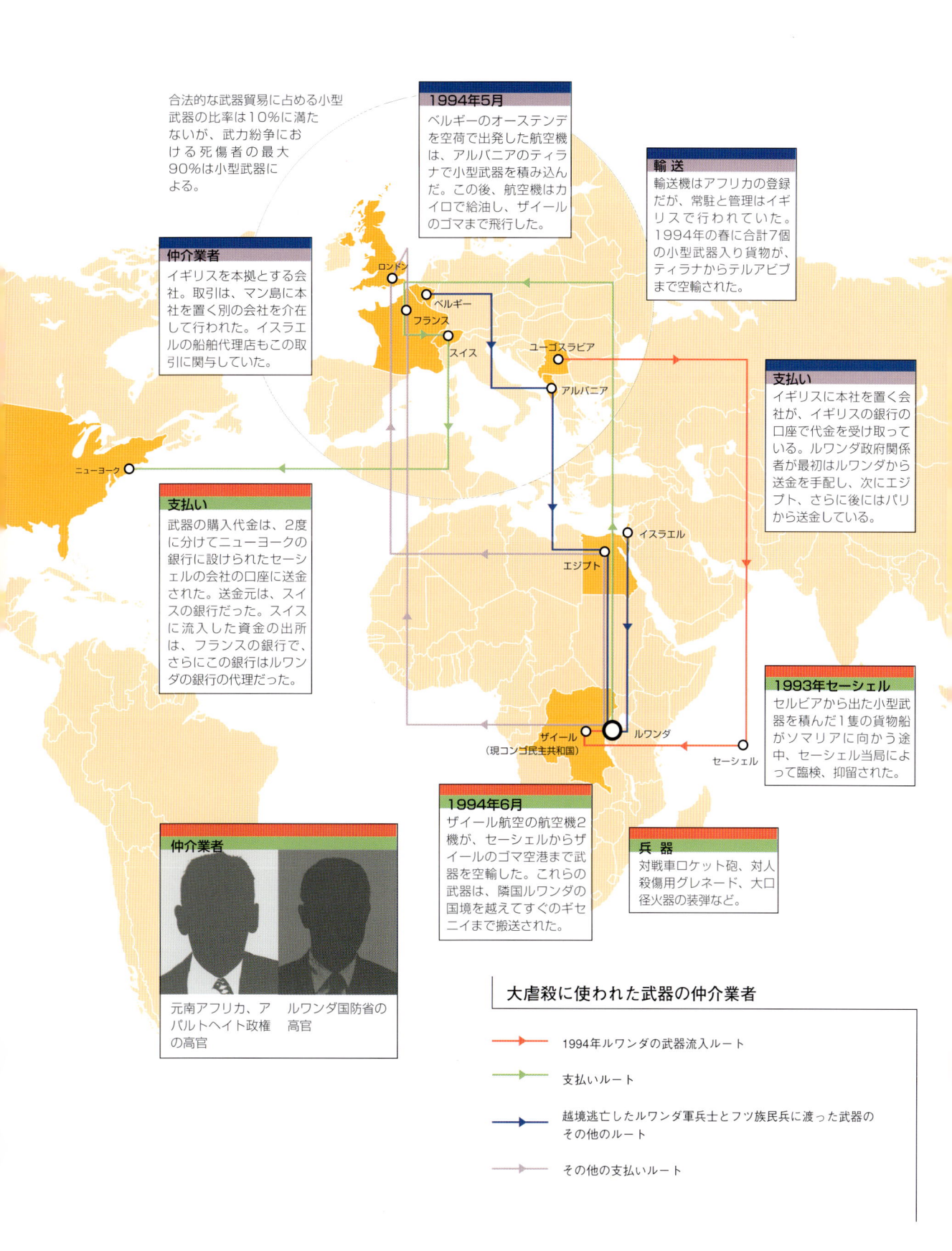

合法的な武器貿易に占める小型武器の比率は10%に満たないが、武力紛争における死傷者の最大90%は小型武器による。

1994年5月
ベルギーのオーステンデを空荷で出発した航空機は、アルバニアのティラナで小型武器を積み込んだ。この後、航空機はカイロで給油し、ザイールのゴマまで飛行した。

輸送
輸送機はアフリカの登録だが、常駐と管理はイギリスで行われていた。1994年の春に合計7個の小型武器入り貨物が、ティラナからテルアビブまで空輸された。

仲介業者
イギリスを本拠とする会社。取引は、マン島に本社を置く別の会社を介在して行われた。イスラエルの船舶代理店もこの取引に関与していた。

支払い
イギリスに本社を置く会社が、イギリスの銀行の口座で代金を受け取っている。ルワンダ政府関係者が最初はルワンダから送金を手配し、次にエジプト、さらに後にはパリから送金している。

支払い
武器の購入代金は、2度に分けてニューヨークの銀行に設けられたセーシェルの会社の口座に送金された。送金元は、スイスの銀行だった。スイスに流入した資金の出所は、フランスの銀行で、さらにこの銀行はルワンダの銀行の代理だった。

1993年セーシェル
セルビアから出た小型武器を積んだ1隻の貨物船がソマリアに向かう途中、セーシェル当局によって臨検、抑留された。

1994年6月
ザイール航空の航空機2機が、セーシェルからザイールのゴマ空港まで武器を空輸した。これらの武器は、隣国ルワンダの国境を越えてすぐのギセニイまで搬送された。

兵器
対戦車ロケット砲、対人殺傷用グレネード、大口径火器の装弾など。

仲介業者
元南アフリカ、アパルトヘイト政権の高官 / ルワンダ国防省の高官

大虐殺に使われた武器の仲介業者

- 1994年ルワンダの武器流入ルート
- 支払いルート
- 越境逃亡したルワンダ軍兵士とフツ族民兵に渡った武器のその他のルート
- その他の支払いルート

地図上の地名: ロンドン、ベルギー、フランス、スイス、ユーゴスラビア、アルバニア、ニューヨーク、イスラエル、エジプト、ザイール(現コンゴ民主共和国)、ルワンダ、セーシェル

11 テロリズム

テロリズムは通常、相手方よりも弱い勢力が選択する戦術である。政治リーダーの暗殺、民間人に対する無差別攻撃などがテロリズムの武器となり、後者では一般的に爆発物が用いられる。

2001年、ニューヨークとワシントンDC
新聞報道によれば、8月6日にブッシュ大統領は、「テロリストグループのアルカイダが航空機ハイジャックを計画していて、これをアメリカ合衆国に対する攻撃に利用するだろう」という情報機関からの報告を受けていた。
9月11日、ワールド・トレード・センターとアメリカ国防総省にハイジャック機が突入し、3,200人が死亡した。

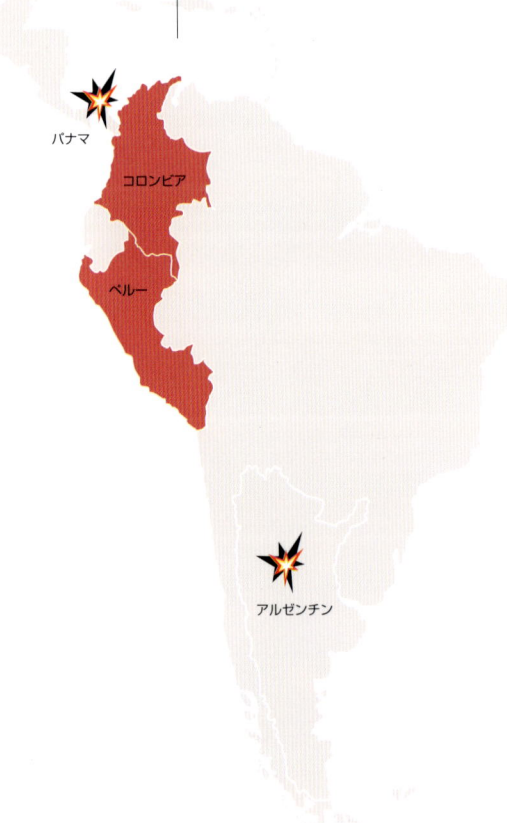

アメリカ合衆国

アイルランド
イギリス
フランス
オーストリア
イタリア　クロアチ
スペイン
アルジェリア
リビア
ギニア
シエラレオネ
リベリア
パナマ
コロンビア
ペルー
アルゼンチン

テロリズムは一般市民や政治リーダーをターゲットに秘密裏に実行されるため、テロに対する議論は、怒りや恐怖心によってまどわされがちではある。しかし、乗用車やバスの床下に爆発物を仕掛けるという行為が、空の彼方から飛来するミサイルよりも非道であったり恐るべき行為であるとは言いがたい。戦争とは地獄であり、どのような攻撃手段であってもそのことに変わりはない。

歴史的な視点から見れば、テロリズムを行うのは反政府勢力だけではないこともわかる。そもそも、この言葉は「恐怖による統治」という為政者の行為を指し、過去2世紀では国家テロリズムは反国家テロリズムと同様に一般的に行われてきた。この言葉がもっぱら反乱勢力に対してのみ使われている現代でも、政府による暗殺というテロリスト戦術は、同じくらい採用されているのが現実だ。

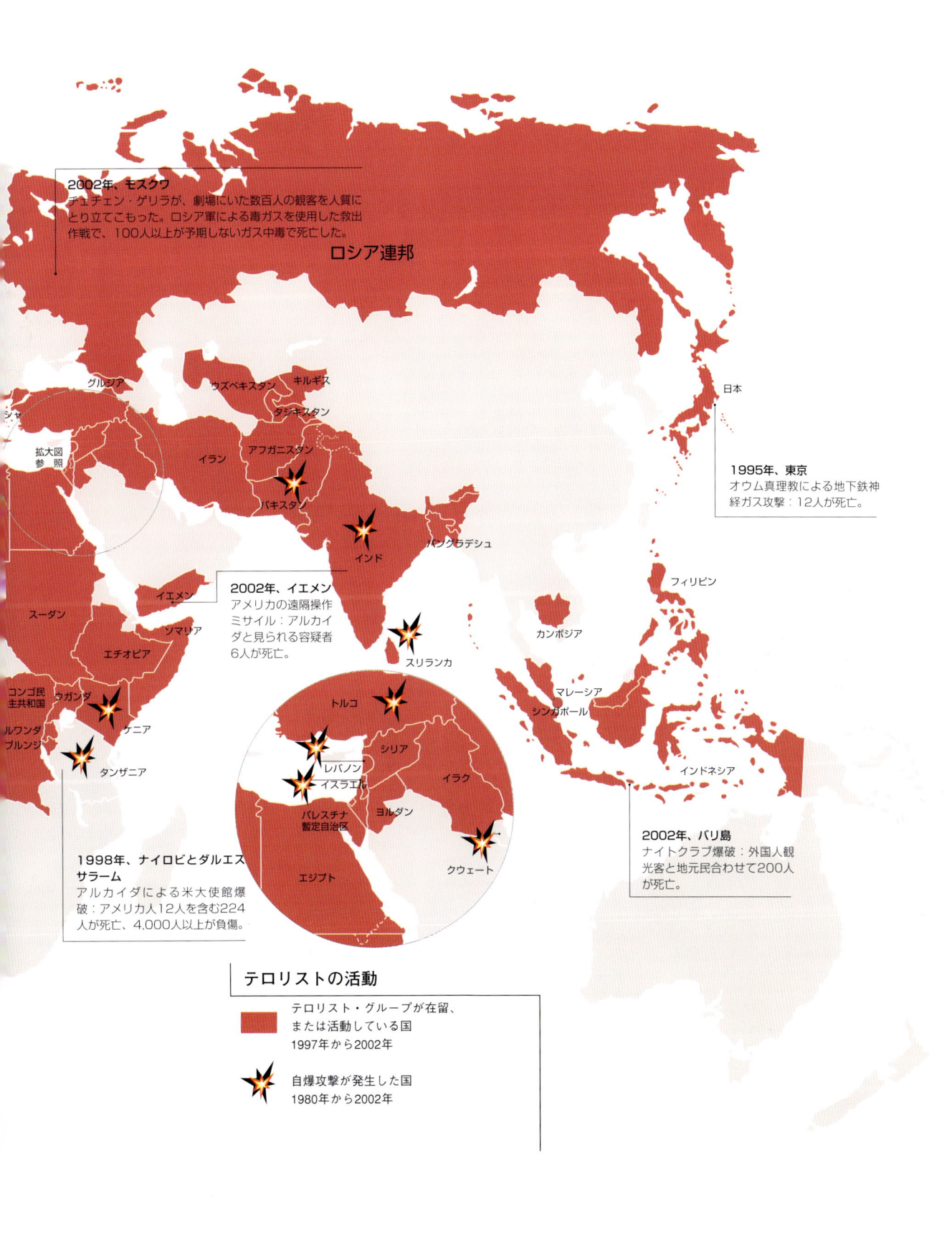

2002年、モスクワ
チェチェン・ゲリラが、劇場にいた数百人の観客を人質にとり立てこもった。ロシア軍による毒ガスを使用した救出作戦で、100人以上が予期しないガス中毒で死亡した。

ロシア連邦

グルジア
ウズベキスタン
キルギス
タジキスタン
拡大図参照
イラン
アフガニスタン
パキスタン
インド
バングラデシュ
日本

1995年、東京
オウム真理教による地下鉄神経ガス攻撃：12人が死亡。

イエメン
スーダン
ソマリア
エチオピア
ウガンダ
コンゴ民主共和国
ケニア
ルワンダ
ブルンジ
タンザニア

2002年、イエメン
アメリカの遠隔操作ミサイル：アルカイダと見られる容疑者6人が死亡。

スリランカ
フィリピン
カンボジア
マレーシア
シンガポール
インドネシア

トルコ
シリア
レバノン
イスラエル
イラク
パレスチナ暫定自治区
ヨルダン
エジプト
クウェート

1998年、ナイロビとダルエスサラーム
アルカイダによる米大使館爆破：アメリカ人12人を含む224人が死亡、4,000人以上が負傷。

2002年、バリ島
ナイトクラブ爆破：外国人観光客と地元民合わせて200人が死亡。

テロリストの活動

▮ テロリスト・グループが在留、または活動している国
1997年から2002年

✦ 自爆攻撃が発生した国
1980年から2002年

12 アメリカの力

2001年9月11日のテロリスト攻撃以後、アメリカの国防および安全保障対策により、軍事費はさらに増え、世界規模での軍事プレゼンスをさらに強めることになった。米軍は再びフィリピンの地を踏むと同時に、中東の湾岸地域の駐留規模を拡大、史上はじめてアフガニスタンと中央アジアに駐留するようになった。軍事費は1年で12％の伸びを示し、それ以前の伸びと合わせて1998年に比べ30％も増大した。

これと同時にブッシュ政権が減税を実施した結果、2000年には黒字だった国家予算は、増大する軍事費によって、2002年に赤字に転落した。ベトナム戦争中の1960年代の軍事費膨張や冷戦最盛期の1980年代を思い起こさせるような出来事である。

9月11日のテロ攻撃は、経済とビジネスにマイナスの影響を与え、さらに1990年代の好況が迎えつつあった避けがたい終末と重なった。その結果のひとつが、アメリカの貧困レベルの上昇である。これはごくわずかではあったが、10年ぶりの上昇だった。

ワールド・トレード・センターの破壊から1年後、アメリカ政府は安全保障を脅びやかす相手への先制攻撃ドクトリンを明言した。過去50年間にわたって歴代政権が受けついできた戦争抑止の政策を捨て、アメリカは新たな、ただし誤った政策へと転換したのだ。ただでさえ合理的な判断力がなくなりがちな非常時に、両勢力の合理性に依存せざるをえないという意味で本質的な欠陥を抱えているのが抑止理論であるとすれば、情報機関でやりとりされるあいまいな情報と不確実な予測とに大きくたよっている点で先制攻撃理論も欠陥があるといえるだろう。

アメリカの世界規模での軍事プレゼンスの背後には、石油への需要が存在する。アメリカの石油消費は世界の総消費量の25％を占め、需要の60％を輸入し、その大部分を中東に依存している。新しい兵器や新しいドクトリンと肩を並べ、さらなる安全保障はエネルギー消費の新たな需要傾向にかかっている。

2002年　アメリカの同盟国	2001年　米軍兵力	2001年　平和維持活動に従事する米軍兵力
■ NATO加盟国とその他の主要同盟国	🚶(黒) 米軍事要員10,000人超	🚶(緑) 米軍事要員1,000から10,000人
■ アメリカを含む安全保障／政治的連合のメンバー	🚶(濃灰) 米軍事要員1,000から10,000人	🚶(黄緑) 米軍事要員1,000人未満
■ これらに含まれないアメリカの2001-02年対テロリズム戦争の同盟国	🚶(灰) 米軍事要員1,000人未満	● 米領土内の主要軍事拠点
■ 非友好国		
■ 2002年1月、アメリカ大統領によって悪の枢軸と名指しされた国		
■ その他の国		

37

第3章
戦争と民衆

「戦争は地獄である」と言ったのは、アメリカ南北戦争でアトランタ市を焼き払うように命じたことで知られる北軍のウィリアム・シャーマン将軍だ。しかし、戦争一般が並みの地獄にたとえられるとして、それよりもさらに残酷な行為は、しばしば私たちの目と耳に入ってくるのも事実だ。

地獄にたとえられる戦争にも、戦争法規、あるいは現代用語では国際人道法と呼ばれる決まり事がある。これは、戦争が正統である場合や、戦争において許容される限度を定めた法規の集合である。その目的は戦争における民衆の苦痛と財産の損害に歯止めをかけることにある。国際人道法は、国際人権規約と同様、国家の権力を制限し、個人の権利を強化することを目標としている。ただし、人道法がカバーしているのは戦時のみ、軍隊の使い方のみであり、国家が軍事力を使用する権利の有無、どのような時に許されるかを規定しているのは、国連憲章である。

国連憲章によれば、国家は自衛を目的とする場合と、国内治安の目的、または国連安全保障理事会が認める戦争が発生した後の平和回復と安全確保のための行動に限って、軍隊を使用することができるとされている。

国際人道法によれば、戦争が発生した場合は、戦闘に従事しない者は保護されるべきとされている。この保護対象には、民間人、医療要員、戦闘に従事していたが現在は戦えない傷病者、負傷兵、難船乗組員、戦時捕虜などが含まれる。

人道法では、一部の兵器（不必要な殺傷を引き起こす兵器や本質的に無差別に使われる兵器）の使用を制限するとともに、さまざまな軍事戦術、行動を禁止している。

・捕虜の処刑、飢餓におくこと、拷問は禁じられている。
・医療要員の行動を阻止したり、遅らせることは禁じられている（たとえば救急車には安全な通行が保障されなければならない）。
・軍隊は、非武装の民間人に対し、実包による射撃を行ってはならず、彼らが身を隠す場所に砲撃、爆撃を加えてはならない。
・また、民間人を敵の攻撃に対抗するための人間の盾とすることも禁じられている。
・過度の苦痛を引き起こし、不必要な人命損失を引き起こす兵器または戦術の使用は禁じられている。
・戦時における強姦（もしくは組織的系統的に行われる強姦）は戦争犯罪である。
・財産の掠奪、無目的な破壊も禁じられている。

人道法によれば、
・民間人には、戦闘が行われる場所から、安全に退去する上での合理

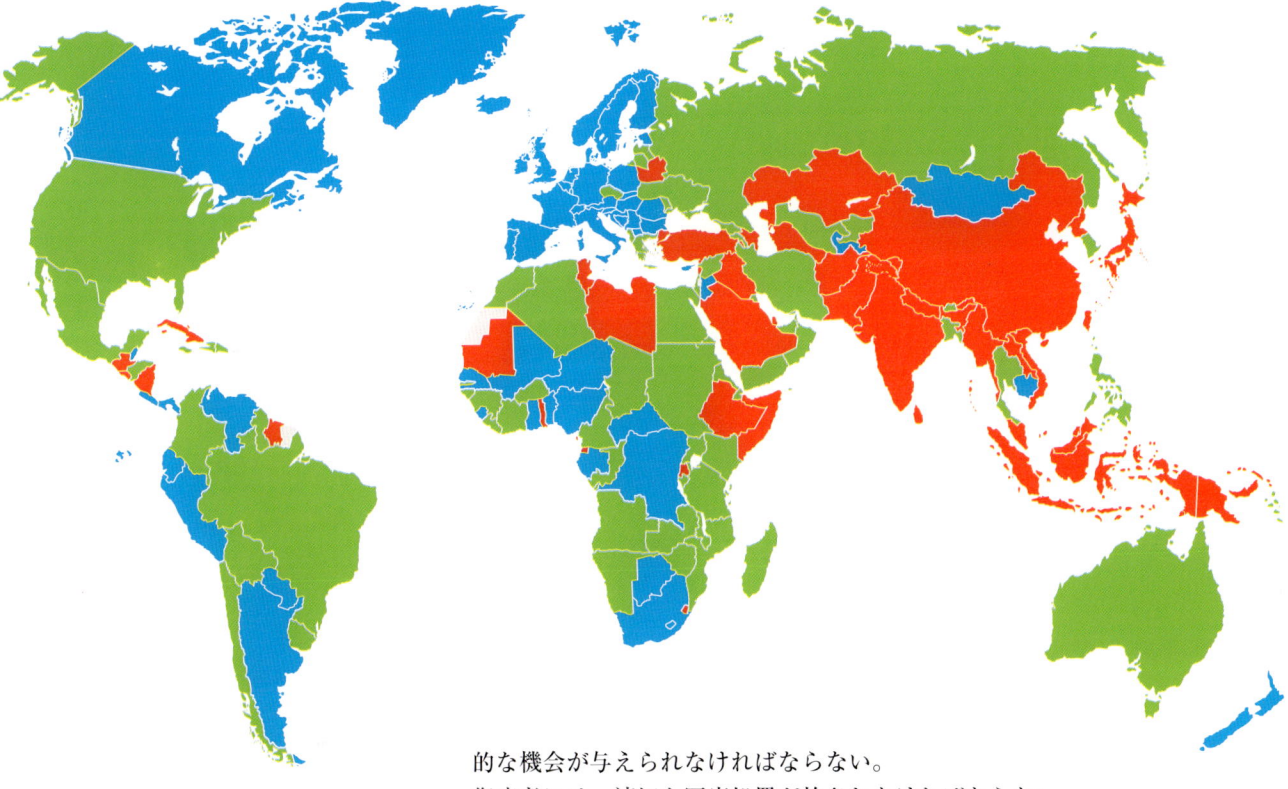

的な機会が与えられなければならない。
・傷病者には、適切な医療処置が施されなければならない。
・戦時捕虜には、医療処置の他にシェルターと食糧が与えられ、尊厳をもって扱われなければならない。
・民間人の生命保護と、戦争の影響からの保護にはあらゆる努力が払われなければならない。
・国家はその軍隊と国民一般に対し人道法を教え、関係するすべての情報を公衆の目に触れるようにする義務を負う。
・自国や他国の軍事要員もしくは政治リーダーが人道法を犯した場合、国家はこれら違反者を執行処罰しなければならない。

　こうしたルールが、相も変わらず破られ、無視され続けていることは周知のとおりである。

　国連安全保障理事会は、1990年代に2つの国際犯罪法廷を設置した。ひとつは、1991年以降の旧ユーゴスラビア域内における戦争犯罪を裁くためのもの、もうひとつは1994年にルワンダで（または隣接国領内でルワンダ人が行った）発生した大量虐殺と重大犯罪を裁くためのものである。いずれの国際法廷も作業は遅々として進まず、多くの障害に直面している。ユーゴスラビア犯罪法廷の最大の問題は容疑者の逮捕拘束であり、ルワンダ法廷の問題点は10万人を超える容疑者の数の多さだった。

　1998年7月のローマ合意で、大量虐殺、戦争犯罪、人道に対する犯罪を裁く常設の国際犯罪法廷設置が決まった。4年後には、十分な数の批准国がそろい、「ローマ規約」に基づく新たな法廷がハーグに設置された。しかし、アメリカ、ロシア、中国はいずれもローマ合意を批准してはいない。アメリカは、自国軍隊を同法廷の訴追対象から外すことを要求して、国連平和維持活動からの撤退をちらつかせている。

国際犯罪法廷（ICC）の調印国

1998年　ICC設置合意
2002年5月時点の現状

- 批准国
- 調印したが未批准の国
- 調印も批准もしてない国

39

13 死

　現代の戦争について私たちは多くの知識を得てはいるが、どれくらいの数の人間が死亡したかについてはほとんど知らされていない。

　1997年から2002年の戦争で死亡した人間の数は、信頼できる推計によれば300万人以上と考えられている。この数字は、1990年代前半の死者に比べると、250万人ほど減少している。

　現代の戦争による死者のうち、およそ75％が民間人である。ただし、この数字は想像と推計の中間程度の正確さである。軍隊やゲリラ・グループは、戦闘でどれほどの味方兵士が死んだかを把握しているが、ほとんどの戦争では民間人の死者を集計する機関や組織そのものが存在しないためだ。

　戦争で負傷した人間の数となると、信頼できる統計は存在しない。また、重大な心理的ダメージを受けた人の数や、戦争で愛する人を失い悲嘆にくれる人の数もわからない。

多くの死者を出した戦争
1945年以降の死者数

- 朝鮮　300万人　1950-53
- コンゴ民主共和国　250万人　1996-
- ナイジェリア　200万人　1967-70
- カンボジア　200万人　1975-98
- ベトナム　200万人　1965-76
- スーダン　200万人　1955-
- アフガニスタン　200万人　1979-
- エチオピア　150万人　1962-91
- ルワンダ　130万人　1959-
- 中国　100万人　1946-50
- モザンビーク　100万人　1976-92

アメリカ合衆国

メキシコ

コロンビア

ペルー

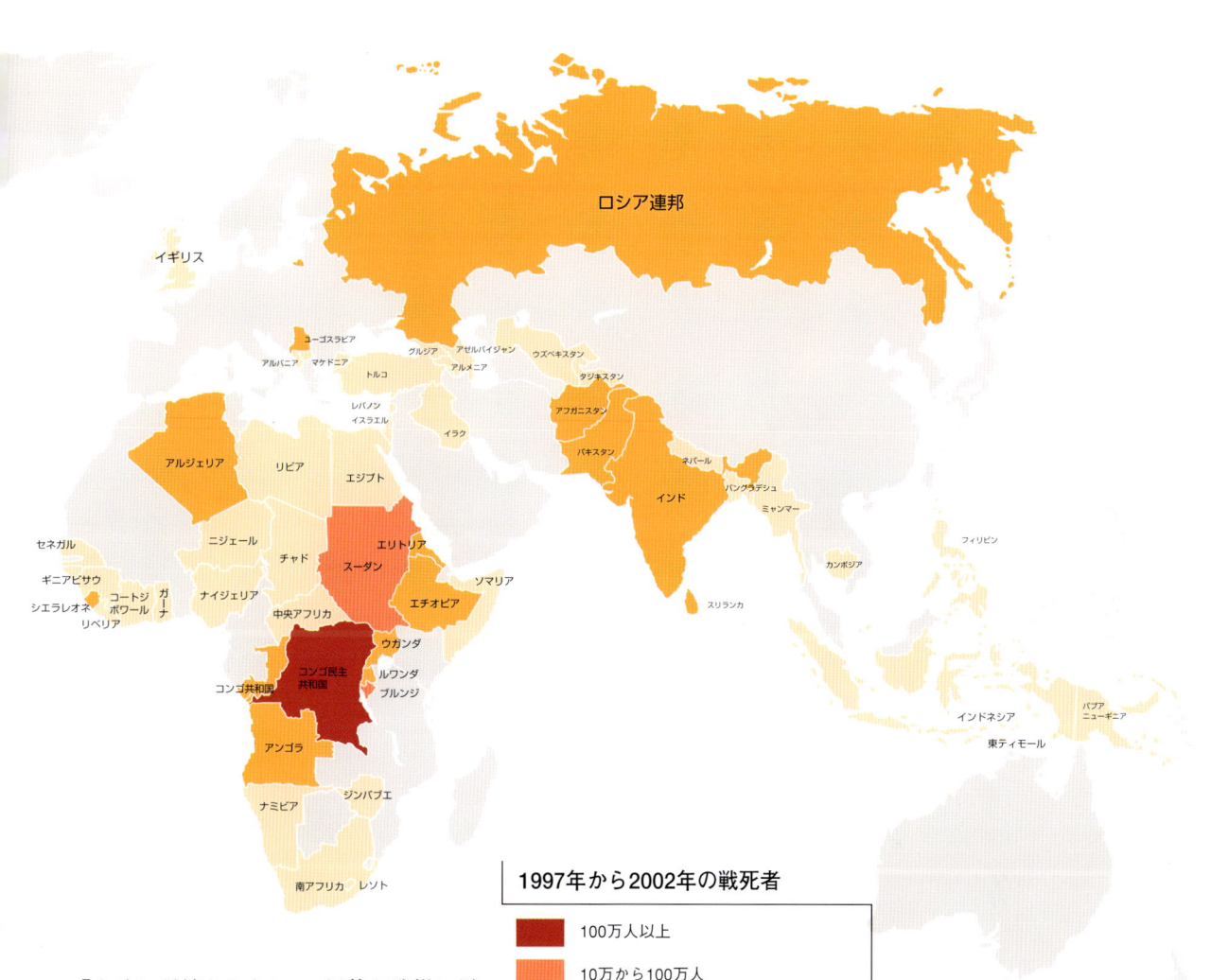

1997年から2002年の戦死者

- 100万人以上
- 10万から100万人
- 1万から10万人
- 1万人以下
- その他の国

地図には、1997年から2002年の戦争死者だけを示してある。この期間に続いていた戦争のなかには、それ以前にはじまったものも含まれている。したがって、この地図の数字は個々の戦争の死者総数とは一致しない。

「十分に訓練された2つの軍勢が戦場に送り出された様子を見たことのない者には、その光景の美しさや華々しさは想像できないだろう。ラッパ、横笛、オーボエ、ドラム、そして大砲の音は、地獄ですらかなわないハーモニーを奏でる。幕開けの砲撃は双方およそ6千人ずつを死に至らしめた。続くライフルの応酬は、地球の表面に救う害虫どものなかの最良の9千人か1万人の息の根を止めた。最後に、もう何千人かを死に追いやる十分な理由を与えたのは銃剣である。死傷者は合わせて3万人に達した。

すべてが終わったとき、憎しみ合ってきた2人の王は、互いの勝利を讃え合った。」ヴォルテール作「カンディド」(1758年) より

14 残虐行為

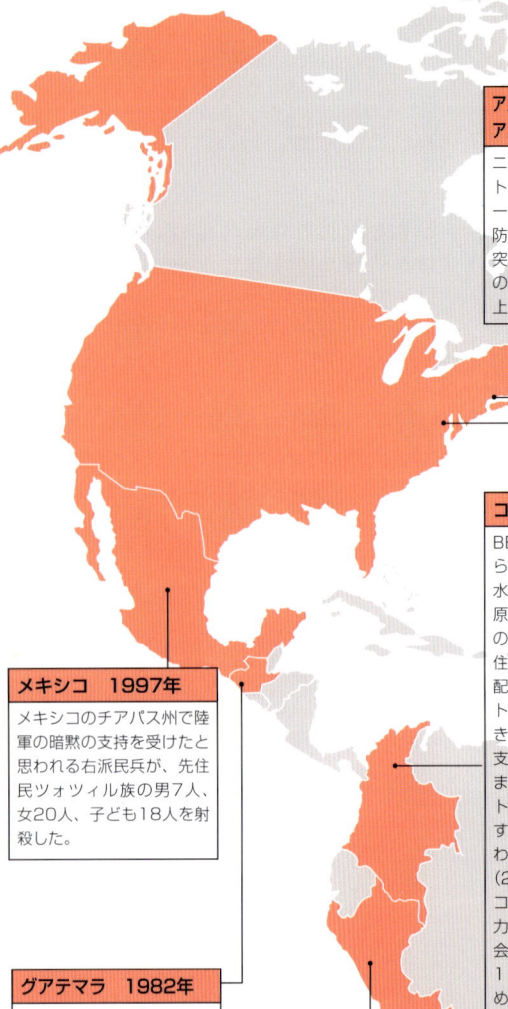

北アイルランド　1972年
平穏なデモ参加者に英軍が発砲し、人権活動家14人を殺害した。1972年の当局による査問会議では、数多くの矛盾する証言を排除して、英兵は発砲されてこれに応戦したとの理由で兵士たちの責任を問わない結論を下した。1998年に再審理のための査問会議が開かれた。

アメリカ、ニューヨーク市とアメリカ国防総省　2001年
ニューヨークのワールド・トレード・センターのタワービル2棟と、アメリカ国防総省に旅客機が意図的に突入した事件で、80カ国の国籍にわたる3,000人以上の民間人が死亡した。

ボスニア・ヘルツェゴビナ　1992年-95年
多民族から構成されるこの共和国領内で、セルビア人勢力は殺戮とテロ、強姦などによるエスニック・クレンジング（民族浄化）を遂行した。その後、ボスニア人勢力とボスニア居住のクロアチア人勢力も残虐行為に手を染めている。1995年6月にセルビア人勢力がスレブレニカという小さな町のボスニア人男性7,000人以上を殺害したのが、1回の出来事としては最悪の例である。

コロンビア
BBCワールド・サービスからの報告：
水を抜けば魚は死ぬという原理に基づき、殺戮と恐怖の政策で民兵たちが大量移住を強制した。ゲリラの支配下にある部落には、リストを手に暗殺部隊がやってきた。リストには、ゲリラ支持者と目される人物の名まえが連なっている。リストに名まえののった人物は、すべて家族の面前で残虐きわまる方法で殺害された。
(2002年1月7日)
コロンビアの左翼反政府勢力は、手製の迫撃砲弾を教会に撃ち込んで、民間人117人を殺害した犯行を認めている。
(2002年5月8日)

シエラレオネ　1992年-2002年
シエラレオネでは、革命統一戦線をはじめとするいくつかの武装グループが、民衆に恐怖を植えつける目的で女性を強姦し、男女子どもの区別なく手足を切断した。彼らは民間人を奴隷とし、子どもは兵士とすべく連れ去った。

アルジェリア　1997年
アルジェ近郊で発生したわずか4時間の事件で、妊婦、乳幼児、高齢者を中心に300人以上が、腹を割いたり焼き殺すなどの手段で殺害された。また40人の少女と成人女性が誘拐され、強姦された後に殺害された。政府軍と反政府軍がそれぞれ互いの犯行として非難をしている。

メキシコ　1997年
メキシコのチアパス州で陸軍の暗黙の支持を受けたと思われる右派民兵が、先住民ツォツィル族の男7人、女20人、子ども18人を射殺した。

グアテマラ　1982年
36年間続いたグアテマラの内戦で多数発生した虐殺事件のひとつ。陸軍と民兵が、リオ・ネグロの部落を襲撃し、子ども107人と女70人を殺害した。国際援助を受けて建設中のチショイダム・プロジェクトに反対していたこの部落に対する襲撃は、3度目のこの事件を含めて5回発生し、5回目の虐殺の後、村人たちの土地は水没した。

ペルー　1980-99年
3万人を超える内戦の死者合計のうち、80％強が民間人だった。拷問、失踪、処刑、暗殺など、判明している事件の半分強が政府軍によるもの、半分弱が反政府勢力によるものである。

通例、残虐行為というラベルで分類されるのは、ふつうの人間の良心にショックをおよぼし、戦争では何でも許されるといった浅はかな考えを軽く吹き飛ばすような行為である。残虐行為とは、一般に許されると考えられている限界を超えた行為だ。残虐行為と呼ばれる理由が、結果的に引き起こされる苦痛の大きさによることもあれば、計画性ゆえにそう呼ばれることもある。また、それが大方の予想外であったことが理由となる場合もある。この地図には、過去30年間に全世界の良識を揺るがした事件の他、実際に世界にはほとんど知られることのなかった残虐な事例も含まれている。

シリア、ハマ　1982年

ハマの町で発生した武装蜂起を鎮圧するため包囲した政府軍は、市街の3分の1を完全に破壊し、町の人口のおよそ10%にあたる3万人から4万人の民間人を殺害した。

ロシア、チェチェン　1994年-96年と1999年以降現在まで

チェチェンにおける2度の戦争中、ロシア軍は大量のチェチェン人男性をテロリスト容疑で逮捕したが、その多くは再び戻っては来なかった。1999年から2000年にかけて、書類上報告されているだけで120件の略式処刑が行われた。首都グロズヌイの大部分が、爆撃と砲撃で破壊された。ロシア兵による村落略奪は日常的に行われた。数千人の民間人が殺害されている。

ミャンマー西部　1991年-92年

ミャンマー軍事独裁政権は、強制労働、飢餓、組織的強姦、宗教上の迫害などによって、25万人を超えるロヒンギャ族を国境を越えたバングラデシュに難民として追い立てた。しかし、バングラデシュ政府もただちに彼らをミャンマー側に送還した。

イラク、ハラブジャ　1988年

イラク軍は、クルド人の住むハラブジャ村に対し、マスタード・ガスと神経ガスを使用して、少なくとも5,000人を殺害した。イラク軍は、1980年代末にイラン軍とこれ以外のクルド族村落に対しても化学兵器を使用している。

カンボジア　1975年-79年

総人口の20%にも達する160万人が、クメール・ルージュの4年間にわたる治世で殺害されるか餓死に追いやられた。クメール・ルージュは、カンボジアを都市もなければ伝統も家族もない、クメール・ルージュが許した以外の理想、思考、感情をすべて消し去った社会に再構築しようと試みたのである。

イスラエル

1953年　キブヤ：イスラエル人婦人とその子ども2人が殺害されたことへの報復として、イスラエル軍第101コマンド部隊がキブヤ村を襲撃、家屋45棟を爆破して女性と子ども46人を含む村の住民69人を殺害した。このときの第101コマンドの隊長が、アリエル・シャロンである。

1982年　ベイルート：イスラエル陸軍の指揮官たちは、「サブラとシャティーラの難民キャンプに侵入したレバノンのファランヘ党民兵が、そこに潜伏していると報告されたパレスチナ・ゲリラを襲撃するのを容認せよ」との命令を受けていた。この時殺害された民間人の数は、800人から2,000人といわれている。民兵組織の襲撃容認を命令したのが、イスラエル国防相アリエル・シャロンだった。

2002年　イスラエル軍によるパレスチナ自爆テロの黒幕暗殺を、シャロン首相は大成功と称賛する。ガザ地区の集合住宅地域に対して行われたミサイル攻撃では、パレスチナ人軍事組織の幹部1人のほかに、大人5人と子ども10人が死亡した。

ルワンダ　1994年4月-6月

フツ族主導政府の急進派が、少数派部族のツチ族とフツ族反対勢力に対する大量虐殺を実行した。ツチ族に対する虐殺は1960年代にも発生しているが、今回はより念入りに準備され大規模に行われた。6週間という期間に特別な訓練を受けた陸軍部隊と民兵の手で、80万人のツチ族が殺害された。この時、銃器、斧、山刀、放火、生き埋めなどの殺害手段がごくふつうに使われた。大虐殺を逃れた12歳以上のツチ族女性は、事実上ほぼ全員が強姦を受けた。ルワンダ愛国戦線を名乗るツチ族反乱勢力が権力を握ったことによって殺戮は終息したが、虐殺実行犯たちは数十万人のフツ族難民に紛れてザイール国内のキャンプに逃げ込んだ。

インドネシア、アチェ自治州　1989年-98年

1998年以降、集団埋葬された民間人の数百の遺体が発見されている。行方不明となった人々の数は、推定39,000人とされている。虐殺がもっとも激しかったのは、1989年から1992年にかけてである。インドネシア軍によって殺害された人の数について、最終的に確定した数字はない。

東ティモール　1975年と1999年

1975年、ポルトガルから独立したばかりの東ティモールを武力併合したインドネシアは、恐怖による支配を行い約8万人の民間人を殺害した。1999年に東ティモール独立の是非を向かう住民投票が行われたが、このときにもインドネシア軍によって訓練された民兵が最大2,000人の民間人を殺害し、人口の3分の2を追放した。

15 難民

20世紀の終わりには、およそ4000万人の人々が戦争や迫害の恐怖から故郷を追われていた。そのうち、国外に避難した、国際的な「難民」の定義に完全にあてはまる数が1400万人強である。少なくとも600万人が、法的には難民と認められず、なおかつ故郷には帰還できない宙ぶらりんの状態で暮らしている。そしておよそ2000万人は、祖国の領土内に避難先を見つけている。この人たちの苦しみが他の難民よりも軽いとはいえないものの、より早期に故郷に帰還できる可能性は高い。

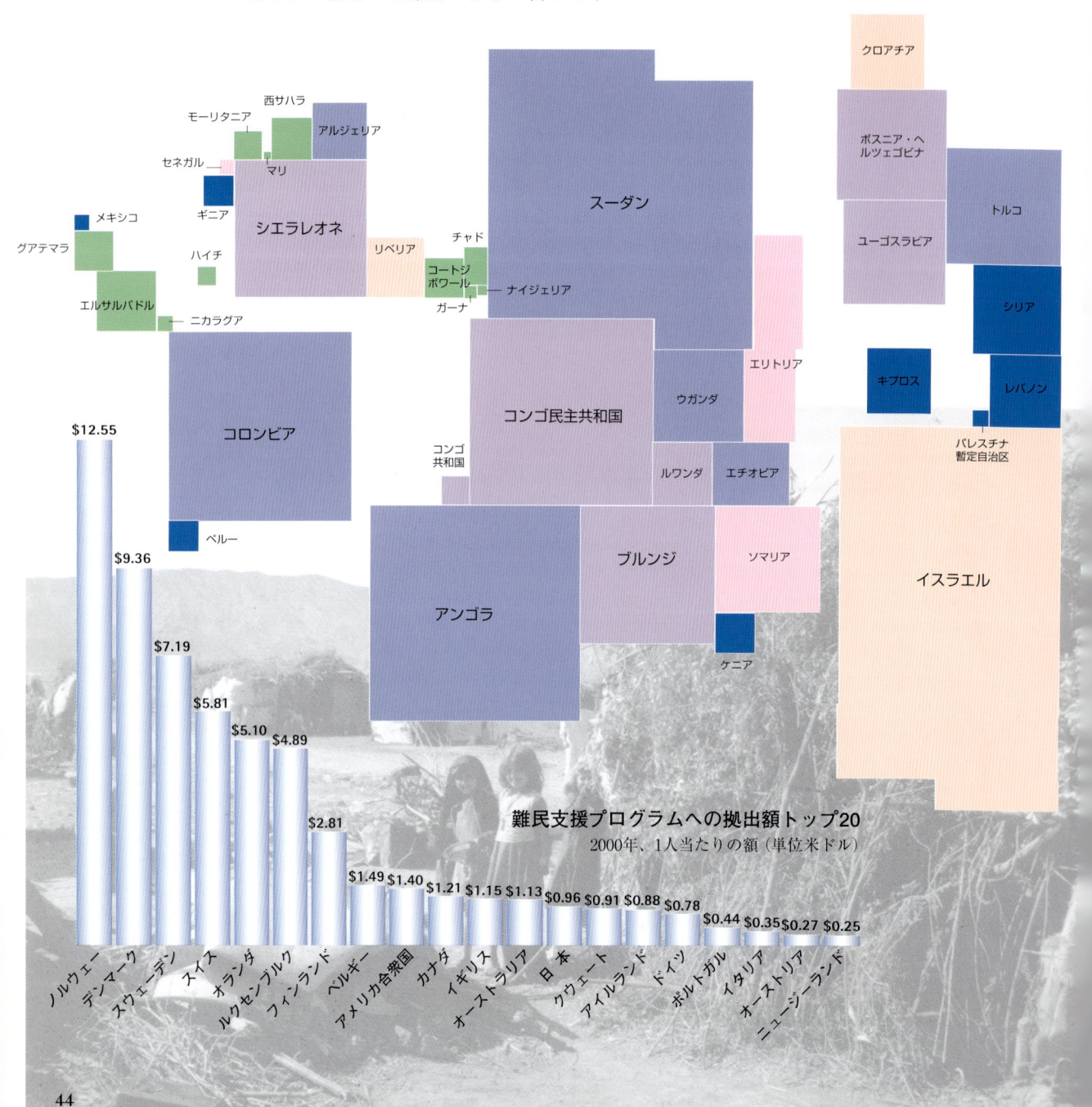

[難民の出身国・地域マップ:
クロアチア、ボスニア・ヘルツェゴビナ、ユーゴスラビア、トルコ、シリア、キプロス、レバノン、パレスチナ暫定自治区、イスラエル、モーリタニア、西サハラ、セネガル、マリ、アルジェリア、ギニア、シエラレオネ、ハイチ、リベリア、コートジボワール、ガーナ、チャド、ナイジェリア、スーダン、エリトリア、ウガンダ、コンゴ共和国、コンゴ民主共和国、ルワンダ、エチオピア、ブルンジ、ソマリア、ケニア、アンゴラ、メキシコ、グアテマラ、エルサルバドル、ニカラグア、コロンビア、ペルー]

難民支援プログラムへの拠出額トップ20
2000年、1人当たりの額（単位米ドル）

- ノルウェー $12.55
- デンマーク $9.36
- スウェーデン $7.19
- スイス $5.81
- オランダ $5.10
- ルクセンブルク $4.89
- フィンランド $2.81
- ベルギー $1.49
- アメリカ合衆国 $1.40
- カナダ $1.21
- イギリス $1.15
- オーストラリア $1.13
- 日本 $0.96
- クウェート $0.91
- アイルランド $0.88
- ドイツ $0.78
- ポルトガル $0.44
- イタリア $0.35
- オーストリア $0.27
- ニュージーランド $0.25

難民の発生国

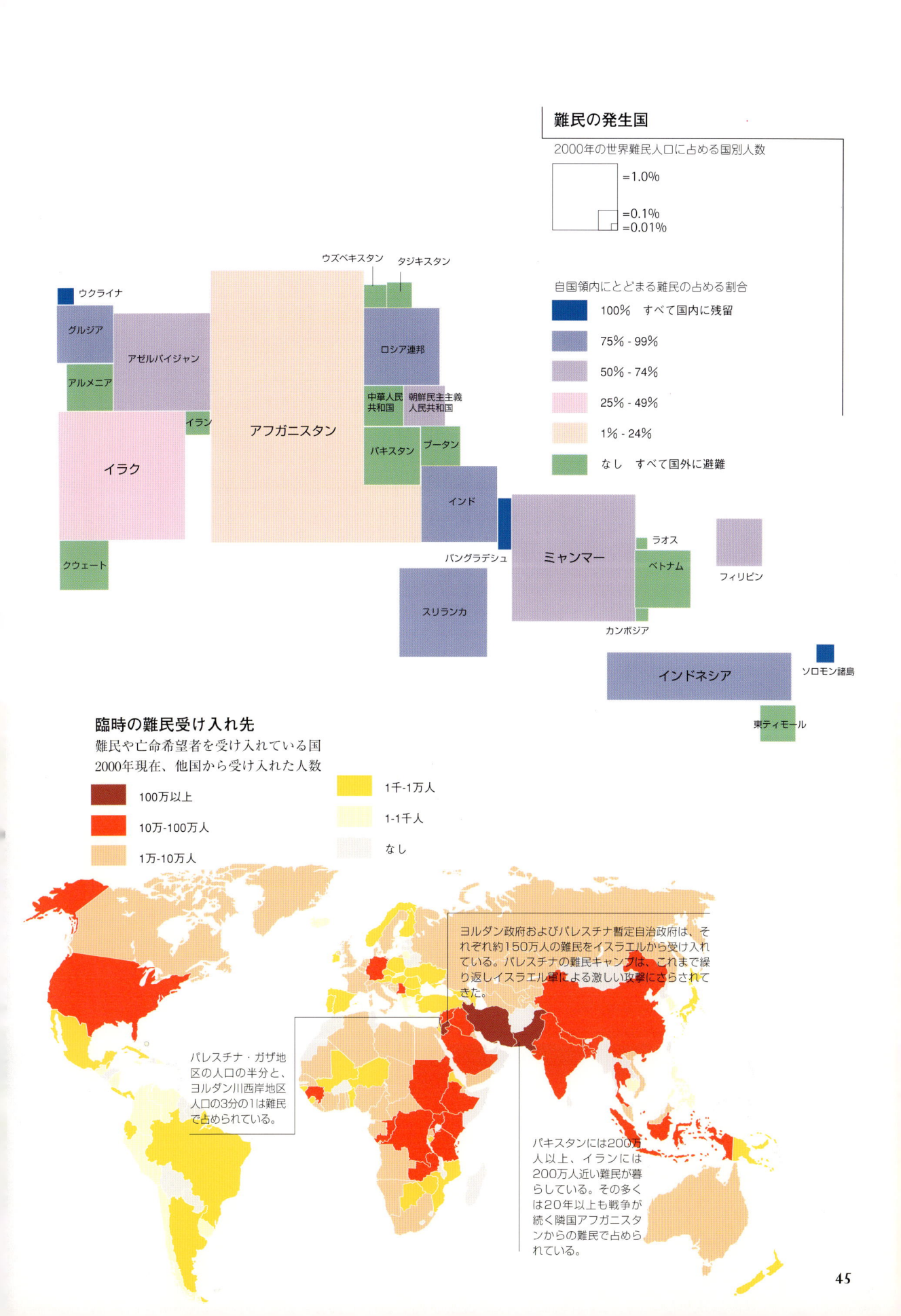

2000年の世界難民人口に占める国別人数

- □ =1.0%
- □ =0.1%
- □ =0.01%

自国領内にとどまる難民の占める割合

- 100% すべて国内に残留
- 75% - 99%
- 50% - 74%
- 25% - 49%
- 1% - 24%
- なし すべて国外に避難

国名: ウクライナ、グルジア、アルメニア、アゼルバイジャン、イラン、イラク、クウェート、ウズベキスタン、タジキスタン、ロシア連邦、中華人民共和国、朝鮮民主主義人民共和国、アフガニスタン、パキスタン、ブータン、インド、バングラデシュ、ミャンマー、ラオス、ベトナム、フィリピン、スリランカ、カンボジア、インドネシア、ソロモン諸島、東ティモール

臨時の難民受け入れ先

難民や亡命希望者を受け入れている国
2000年現在、他国から受け入れた人数

- 100万以上
- 10万-100万人
- 1万-10万人
- 1千-1万人
- 1-1千人
- なし

ヨルダン政府およびパレスチナ暫定自治政府は、それぞれ約150万人の難民をイスラエルから受け入れている。パレスチナの難民キャンプは、これまで繰り返しイスラエル軍による激しい攻撃にさらされてきた。

パレスチナ・ガザ地区の人口の半分と、ヨルダン川西岸地区人口の3分の1は難民で占められている。

パキスタンには200万人以上、イランには200万人近い難民が暮らしている。その多くは20年以上も戦争が続く隣国アフガニスタンからの難民で占められている。

45

16 地雷

毎年2万人近い人々が地雷や砲弾、爆弾などの不発弾によって死傷している。

1997年に地雷禁止条約が調印されて以来、対人地雷の生産高は激減しており（41カ国が生産を全面的に停止）、地雷除去プログラムは加速している。条約に追加加盟する国の数も前例のないスピードで増加しているが、未調印の国のうち3カ国が国連安保理の理事国という事実もある。全世界の対人地雷の備蓄量のうち、90％がこれら非調印国の保有するものだ。

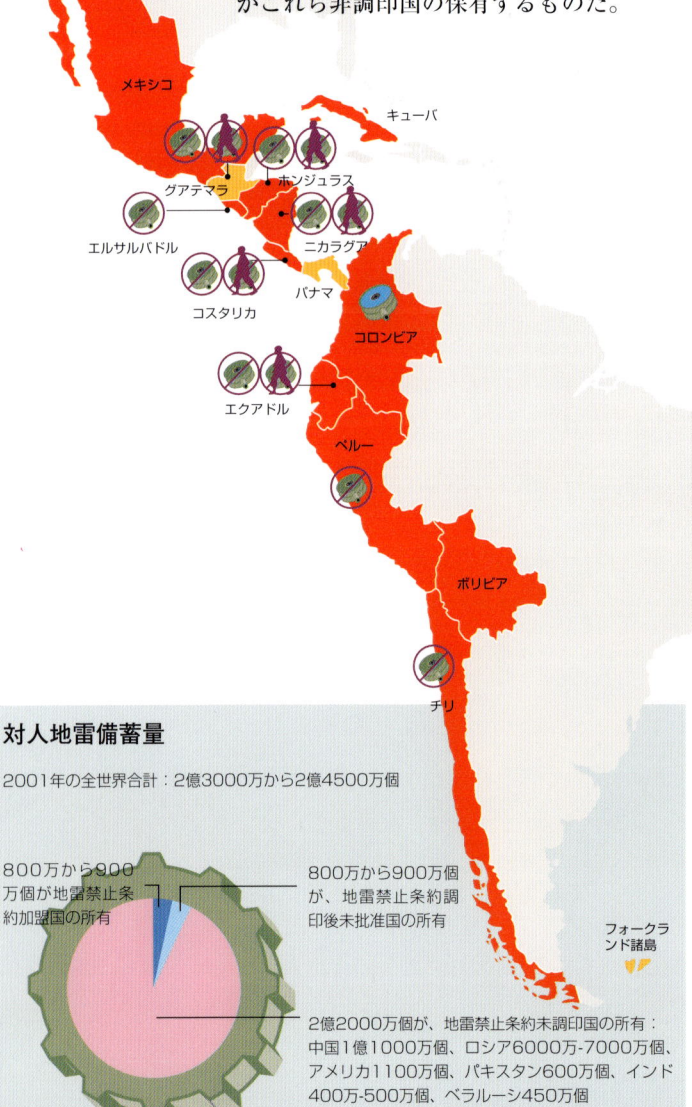

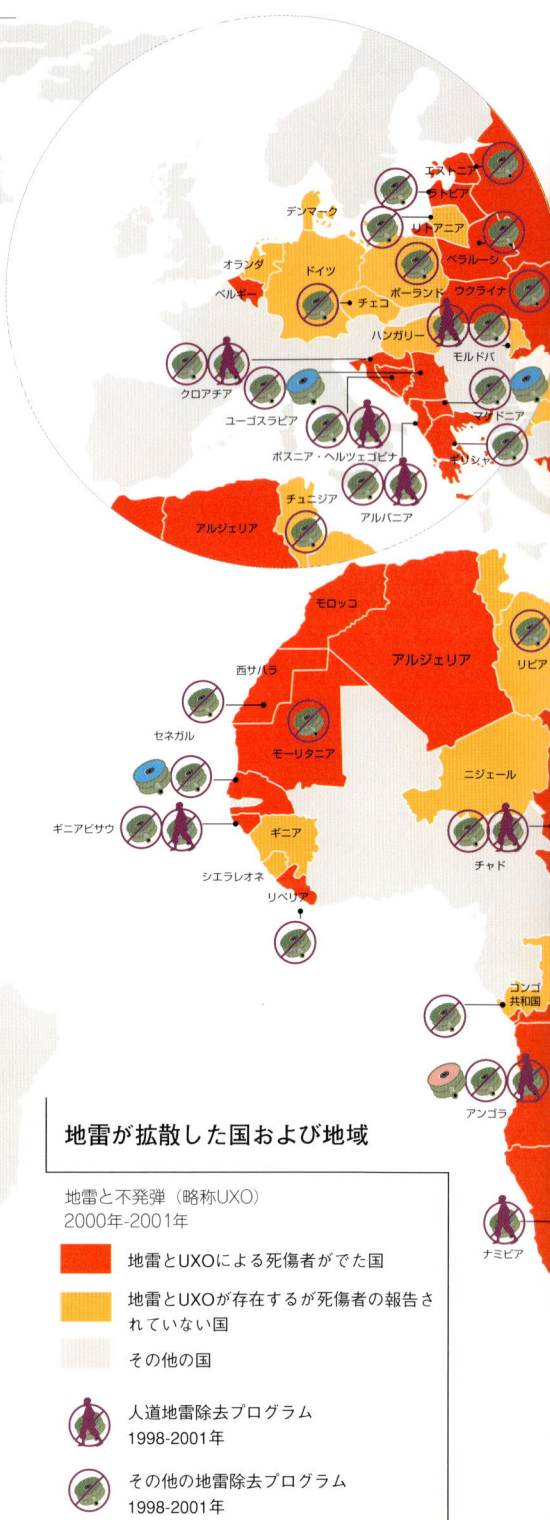

地雷が拡散した国および地域

地雷と不発弾（略称UXO）
2000年-2001年

- 地雷とUXOによる死傷者がでた国
- 地雷とUXOが存在するが死傷者の報告されていない国
- その他の国
- 人道地雷除去プログラム 1998-2001年
- その他の地雷除去プログラム 1998-2001年

対人地雷の使用、2001-02年
- 政府軍と反政府勢力の双方による
- 政府軍による
- 反政府勢力による

対人地雷備蓄量

2001年の全世界合計：2億3000万から2億4500万個

800万から900万個が地雷禁止条約加盟国の所有

800万から900万個が、地雷禁止条約調印後未批准国の所有

2億2000万個が、地雷禁止条約未調印国の所有：中国1億1000万個、ロシア6000万-7000万個、アメリカ1100万個、パキスタン600万個、インド400万-500万個、ベラルーシ450万個

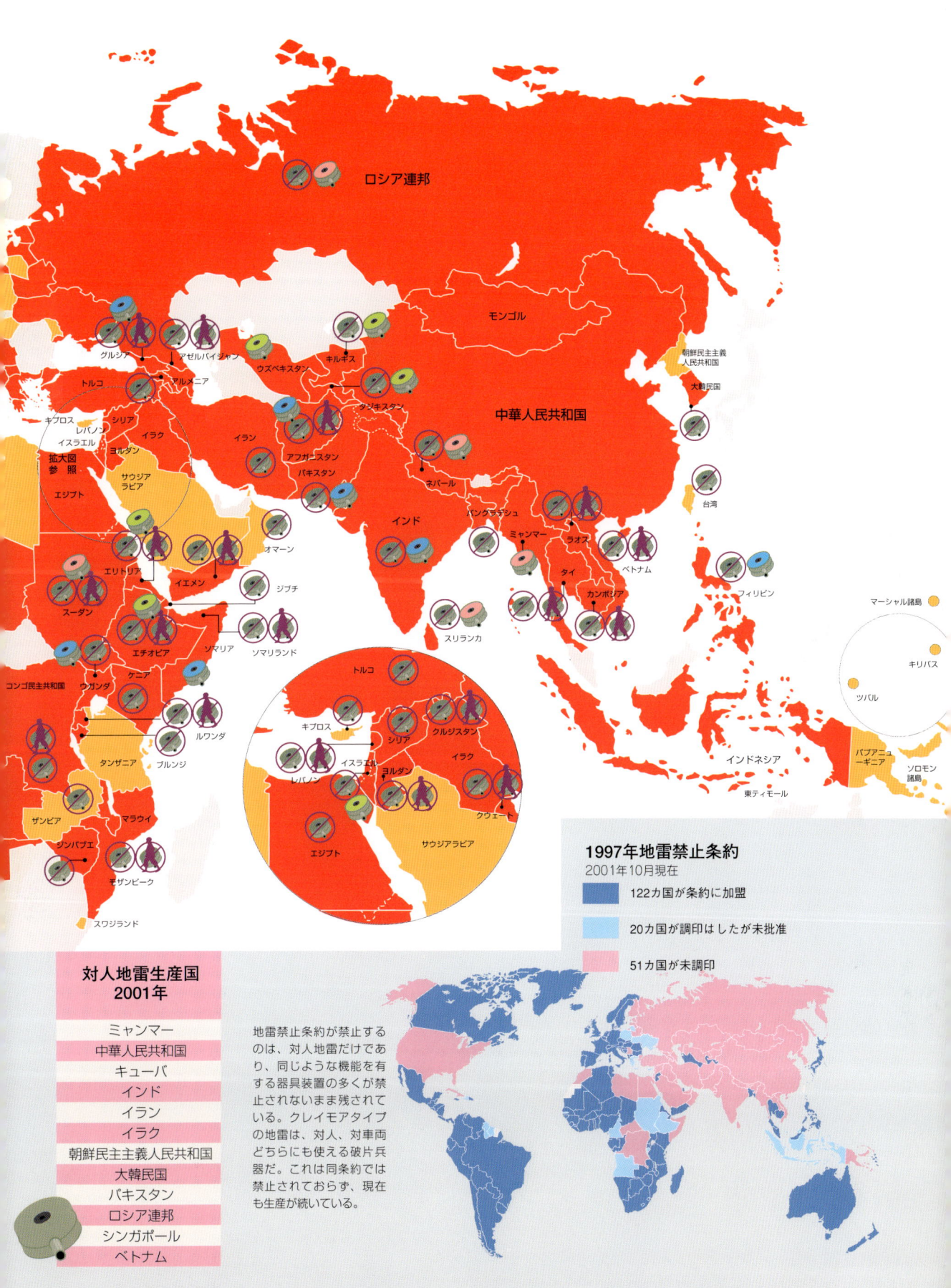

1997年地雷禁止条約
2001年10月現在

- 122カ国が条約に加盟
- 20カ国が調印はしたが未批准
- 51カ国が未調印

対人地雷生産国 2001年

- ミャンマー
- 中華人民共和国
- キューバ
- インド
- イラン
- イラク
- 朝鮮民主主義人民共和国
- 大韓民国
- パキスタン
- ロシア連邦
- シンガポール
- ベトナム

地雷禁止条約が禁止するのは、対人地雷だけであり、同じような機能を有する器具装置の多くが禁止されないまま残されている。クレイモアタイプの地雷は、対人、対車両どちらにも使える破片兵器だ。これは同条約では禁止されておらず、現在も生産が続いている。

地図上の国名

ロシア連邦、モンゴル、中華人民共和国、朝鮮民主主義人民共和国、大韓民国、台湾、フィリピン、インドネシア、東ティモール、パプアニューギニア、ソロモン諸島、マーシャル諸島、キリバス、ツバル、ベトナム、ラオス、カンボジア、タイ、ミャンマー、バングラデシュ、ネパール、インド、スリランカ、パキスタン、アフガニスタン、イラン、イラク、サウジアラビア、オマーン、イエメン、ジブチ、ソマリア、ソマリランド、エチオピア、エリトリア、スーダン、エジプト、ヨルダン、イスラエル、レバノン、シリア、キプロス、トルコ、アルメニア、アゼルバイジャン、グルジア、ウズベキスタン、キルギス、タジキスタン、ケニア、ウガンダ、ルワンダ、ブルンジ、タンザニア、コンゴ民主共和国、ザンビア、マラウイ、ジンバブエ、モザンビーク、スワジランド

拡大図
トルコ、キプロス、シリア、クルジスタン、イラク、レバノン、イスラエル、ヨルダン、クウェート、サウジアラビア、エジプト

17　子ども兵士

　世界中の戦争で戦う18歳以下の子どもの数は30万人を超える。こうした若年兵士の大多数は15歳から18歳までの年齢だが、15歳に満たない児童が徴募されて戦闘員になるケースも多い。

　現代の小型武器は軽くて取り扱いが簡単であるため、子どもでも人を殺すことができる。子どもが徴兵される理由は、彼らが安上がりな消耗品であることと、何も考えずに人を殺させたり、危険を容易に受け入れさせることができるためだ。

　徴募には、しばしば強制力がともなう。殺害や手足切断などの脅迫が用いられたケースはいくつも書面で報告されているし、これ以外にも拷問が強制の手段として用いられている。こうした子どもの兵士には、血になじませることと心理的まひに追い込むために、自分の親を殺すとか、徴兵に応じない子どもの殺害などが命じられる。自己の安全を守るためや、復讐の手段として武装グループに加わる子どももいる。

　子ども兵士は、自らが引き起こす暴力と、自らの身にふりかかる暴力の世界のまっただなかに生きている。懲罰は厳格で、彼らの生涯は短い。その多くは、性的な虐待にもさらされている。少年だけでなく少女もまた徴募の対象だ。少女が第一線兵士にされるケースは多くはないが、スリランカやコロンビア、ブルンジなどを含めて例外はある。彼女たちの一般的な任務は通常性的隷属に加えて、調理、清掃、盗みなどに関わるものだ。

　多くの場合、最初の血の洗礼を受けた子ども兵士たちは、指揮官からつねに与えられるドラッグやアルコールの影響で、半ば意識もうろうの状態におかれている。彼らが与えたり受けたりする暴力への感受性はまひし、加速する依存性を満足させること自体がいつしか暴力の動機の多くを占めるようになる。銃をとともに与えられる特権、ウォッカのびん、殺人者としての世評も、彼らに与えられる報酬である。

　和平が訪れたとき、戦争のトラウマの代わりやってくるのは判断能力の喪失だ。筋金入りの兵士を平和な市民社会に再び取り込むのは、年齢にかかわらず簡単なことではない。兵士がまだ子どもであったり、子どもの頃に徴兵された場合、問題はさらに困難になる。

　子ども兵士は、家庭やしつけ、教育、道徳観、さらには正常な社会的発展の機会をすべて奪われた存在だ。家庭はすでに破壊されていたり、それまでの経験に

ボリビアでは、軍隊のほぼ半数が14歳から17歳の少年で占められている。

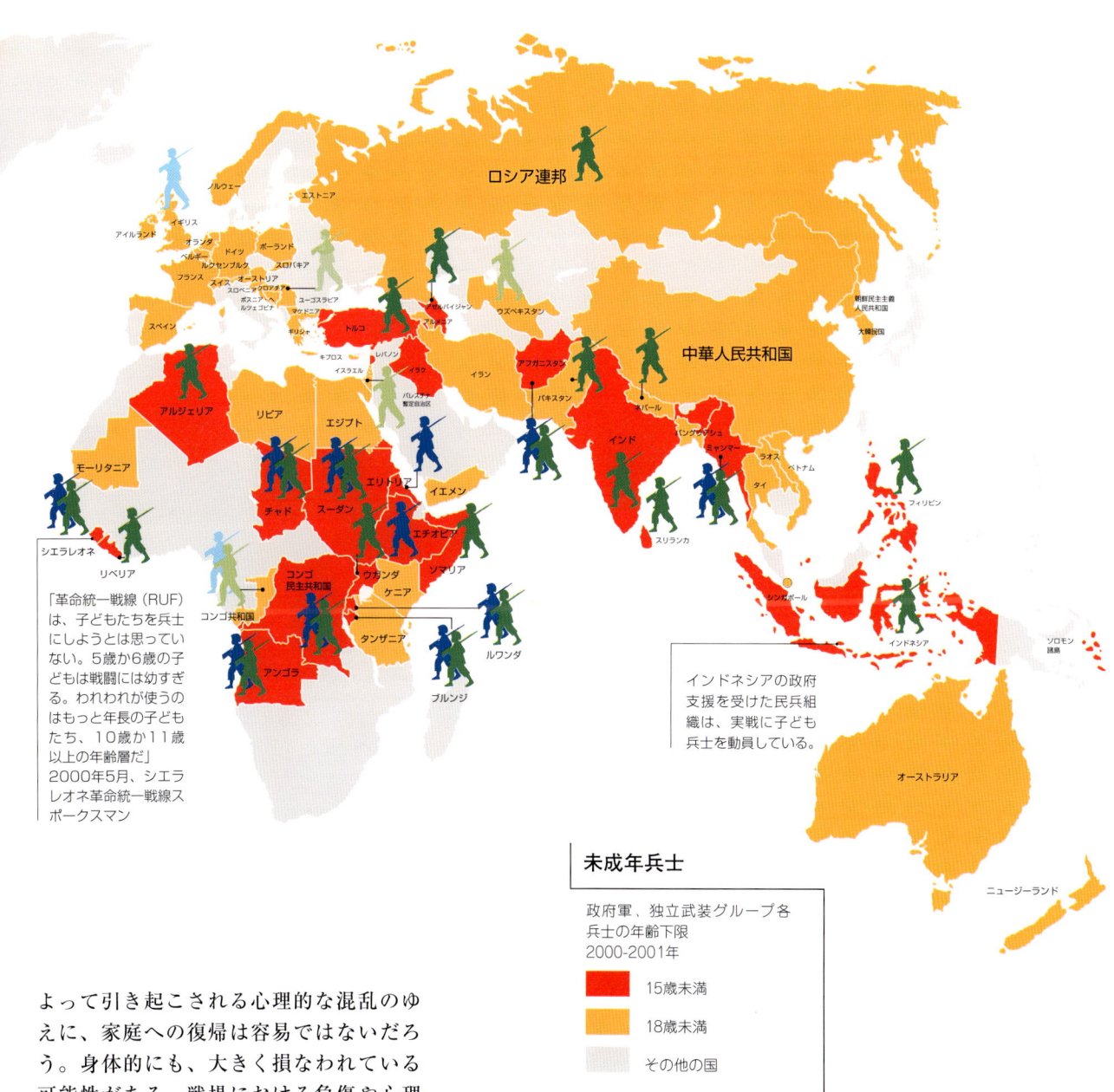

「革命統一戦線（RUF）は、子どもたちを兵士にしようとは思っていない。5歳か6歳の子どもは戦闘には幼すぎる。われわれが使うのはもっと年長の子どもたち、10歳か11歳以上の年齢層だ」
2000年5月、シエラレオネ革命統一戦線スポークスマン

インドネシアの政府支援を受けた民兵組織は、実戦に子ども兵士を動員している。

未成年兵士

政府軍、独立武装グループ各兵士の年齢下限
2000-2001年

- 15歳未満（赤）
- 18歳未満（オレンジ）
- その他の国（灰）

実戦における子ども兵士
1997-2001年

- 政府軍が15歳未満を実戦に動員
- 政府軍が18歳未満を戦闘に動員
- 独立武装グループが15歳未満を戦闘に動員
- 独立武装グループが18歳未満を戦闘に動員

よって引き起こされる心理的な混乱のゆえに、家庭への復帰は容易ではないだろう。身体的にも、大きく損なわれている可能性がある。戦場における負傷や心理的虐待だけでなく、ドラッグの乱用やアルコール依存症を克服しない限り、彼らは一般社会で正常な市民として暮らすことはできない。彼らは、仕事を見つけたり、働くための訓練も受けていない。彼らが犯罪者となってもなんら不思議ではない状況で、幸せを見つけることができれば、むしろそれは奇跡というべきだろう。

第4章
ヨーロッパ

　20世紀の後半にヨーロッパの戦争で死亡した人間の数は、50万人を少し上回る程度だったが、20世紀の前半には6000万人以上が死亡している。

　ヨーロッパ列強のいくつかは、1900年から1950年までにヨーロッパ域内の戦争以外にも、かつての帝国領土を守るための植民地戦争に巻き込まれている。ヨーロッパ植民地史上最も悲惨な戦争は、20世紀前半にベルギー領コンゴと英領アフガニスタンおよびインドで繰り広げられた。世紀の後半もまたヨーロッパ植民地解放の時代となり、アルジェリアにおけるフランスや、モザンビークにおけるポルトガルなどが流血に巻き込まれたが、全体的な傾向としては武力紛争への関与の度合いは弱まっている。

2002年　ヨーロッパの火種

- ★ 戦争
- ★ 1990年以降の戦争
- ★ 1990年以降の緊張

地名ラベル：
北アイルランド、大西洋、バスク地方、モルドバ、カスピ海、ボスニア・ヘルツェゴビナ、グルジア、チェチェン共和国、コソヴォ自治州、ダゲスタン共和国、黒海、マケドニア、アルメニア・アゼルバイジャン、南東トルコ、エーゲ海、キプロス、地中海

1980年頃までにほとんどの西洋諸国が、ヨーロッパ域内と海外における主要な戦争発動者ではなくなった。第二次世界大戦後の数十年で、ヨーロッパそのものは東西対立の影響で軍備増強の流れに呑み込まれたが、実際に域内や近隣地域ではほとんど戦争は発生していない。北アイルランドやスペインのバスク地方では暴力の応酬が続いていたが、全体的な基調としては新たな平和の時代の夜明けが感じられつつあった。

　であればこそ、1990年代、とりわけユーゴスラビア解体にともなう暴力や、崩壊したソビエト連邦の一部地域における暴力は衝撃的だった。平和の達成を自認しつつあった西欧は、旧ユーゴスラビアにおける流血の事態に手をこまねくばかりだった。西欧は、事態を解決するどころか、鎮静化することも拡大阻止もできず、バルカン半島の政治リーダーたちに妥協と和平を促すこともできなかったのだ。

　西欧の政治リーダーたちが、1990年代の東南ヨーロッパの出来事を説明しようとするとき、あたかも人類とは別の種の行為であるかのような表現をするのもそのためだ。彼らはことあるごとに頭に血が上りやすい民族性と古代からの憎悪をたとえにあげるが、対立関係にあるバルカンの政治リーダーたちが会合すれば、それなりに友好的かつ社交的な付き合いも可能であることを彼らは知っているはずだ。旧ユーゴスラビアで、あるいはコーカサスで起きたのは権力をめぐる争いではあったが、そこには西欧社会のような民主的なゲームのルールが存在しなかった。ルールの不在、特別な事情はそれだけであり、国民感情云々は西欧でも同じ状況が存在した。ただたんに彼らはその発露の方法を間違えてしまっただけなのだ。

　最悪の流血から数年がたち、西欧諸国は東南ヨーロッパに救いの手を差し伸べようとしている。西欧が持ちかけるごほうびとは、ヨーロッパ近代文明への仲間入りであり、求める対価は政治的リーダーシップのスタイルを完全に転換することだ。そしてここでは特定の人物を政治のステージから退場させるのではなく、政治のステージそのものを、徹底した政治的・社会的リフォームと同調しながら再構築することが必要なのだ。その意味では、EUの持ち込もうとする和平のレシピは、まさにEUそのものである。つまり、うんざりするほど退屈で、協調的で、ビジネスライクで、ご都合主義で、相互依存的で、現実主義的であり、バルカン諸国やコーカサスが到達し得なかったすべてがここにあるのだ。

100年間に起こった戦争

1902-03年	マケドニア再興
1905-06年	ロシアの反乱
1907年	ルーマニアの農民蜂起
1910-12年	アルバニアに反乱頻発
1912-13年	第一次、第二次バルカン戦争
1914-18年	第一次世界大戦
1915年	アルメニア独立戦争
1916-21年	アイルランド独立戦争
1917-21年	ロシア革命、独立戦争、革命内戦
1918年	ソ連・フィンランド戦争
1919年	ハンガリー：ルーマニア軍が侵攻
1919-20年	ハンガリー：革命と反革命テロの応酬
1919-20年	ソ連・ポーランド戦争
1919-20年	ポーランド・リトアニア戦争
1919-21年	フランス・トルコ戦争
1919-22年	ギリシャ・トルコ戦争
1919-23年	トルコ独立戦争
1921-22年	アイルランド内戦
1934年	オーストリアで革命未遂
1934年	スペイン：アストリアとカタロニアの反乱
1936-39年	スペイン内戦
1939-40年	ソ連・フィンランド戦争
1939-45年	第二次世界大戦
1939-46年	ユーゴスラビア内戦
1944-49年	ギリシャ内戦
1955-60年	キプロス：独立戦争
1956年	ハンガリー動乱
1963-64年	キプロス：内戦
1968-92年	バスク分離運動武装闘争
1969-94年	北アイルランド：戦争
1974年	キプロス：クーデター未遂とトルコ軍侵攻
1984-2001年	トルコ領内のクルド族反乱（PKK）
1989年	ルーマニア蜂起
1990-94年	アルメニア・アゼルバイジャン戦争
1991年	スロベニア分離戦争
1991-92年	クロアチア分離戦争
1991-92年	トルコ：対テロリスト戦争
1991-92年	モルドバ内戦
1991-93年	グルジア内戦
1992年	ロシア内戦：北オセチア
1992-95年	ボスニア・ヘルツェゴビナ分離戦争、内戦
1994-96年	ロシア・チェチェン戦争
1995年	クロアチア内戦
1997年	アルバニア反乱
1998-99年	コソヴォ戦争
1999年	NATOがユーゴスラビアに兵力派遣
1999年	ロシア内戦：ダゲスタン
1999年	ロシア・チェチェン戦争
2001年	マケドニア内戦

18 北アイルランド

イングランドが最初にアイルランド征服を試みたのは1170年のことだ。それから750年間にわたり、激しい紛争が繰り返されたが、第一次世界大戦直後、大部分が大英帝国からの実質的に独立した。

ところがアイルランドの分断、つまり北アイルランドの誕生によって残された諸問題は、1970年以降の小規模ながら血なまぐさい戦争を引き起こし、その戦争がさらに四半世紀継続することとなる。21世紀を迎え、ようやく平和の時代の訪れが感じられるようになった。

和平を達成するためには、政治リーダーはリスクを怖れてはならない。共和派のリーダー、ゲリー・アダムスにとっては、アイルランド人共和派勢力内で政治的解決の話し合いをはじめたことが、最初のリスクだった。カトリック穏健派のリーダー、ジョン・ヒュームが1993年にアダムスとの交渉テーブルについたことが、次なるリスクである。イギリス首相、ジョン・メイジャーとアイルランドの首相、アルバート・レイノルズは、ともにリスクをかけてこれら勢力の主張に耳を傾け、1993年12月に公式に和平に向けたイニシアティブを打ち出した。1998年、新たにイギリス、アイルランドそれぞれのリーダーとなったトニー・ブレアとバーティー・アハーンは、和平合意の取りつけに政治生命のすべてをかけ、北アイルランドの併合派リーダー、デイビッド・トリンブルは党内の反対意見を押さえ込んでこの和平案に協力した。

政治的に超えがたい谷間をはさんだ両勢力は、小さな障害や外見的な不確実さを抱えていたが、和平プロセスは着実に進展した。しかし、コミュニティ防衛の名のもとに発生した両勢力の複数武装勢力は、コミュニティ内部で権力温存のために武力を行使するようになった。それぞれの側の民衆レベルでは不安も高まり、相手方との二元交渉に対する政治的な抵抗が激化したが、そこまでの和平交渉によって得られた成果をみすみす投げ捨てるのは、合理的思考のできる政治リーダーにとってはあまりにも惜しまれた。

北アイルランドは、その成立から1960年代までは、ごく限られたエリート階級によって統治され、ロンドン政府はこれ

犠牲者

1969年から98年までの北アイルランドの紛争による死者の総数は3,480人。その内訳は：
- 91%が男性
- 53%が30歳未満
- 30%がプロテスタント
- 59%が共和派武闘組織による犠牲者
- 28%がイギリス残留派武闘組織による犠牲者
- 11%がイギリス治安軍による犠牲者

年	1969	1970	1971	1972	1973	1974	1975	1976	1977	1978	1979	1980	1981	1982	1983	1984	1985	1986	1987	1988	1989	1990	1991	1992	1993	1994	1995	1996	1997	1998
死者	16	26	171	479	253	294	260	295	111	81	121	80	113	110	85	69	57	61	98	104	75	81	96	89	88	64	9	18	21	55

北アイルランドにおける人口比率変化

1951年-2001年の北アイルランド総人口に占めるカトリックとプロテスタントの割合

年	1951	1961	1971	1981	1991	2001
カトリック	35%	35%	37%	40%	43%	46%
プロテスタント	65%	63%	61%	57%	53%	49%
総人口（単位：百万人）	1.38	1.43	1.52	1.55	1.58	過去統計からの推定

52

に対し完全なまでの不干渉政策をとってきた。この分離派による国家もどきを残しておくべき根拠は、ほとんど存在しておらず、プロテスタント住民の多数派の地位もすでになくなっていた。いまや多数派に転換しつつあったカトリック・コミュニティのリーダーにとっての難題は、かつて親たちの世代に対し多数派たちが行ってきた仕打ちへの報復の誘惑を押さえ込むことにあった。

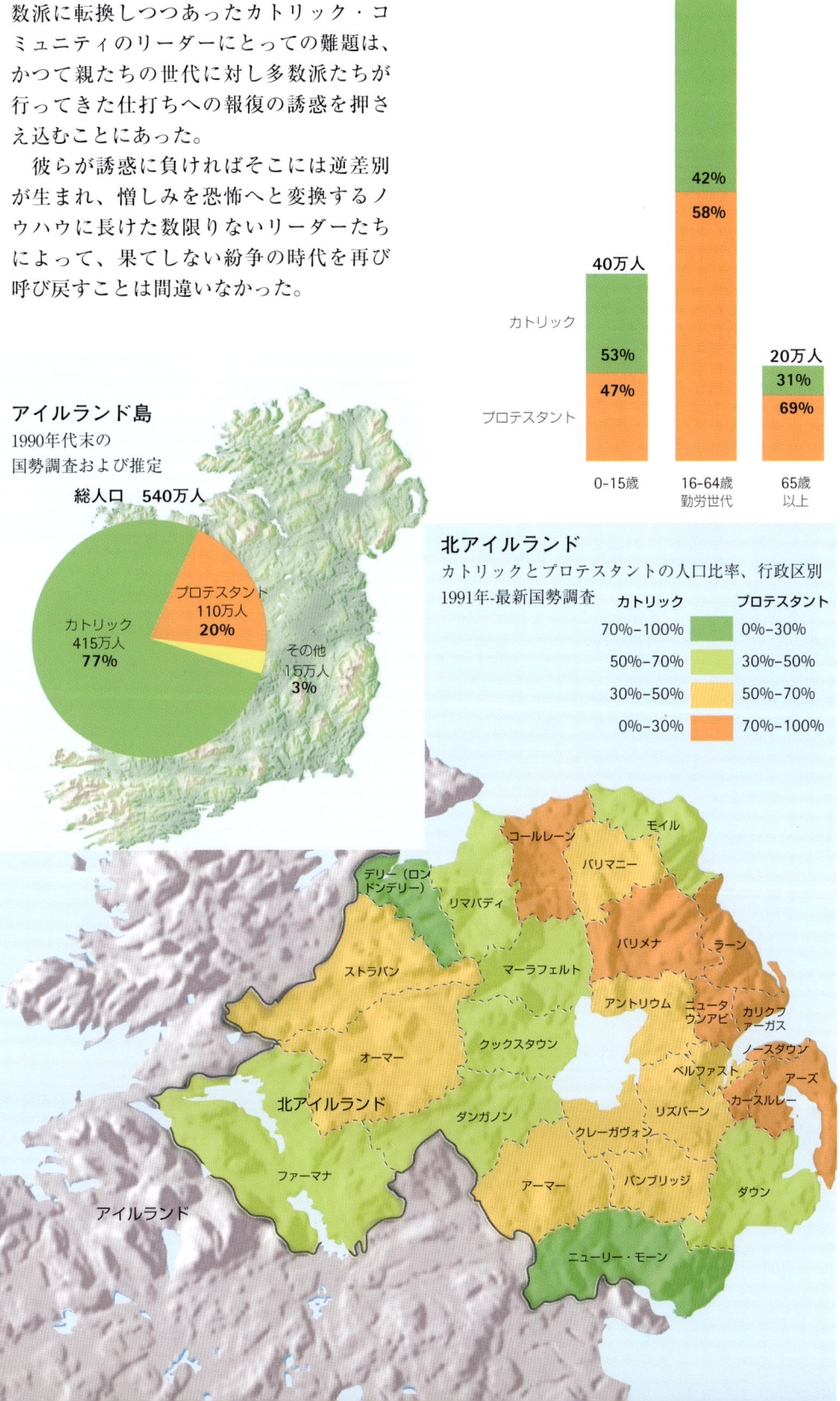

彼らが誘惑に負ければそこには逆差別が生まれ、憎しみを恐怖へと変換するノウハウに長けた数限りないリーダーたちによって、果てしない紛争の時代を再び呼び戻すことは間違いなかった。

アイルランド島
1990年代末の国勢調査および推定

総人口　540万人
- カトリック　415万人　77%
- プロテスタント　110万人　20%
- その他　15万人　3%

北アイルランド域内におけるカトリックとプロテスタントの年齢層別比率
1991年
各年齢層別の概算合計

年齢層	人口	カトリック	プロテスタント
0-15歳	40万人	53%	47%
16-64歳 勤労世代	100万人	42%	58%
65歳以上	20万人	31%	69%

北アイルランド
カトリックとプロテスタントの人口比率、行政区別
1991年-最新国勢調査

カトリック
- 70%-100%
- 50%-70%
- 30%-50%
- 0%-30%

プロテスタント
- 0%-30%
- 30%-50%
- 50%-70%
- 70%-100%

地名: モイル、コールレーン、バリマニー、デリー（ロンドンデリー）、リマバディ、バリメナ、ラーン、ストラバン、マーラフェルト、アントリウム、ニュータウンアビ、カリクファーガス、オーマー、クックスタウン、ベルファスト、ノースダウン、アーズ、ダンガノン、リズバーン、カースルレー、ファーマナ、アーマー、クレーガヴォン、バンブリッジ、ダウン、ニューリー・モーン

北アイルランド / アイルランド

アイルランド紛争史

- **1170年** ノルマン人がイングランドからアイルランドに侵入
- **1250年** ノルマン人がアイルランド全土を支配
- **1297年** 反乱が発生し、ノルマン人はダブリン周辺の狭い地域に孤立
- **1608年** イングランド人とスコットランド人の入植者がアルスター地方（北アイルランド）に植民
- **1649年** イングランドのクロムウェル派支配者が反乱を鎮圧
- **1690年** イングランド国王ウィリアムIII世がボインの戦いで大勝
- **1700年** アイルランド人カトリック住民の財産権剝奪
- **1790年代** 法律家ウルフ・トーンの率いるアイルランド独立戦争。鎮圧されて死者5万人
- **1801年** グレート・ブリテンおよびアイルランド連合王国成立
- **1840年代-1860年代** 飢饉、蜂起、移民
- **1885-1914年** イギリス政府はアイルランドに自治付与を試みたが、プロテスタントの資本家、地主、軍隊などの反対により頓挫
- **1916年** 「イースター蜂起」暴動、イギリスに鎮圧される
- **1919-22年** アイルランド共和国軍の新独立戦争
- **1922-23年** イギリスのアイルランド2分割案受け入れを巡る内戦
- **1925年** 北アイルランド分離に合意。アイルランドは独立、北アイルランドは連合王国に残留してプロテスタントのエリート階級が統治、カトリックの権利が大幅に制限される
- **1960年代** 北アイルランドのカトリック差別政策に対し、公民権運動発生。プロテスタントの反発
- **1969年** デリーでプロテスタントのデモ行進をきっかけに暴動。治安回復のため英軍が介入
- **1970年** IRA暫定派武装闘争を開始
- **1971年** 裁判なしの勾留が導入。暴力エスカレート
- **1993年** ゲリー・アダムス（シンフェイン党首）とジョン・ヒューム（SDLP：社会民主労働党首）の和平イニシアチブ
- **1994年** IRA武力闘争停止
- **1998年** 聖金曜日和平合意調印。アイルランドと北アイルランド双方の国民投票で受け入れ多数
  8月：IRA分派がオーマで爆弾テロ。29人を殺害
- **2001年** IRA武装解除に着手
- **2002年** ベルファスト市長に初のアイルランド共和派が選ばれる
- **2002年** IRA、死亡した「非戦闘員」の家族に謝罪

19 ユーゴスラビア解体

ユーゴスラビア解体がはじまったのは1991年だ。続く10年間の戦乱で、戦前人口の4分の1に近い400万人を超える人々が故郷を追われ、15万人以上が死亡した。

連合国家として成立したユーゴスラビアは、これまでも長い政治的独立を求める戦いの歴史をもっていた。1918年12月に君主制国家として成立したユーゴスラビアは、第二次世界大戦中にドイツ占領軍によって分割されたが、共産主義リーダーであるチトーによって再統合されて、1980年に死去するまでチトーの統治が続いた。

チトーは、抑圧政治と共産主義イデオロギーの混合に、民族感情をバランス良く譲歩させるという巧みな政治によってこの国を支配した。チトーの死後、6つの共和国と2つの州の代表からなる大統領代行評議会が設けられた。連邦軍と治安軍の指揮権を除く政治の実権は、連邦政府から各共和国に大幅に委譲された。

1987年、スロボダン・ミロシェビッチは、セルビア国粋主義者のコソヴォに対する支配感情を煽ってセルビア共和国の権力を掌握し、ユーゴスラビア全体に対しても強い支配力を持つようになった。ミロシェビッチは、コソヴォ州とヴォイヴォディナ州の自治権を停止し、モンテネグロと密接な同盟関係を結んでその支配権を拡大した。

最初はスロベニアで、続いてクロアチアで反セルビア民族感情が火を吹いた。1991年にこの2カ国が独立を宣言し、翌年にはマケドニアとボスニア・ヘルツェゴビナが追従した。スロベニアでの10日間戦争に続いて、クロアチアで6カ月間の戦争（1991年7月-1992年1月）が発生し、ボスニアは3年半の戦争（1992-95年）で荒廃したが、マケドニアでは2001年まで戦争は起きていない。

ボスニア・ヘルツェゴビナでは、ボスニア人政府と国家内国家を主張するスルプスカ共和国の戦争に加えて、1993年にはボスニア中央部でボスニア人とクロアチア人両勢力の戦争が発生した。スルプスカ共和国軍はピーク時に国土の70％を支配した。彼らは、殺戮、強制収容キャンプ、集団強姦などのテロによってクロアチア人とイスラム教徒住民をほぼ完全に追放した。

1992年に、国連軍が投入された。国連軍は、クロアチアで休戦ラインを警備する一方で、ボスニア・ヘルツェゴビナでは破壊と住民虐待の防止に努めた。国連安全保障理事会は、20カ月間に派遣軍勢力を10倍に増強し、いくつかの「安全地帯」を宣言したが、これを十分な兵力によって保障することはできなかった。

1995年7月、スルプスカ共和国軍はスレブレニカの国連安全地帯で7,000人を超すボスニア人男性を殺害した。これを境に西側のポリシーは転換した。クロアチアがクラジナを奪回した後、アメリカの航空支援を受けたボスニアがセルビア人兵力を撃退した。アメリカが圧力を加えるなか、オハイオ州デイトン空軍基地で和平交渉が行われた。ボスニア・ヘルツェゴビナの分断は避けられたが、国内には2つの統治単位が存在することになった。この統治単位の一方は、さらに2つの地域の連合である。ボスニア人、クロアチア人、セルビア人には、すべて政治的権利が与えられ、各コミュニティを代表するリーダーには、連邦議会に対し拒否権を保有する。この合意実行を確実なものとするため、国際平和維持軍が派遣され、当初は5万人を超える兵力が送り込まれた。これを指揮するのが、国際社会を代表する「上級代表」だ。荒廃した国土の再建は遅く、民族和解はそれ以上に時間を要している。難民の一部は帰還を果たしたが、ボスニア・ヘルツェゴビナの大部分はいまだに民族分断状態にあり、外国軍が撤退すれば再び戦争が発生するだろう。

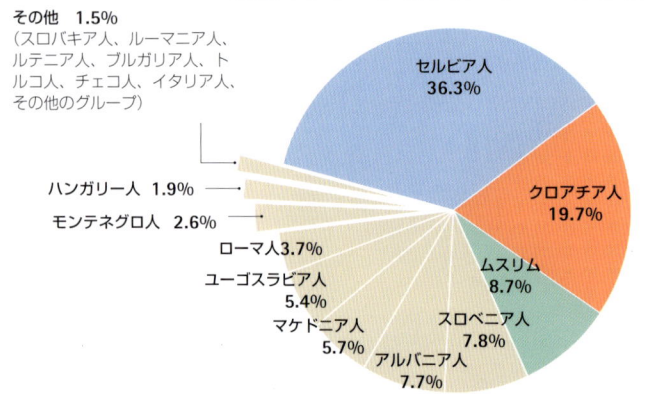

ユーゴスラビア
戦前の総人口
1981年国勢調査：
22,427,585人
ユーゴスラビア社会主義連邦共和国の1981年国勢調査は、旧ユーゴスラビアの最も新しい信頼すべき人口構成資料である。
連邦を構成する共和国は6カ国、10の民族の他に南スラブ人などいくつかの人種グループが存在した。

その他　1.5%
（スロバキア人、ルーマニア人、ルテニア人、ブルガリア人、トルコ人、チェコ人、イタリア人、その他のグループ）

- セルビア人　36.3%
- クロアチア人　19.7%
- ムスリム　8.7%
- スロベニア人　7.8%
- アルバニア人　7.7%
- マケドニア人　5.7%
- ユーゴスラビア人　5.4%
- ローマ人　3.7%
- モンテネグロ人　2.6%
- ハンガリー人　1.9%

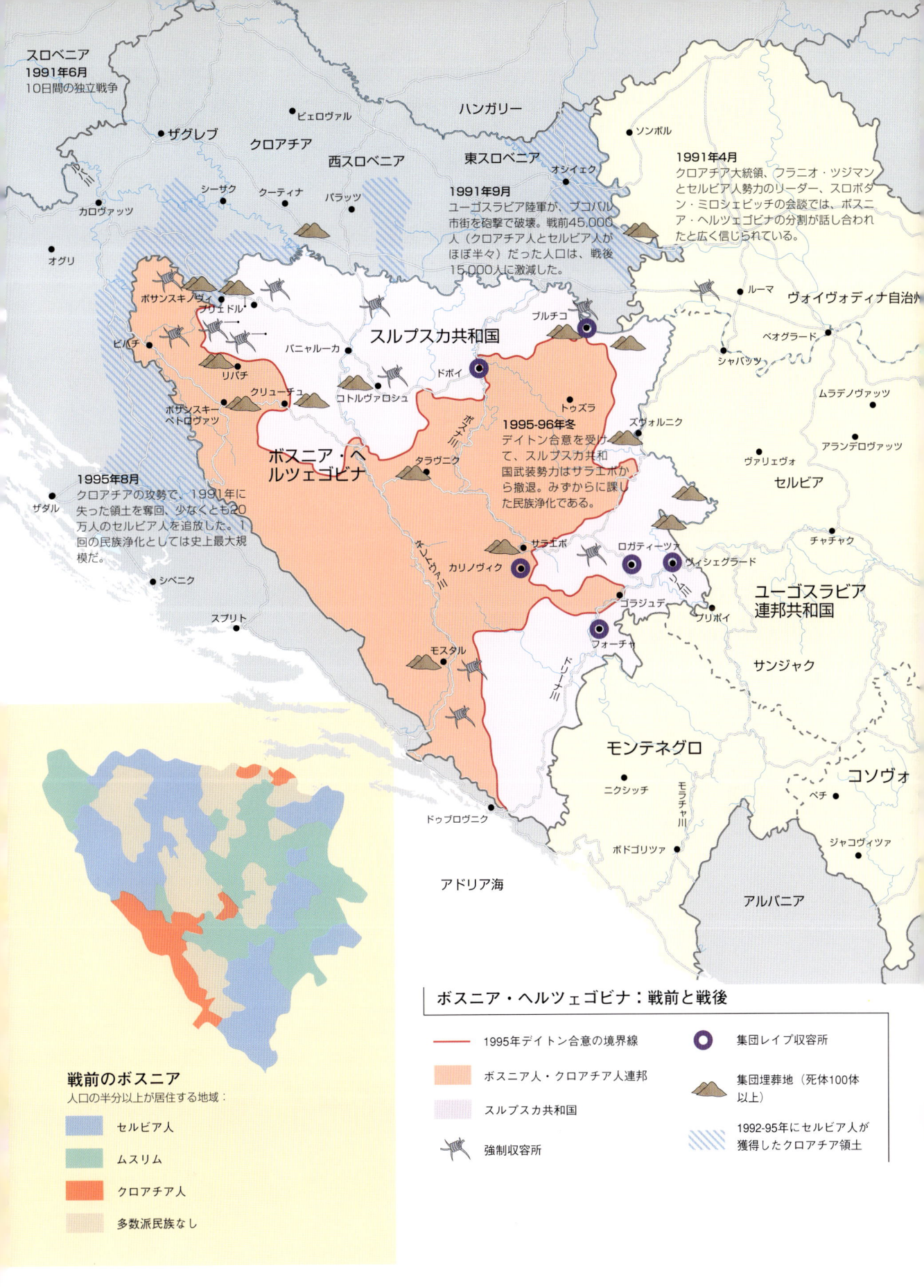

スロベニア
1991年6月
10日間の独立戦争

ハンガリー

1991年9月
ユーゴスラビア陸軍が、ブコバル市街を砲撃で破壊。戦前45,000人（クロアチア人とセルビア人がほぼ半々）だった人口は、戦後15,000人に激減した。

1991年4月
クロアチア大統領、フラニオ・ツジマンとセルビア人勢力のリーダー、スロボダン・ミロシェビッチの会談では、ボスニア・ヘルツェゴビナの分割が話し合われたと広く信じられている。

クロアチア
ザグレブ、ビェロヴァル、シーサク、クーティナ、パラッツ、オシイェク、カロヴァツ、オグリ

西スロベニア／東スロベニア

スルプスカ共和国
ボサンスキ・ノヴィ、プリエドル、バニャルーカ、ビハチ、リパチ、ボサンスキー・ペトロヴァツ、クリューチ、コトルヴァロシュ、ドボイ、ブルチコ、タラヴニク、トゥズラ、ズヴォルニク

ボスニア・ヘルツェゴビナ

1995年8月
クロアチアの攻勢で、1991年に失った領土を奪回、少なくとも20万人のセルビア人を追放した。1回の民族浄化としては史上最大規模だ。

1995-96年冬
デイトン合意を受けて、スルプスカ共和国武装勢力はサラエボから撤退。みずからに課した民族浄化である。

ザダル、シベニク、スプリト、モスタル、カリノヴィク、サラエボ、ゴラジュデ、ロガティーツァ、ヴィシェグラード、フォーチャ

ユーゴスラビア連邦共和国
ソンボル、ルーマ、ベオグラード、シャバッツ、ムラデノヴァッツ、アランデロヴァッツ、ヴァリェヴォ、セルビア、チャチャク、プリボイ、サンジャク

ヴォイヴォディナ自治州

モンテネグロ
ニクシッチ、ドゥブロヴニク、ポドゴリツァ

コソヴォ
ペチ、ジャコヴィツァ

アルバニア

アドリア海

戦前のボスニア
人口の半分以上が居住する地域：
- セルビア人
- ムスリム
- クロアチア人
- 多数派民族なし

ボスニア・ヘルツェゴビナ：戦前と戦後
- 1995年デイトン合意の境界線
- ボスニア人・クロアチア人連邦
- スルプスカ共和国
- 強制収容所
- 集団レイプ収容所
- 集団埋葬地（死体100体以上）
- 1992-95年にセルビア人が獲得したクロアチア領土

20 コソヴォとユーゴスラビア域内の戦争

スロボダン・ミロシェビッチは、民族感情を巧みに操ることでセルビアの最高権力を手にした。その結果、ユーゴスラビアは解体し、セルビアは経済の崩壊と軍事的敗北、領土の喪失を被った。

ユーゴスラビアの1974年憲法によれば、コソヴォはセルビアの一部をなす自治州とされていた。自治権の拡大を求める1981年のデモ以降、セルビアによる締め付けがはじまった。当初は目立った動きではなかったが、1987年にひとりの新進共産主義政治家がこの問題を取り上げたことによって、その勢いは急激に早まった。

ミロシェビッチは、ナショナリズムを利用してセルビアにおける自己の地位を固め、ユーゴスラビア連邦内での権力拡大を模索した。彼はまずヴォイヴォディナの自治権を奪い取ったが、コソヴォにも同様の処置を行うことは自明の理であった。

1991年、コソヴォ住民は投票の末に独立共和国への道を選び、自治州公職をボイコットした。ミロシェビッチ支持派は、アルバニア系住民が投票しなかった票を操作するなどの選挙不正を行った。反ミロシェビッチの民主的セルビア勢力が優勢だった1991年と1996年には、コソヴォ住民との共

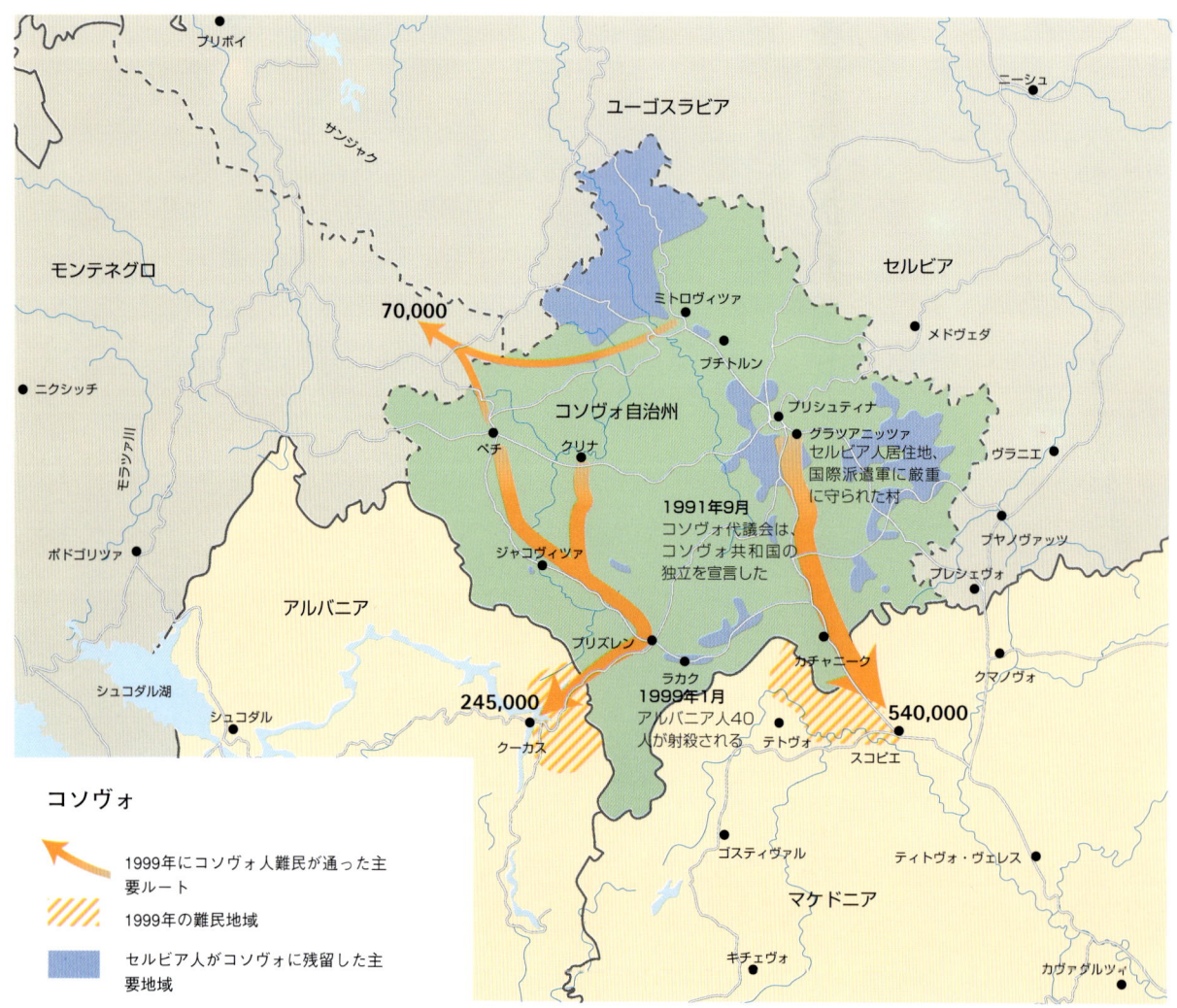

闘の試みはなかった。

コソヴォは当初、国際社会からの支持を期待しつつ、非暴力的手段で独立を目指した。1995年11月のデイトン合意は、ボスニア・ヘルツェゴビナの戦争を終わらせはしたが、コソヴォの実情は無視していた。コソヴォ解放軍（KLA）がはじめて世間一般の前に出現したのは、1996年の中頃、合意から8カ月後のことだ。

戦争がはじまったのは1998年2月である。この年の夏、25万人ほどのコソヴォ住民が住みかを追われた。暴力に終止符を打つべく、NATOは空爆をちらつかせて圧力をかけた。10月、ミロシェビッチは戦闘停止に応じたが、セルビア人治安警察とKLAは冬の間もそれまで通り活動を続けた。

1999年1月、コソヴォ南部のラカク村をセルビア警察が襲撃し、現場に40人の死体が遺棄された。法医学的に明確な証拠は示されていないが、外国政府関係者はこの事件を、無抵抗の民間人に対する虐殺と解釈し、西側世論に大きな影響を与えた。

列国は、セルビア人とコソヴォ人両勢力のリーダーをフランスに召し、コソヴォの自治権拡大と、外国軍による治安維持と独立の可否を問う住民投票を実施することを提案した。この案にコソヴォ人側は同意したが、セルビア人側は拒否した。

1999年3月23日、爆撃が開始され、短期間終結というアメリカの予想に反して78日間も続けられた。爆撃から数時間後には、軍、警察、セルビア人ボランティアによって、アルバニア人村落に対する最初の強制移住が実施された。そして最終的に、100万人に近いアルバニア系住民がコソヴォから逃避した。

国連安全保障理事会では、ロシアと中国が空爆提案に拒否権行使を示したため、西側諸国は議題を採決には委ねず、国連憲章とは矛盾する爆撃が行われることとなった。

爆撃停止の合意は、当然ながら国連安全保障理事会の承認を得ることができた。この合意によって、コソヴォはセルビアの一部として残される一方で、具体的な内容は不明確なまま大幅な自治が認められた（本質に関わるフレームワークが示されたのは、これから2年後のことである）。NATO主導の兵力が進駐すると、セルビアとユーゴスラビアの警察／軍は撤退し、コソヴォは国連の統治下に委ねられた。外国軍部隊が進駐してアルバニア人難民の帰還がはじまると、10万人以上のセルビア人が、強制的に、または報復を怖れて出ていった。

セルビアのミロシェビッチには多少の支持が集まったが、世論の多くはセルビアを破滅的な戦争に導いたとして彼を非難した。ふだんは四分五裂の民主派対抗勢力だったが、2000年9月の大統領選挙ではなんとか一致団結した。これにより、ミロシェビッチ配下のインチキ選挙チームの努力もむなしく、ヴォイスラフ・コシュトニツァが大統領に選出された。軍や警察の暗黙の支持を受けていたミロシェビッチであったが、ベオグラードで大勢のデモに迫られとうとう退陣したのである。2001年にミロシェビッチはコソヴォにおける戦争犯罪の容疑で逮捕され、ハーグへ移送された。後に、ボスニアとクロアチアにおける罪状が起訴状に加えられた。

セルビアの新政府には、13年間におよんだミロシェビッチ体制で破壊された政治、経済、社会の建て直しという、手間のかかる任務が課せられたが、2003年3月に発生したジンジッチ首相暗殺は、ウラで治安機関と軍が糸を引いたとみられるなど、新政権の前途は険しい。

独裁者の興亡

スロボダン・ミロシェビッチ

1941年 出生
1962年 父親が自殺
1972年 母親が自殺
1986年 セルビア共産党党首となる（1990年、セルビア社会党に名称変更）
1987年 コソヴォ警察に抵抗するセルビア民族主義運動を支持、権力の頂点に到達する
1988年 ヴォジュヴォディナとモンテネグロで連合を成立させる
1989年 セルビア大統領となり、コソヴォの自治権を無効とする
1991年 ベオグラードで反ミロシェビッチ・デモが暴力的に鎮圧される
1995年 ボスニア・ヘルツェゴビナ戦争終結のデイトン合意で、ボスニア在住セルビア人代表として署名
1996-97年 ベオグラードで、セルビア選挙でのミロシェビッチの不正選挙に反対するデモが発生
1997年 ユーゴスラビア連邦共和国の大統領就任
1998年 コソヴォの戦闘停止に同意
1999年 コソヴォからのセルビア人勢力とユーゴスラビア軍撤退を求める国際社会の最後通告を拒絶
2000年 9月22日： 連邦大統領選挙に敗北
9月23日： 一方的に選挙当選を宣言
10月5日： 国民デモと陸軍の圧力に負け退陣
2001年 逮捕されてハーグへ移送される。旧ユーゴスラビア国際犯罪法廷で、コソヴォにおける人道に対する犯罪で裁かれる

プレシェヴォ峡谷

1999年6月のクマノヴォ合意によって、セルビア人武装勢力とユーゴスラビア軍は、セルビア南部のプレシェヴォ峡谷一帯から排除された。アメリカはミロシェビッチへの圧力を加えるべく、コソヴォの主要3都市の名前をとったプレシェヴォ・メドヴェダ・ブヤノバツ新解放軍を支援し、国境を越えた武器の搬入を黙認した。ミロシェビッチが失脚した2000年末には、激しい戦闘が発生したが、NATOとベオグラードは協力して事態の収束にあたった。

2001年5月に和平協定が調印されて同地域の経済開発が約束されると、ユーゴスラビア陸軍の非武装地帯への復帰が認められた。いまや、プレシェヴォ峡谷地方は経済投資を待ち受けている。

21 旧ユーゴスラビアとその将来

　2002年3月、ユーゴスラビアに残っていた2つの共和国が、連邦への名称変更に同意した。新しい名称は、シンプルにセルビア・モンテネグロとなり、向こう3年間有効の暫定憲法もこのとき合意された。

　かつて1945年から1992年までユーゴスラビア社会主義連邦共和国を構成していた諸国のうち、現在はっきりとした立憲体制を持っているのはセルビアと、連邦から真っ先に離脱したクロアチアの2カ国だけである。残りの諸国では、政治の基礎となる「どの国に属するのか？ そこでは誰にどのような権利が与えられているのか？ どのようにして政府を選ぶのか？」などの方法が、この先数年間に劇的に変化することになるだろう。安定した平和のためには、立憲体制が必要条件のひとつだ。

　第2の必要条件は、その国の経済秩序の回復である。戦争、経済制裁、汚職と腐敗は、こうした国々の生産性と繁栄を大きく損ねてきた。2002年の国連コソヴォ・リポートによれば、国際兵力介入から3年後の時点でも、全人口の半数が貧困を余儀なくされ、8分の1、つまり12％が極度の貧困にあえいでいる。ボスニア・ヘルツェゴビナでも状況は同じで、いちばん好条件の職は、国際機関での雇用である。したがって最も熟練した労働力が国内経済に提供されないため、投資を呼び寄せることも経済成長の原動力となることもない。

　腐敗と犯罪は蔓延し、地域の政治組織の頂点にまで浸透しているありさまだ。腐敗の追放は、安定した平和のための第3の必要条件といえるだろう。

　ここにあげた必要条件がそろうまでは、国際社会からの援助が必要だ。外部からの助力は、根本的な問題点の解決にはならないが、自助努力による解決法がみつかるまでの現状維持は可能である。

ハーグ：旧ユーゴスラビア国際犯罪法廷の2002年7月の現状

93人が起訴をされる。そのうち：

- 34人に判決
- 11人が公判中
- 27人が、予備審問手続きの途中
- 21人が逃亡中

2002年7月、ハーグで拘束中の47人＋9人が公判を待つ間に保釈される

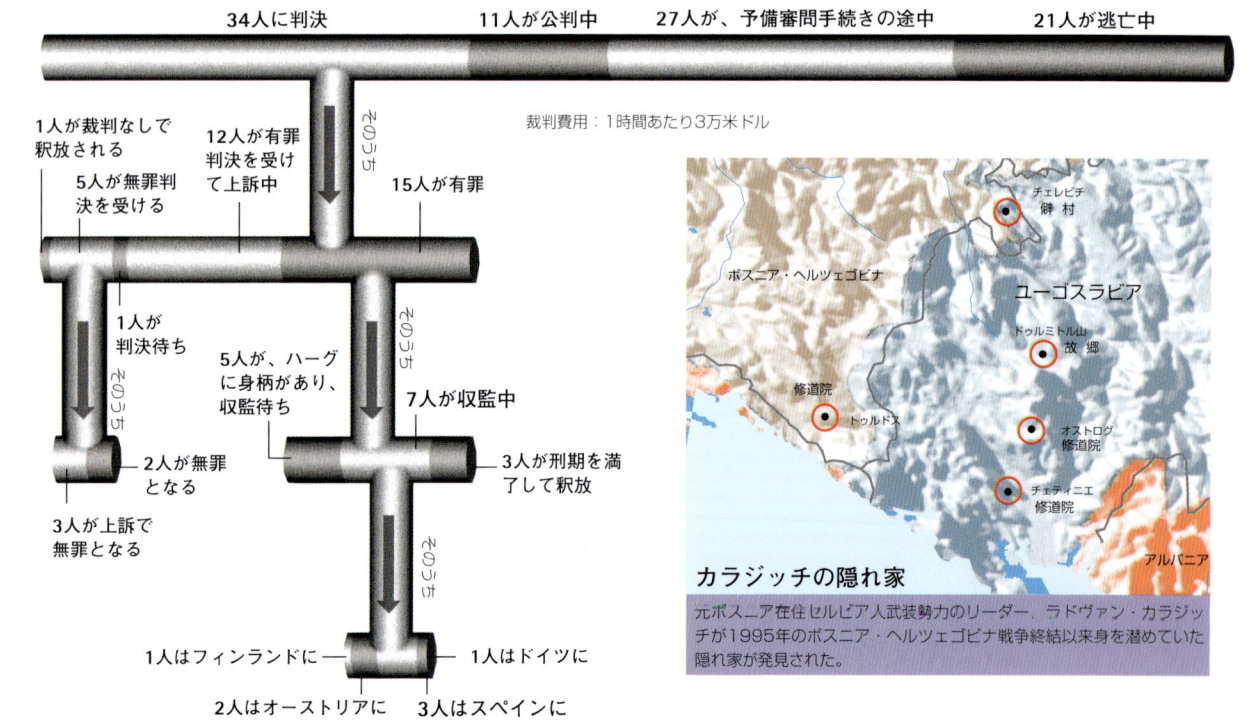

裁判費用：1時間あたり3万米ドル

そのうち：
- 1人が裁判なしで釈放される
- 5人が無罪判決を受ける
- 12人が有罪判決を受けて上訴中
- 15人が有罪

そのうち：
- 1人が判決待ち
- 5人が、ハーグに身柄があり、収監待ち
- 7人が収監中
- 3人が刑期を満了して釈放

そのうち：
- 2人が無罪となる
- 3人が上訴で無罪となる

そのうち：
- 1人はフィンランドに
- 2人はオーストリアに
- 3人はスペインに
- 1人はドイツに

カラジッチの隠れ家

元ボスニア在住セルビア人武装勢力のリーダー、ラドヴァン・カラジッチが1995年のボスニア・ヘルツェゴビナ戦争終結以来身を潜めていた隠れ家が発見された。

平和維持部隊と戦争

1992年12月-1999年2月 ノルウェー軍1個大隊と米軍1個大隊からなる国連軍が、民警と共にFYR（旧ユーゴスラビア構成共和国）マケドニアに展開していた。国連軍駐留の目的は、暴力紛争の防止で、その活動は国境地方における治安維持と、異なるエスニック・グループ間の友好関係維持だった。

1999年2月 スコピエ政府が台湾を承認したことへの報復として、国連安全保障理事会で中華人民共和国が同ミッションに拒否権を行使した。

1999年3月 国連軍撤退から1カ月後、コソヴォからのアルバニア人難民大量流入がはじまり、FYRマケドニアにおけるエスニック・グループ間の関係に緊張が高まった。

2001年3月 アルバニア人の権利拡大（マケドニア人の大多数は、これを独自政府の擁立と、将来的なアルバニア人地域の分離独立であると理解した）を狙うアルバニア人ゲリラ・グループとの戦争がはじまる。

2001年8月 EUとNATOが両勢力に強い圧力を加えた結果、200人近い犠牲者を出した戦闘は収束した。

マケドニア地図
- アルバニア人多数地域
- マケドニア人多数地域

テトヴォ、2001年3月：マケドニア戦争開戦
スコピエ 国連軍司令部 1992-99年
オフリド、2001年8月：マケドニア戦争停戦合意

不明確な憲法

ボスニア・ヘルツェゴビナ
スルプスカ共和国と連邦（2つの単位からなる）という2つの政体を1国家とすべきか2国家とすべきか3国家とすべきか？ 国際社会は1国家を望んでいるが、ボスニア在住セルビア人やボスニア在住クロアチア人政治家の多くは、必ずしも同じ意見ではない。

セルビア・モンテネグロ
2002年3月、ユーゴスラビア連邦共和国から名称を改め、緩やかな連合のための3年間の経過処置を設ける。モンテネグロ人の独立阻止を目指すEUからの強い圧力の結果成立した合意だが、その将来は不明確だ。

マケドニア
2001年8月の和平交渉の一環として合意された、国政へのアルバニア人参加拡大を目的とした憲法修正は、アルバニア人の多数にとっては不十分なもの、マケドニア人の多数にとっては過剰な譲歩と考えられている。

コソヴォ
2001年に国連ミッションは新憲法を公布した。コソヴォ州が最終的にセルビアの一部として残留するかどうかは定められていない。アルバニア人とセルビア人の意見の違いは大きい。国際社会の意思も固いとは言えないようだ。

22 コーカサス

コーカサスでは、国境や国籍とは無関係に51の異なる言語が使われている。1980年代の末、アルメニア人とグルジア人の独立運動が、地域の緊張を高め、1991年のソ連解体へとつながった。だが、旧ソ連に属していた諸国の内部でもまた、独立への意欲は旺盛だ。チェチェンの新指導者たちは、ロシアからの自由を要求し、アブハジアはグルジアからの、またオセチア人やレズギン人など分断民族は統一国家の樹立を望んでいる。

紛争がエスカレートしたことで、繁栄や自由への夢は遠のいた。主要な政治リーダーのなかには、未熟なうえ、責任感、民主的な制約といったことに無頓着な人間も多い。必然的に、苦しみを味わうのは一般民衆ということになる。最悪期だった1990年代前半には、アルメニアの人口は難民流出の結果、25%ないし30%も減少した。

グルジアとアゼルバイジャンの場合は、ソビエト時代からのベテラン政治家による確固とした統治や、ロシアの軍事プレゼンス、国際社会の監視などにより紛争をほぼ鎮圧することに成功したが、完全な解決にはほど遠い状況にある。

一方、ロシアとチェチェンの紛争は、鎮圧どころの話ではない。ロシアは1994-96年の第一次戦争に敗北したうえ、1999年に再燃した戦争でも泥沼の戦いを余儀なくされている。ゴーストタウンと化した首都グロズヌイはロシア軍が支配しているが、勢力的には20分の1に過ぎないチェチェン・ゲリラによるロシア軍襲撃は毎日のように発生している。ロシア軍は、対抗手段として村落に対する掃討戦を実施しているが、給料が安く士気にも欠けるロシア兵による略奪、住民に対する残虐行為が後を絶たない。

2002年10月、チェチェン・ゲリラは戦争をモスクワへと持ち込んだ。満員の劇場を占拠し、観衆を人質にとったのである。ロシア側の救出作戦は、100人を麻酔ガスで死亡させるという大失敗に終わった。和平の兆しはまったく見えてこない。

中央アジアに外国の関心を集めている理由は戦乱だけではない。カスピ海の石油は、2020年には世界の総産油量の5%を占めるという予想があり、アメリカやロシア、イランはパイプライン新設のルートを巡って激しいつばぜりあいを演じている。コーカサス諸国のうち、この石油で最も大きな利益を享受するのはアゼルバイジャンである。

第二次世界大戦

ヨシフ・スターリンは、この地域のすべての民族を第二次世界大戦中の対独協力のかどで迫害した。1944年2月、ソビエト治安軍はチェチェン人（人口40万人）とイングーシ人（人口10万人）のすべてと、その他民族10万人を北コーカサスから駆り立て、家畜輸送貨車に乗せて中央アジアへと追放した。この移送の途中で数千人の死者を出し、帰還が許されたのは1957年のことだった。

コーカサス地方の言語グループ

- アルタイ語族（またはトルコ語族） アゼルバイジャン語を含む6言語

カフカス語族
- 北西カフカス語亜族 アブハジア語を含む3言語
- ナヒ語（またはバイナフ語）亜族 チェチェン語、イングーシ語を含む3言語
- ダゲスタン語 レズギン語を含む28言語
- カルトヴェリ語 グルジア語、ミングレル語を含む3言語

インド・ヨーロッパ語族
- イラン語亜族 クルド語、オセット語を含む4言語
- スラブ語亜族 2言語（ロシア語とウクライナ語）
- アルメニア語
- ギリシャ語

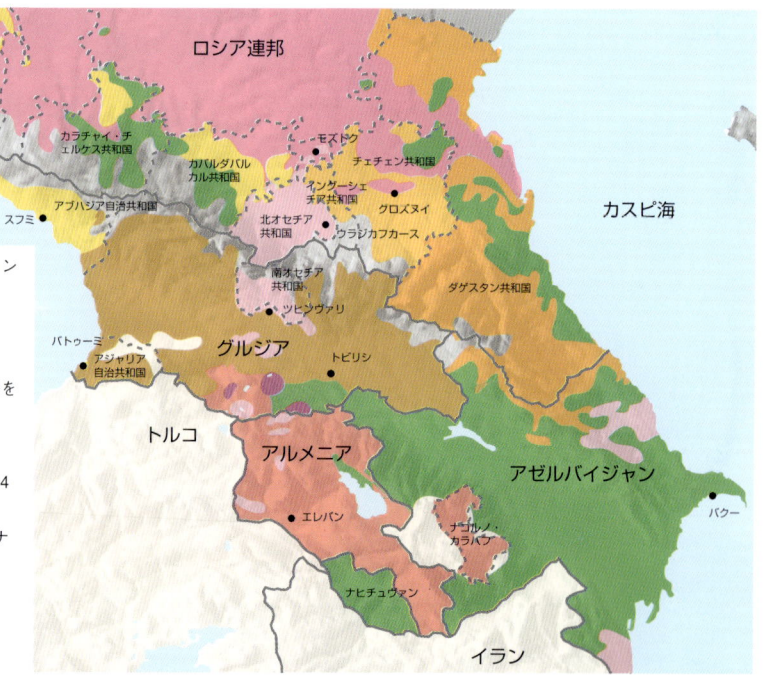

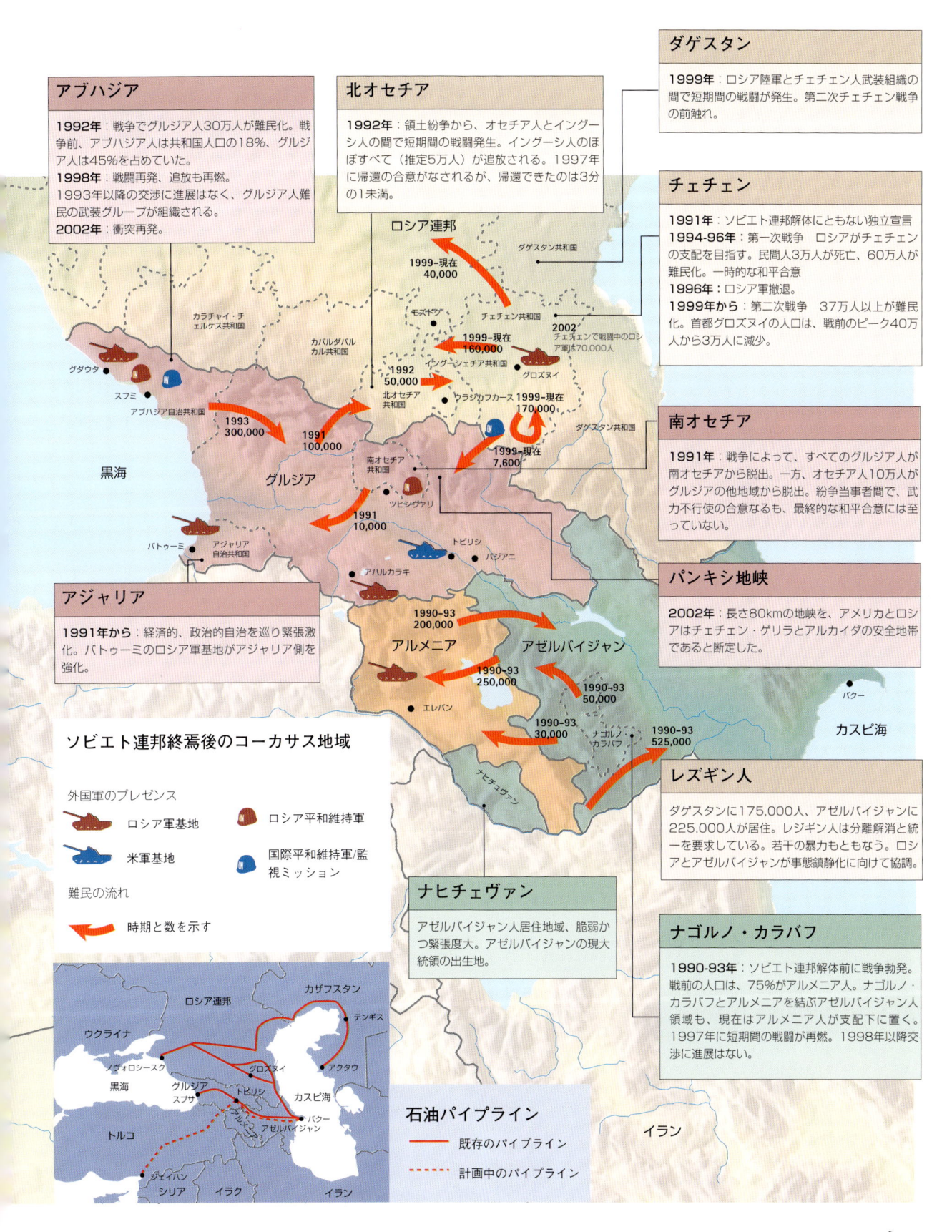

アブハジア

1992年：戦争でグルジア人30万人が難民化。戦争前、アブハジア人は共和国人口の18%、グルジア人は45%を占めていた。
1998年：戦闘再発、追放も再燃。
1993年以降の交渉に進展はなく、グルジア人難民の武装グループが組織される。
2002年：衝突再発。

北オセチア

1992年：領土紛争から、オセチア人とイングーシ人の間で短期間の戦闘発生。イングーシ人のほぼすべて（推定5万人）が追放される。1997年に帰還の合意がなされるが、帰還できたのは3分の1未満。

ダゲスタン

1999年：ロシア陸軍とチェチェン人武装組織の間で短期間の戦闘が発生。第二次チェチェン戦争の前触れ。

チェチェン

1991年：ソビエト連邦解体にともない独立宣言
1994-96年：第一次戦争　ロシアがチェチェンの支配を目指す。民間人3万人が死亡、60万人が難民化。一時的な和平合意
1996年：ロシア軍撤退。
1999年から：第二次戦争　37万人以上が難民化。首都グロズヌイの人口は、戦前のピーク40万人から3万人に減少。

南オセチア

1991年：戦争によって、すべてのグルジア人が南オセチアから脱出。一方、オセチア人10万人がグルジアの他地域から脱出。紛争当事者間で、武力不行使の合意なるも、最終的な和平合意には至っていない。

パンキシ地峡

2002年：長さ80kmの地峡を、アメリカとロシアはチェチェン・ゲリラとアルカイダの安全地帯であると断定した。

アジャリア

1991年から：経済的、政治的自治を巡り緊張激化。バトゥーミのロシア軍基地がアジャリア側を強化。

ナヒチェヴァン

アゼルバイジャン人居住地域、脆弱かつ緊張度大。アゼルバイジャンの現大統領の出生地。

レズギン人

ダゲスタンに175,000人、アゼルバイジャンに225,000人が居住。レズギン人は分離解消と統一を要求している。若干の暴力もともなう。ロシアとアゼルバイジャンが事態鎮静化に向けて協調。

ナゴルノ・カラバフ

1990-93年：ソビエト連邦解体前に戦争勃発。戦前の人口は、75%がアルメニア人。ナゴルノ・カラバフとアルメニアを結ぶアゼルバイジャン人領域も、現在はアルメニア人が支配下に置く。1997年に短期間の戦闘が再燃。1998年以降交渉に進展はない。

ソビエト連邦終焉後のコーカサス地域

外国軍のプレゼンス
- ロシア軍基地
- 米軍基地
- ロシア平和維持軍
- 国際平和維持軍/監視ミッション

難民の流れ
- 時期と数を示す

石油パイプライン
- 既存のパイプライン
- 計画中のパイプライン

第5章
中東と北アフリカ

アラブ世界と中東は同義語ではない。中東という地域には、非アラブ国家（イラン、イスラエル）が含まれ、アラブ国家であっても、複雑な人種構成を有しているからだ。中東を理解するうえで、アラブのジレンマを理解する必要があるのは当然だ。中東と北アフリカは、一部分こそ石油の富で潤っているが、大部分は貧困である。高度な文化の歴史をもつ一方で、成人の識字率は60％以下だ。アラブ諸国は、相互に言語、宗教、文化などで多くの共通点をもちながら、利害は異なり、ときには対立している現実がある。

中東アラブ世界（北アフリカ・アラブ世界と区別して）は、ヨーロッパがエジプトを占領した18世紀末以降、西欧世界と望ましい関係を築くことができずにいる。ヨーロッパを貧困で弱体、退廃的で野蛮な地域と見なしてきたオスマン帝国と中東のアラブ人エリート支配層にとって、ナポレオン・ボナパルトの短いエジプト統治は衝撃的であった。少なくとも1世紀前なら、こうしたヨーロッパ観は決して間違ってはいなかった。だが、この時期のヨーロッパは軍事的優位を確立し、大きな富を集め、テクノロジーに優れて、リーダーシップの巧みさでも上回っていたのだ。19世紀の末になると、北アフリカのほとんどがヨーロッパ人の支配下に置かれていた。第一次世界大戦の終結と同時にオスマン帝国が崩壊すると、イギリスとフランスは残された中東の大部分を山分けにした。

19世紀にはじまり20世紀の大部分を通じて、アラブの思想家たちは

国連人間開発指数
2002年

イスラエル 22
中東・北アフリカ地域における最高

バーレーン 39

クウェート 45
UAE 46

カタール 51

リビア 64

サウジアラビア 71

レバノン 75
オマーン 78

チュニジア 97
イラン 98
ヨルダン 99
アルジェリア 106
シリア 108

エジプト 115

モロッコ 123

イエメン 144
中東・北アフリカ地域における最低

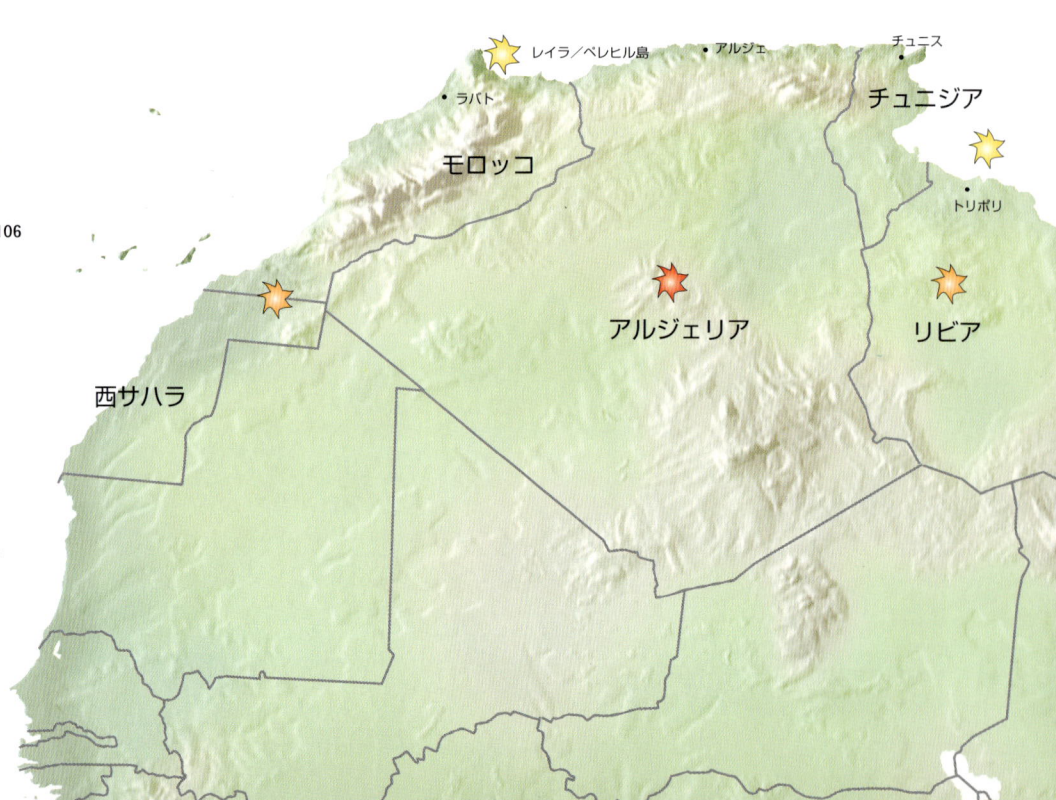

ヨーロッパとの付き合い方（コピーするのか、遠ざけるのか、アラブの流儀に合うと思われる部分だけを取り入れるのか）を議論してきたが、ついに明確な結論には到らなかった。

石油の発見とヨーロッパからの独立は、大アラブ復活のための資源とエネルギーを与えたかにも見えた。だが、近代経済に占める石油の根幹的重要性は、アメリカというより大きなパワーを中東勢力図に引きいれてしまい、他方アラブ諸国は自国と国家間に抱える問題があまりに多く、解決の糸口が見出せないことが明らかになった。石油の富でうるおう湾岸地域ですら、経済発展の歩みは遅い。新たな富の大部分は、支配階層によって浪費しつくされ、産油国、非産油国に関係なくアラブ諸国民衆が得たものはわずかだった。

社会的不公平と経済の非効率性以上にアラブに欠けているのは、西欧社会と同等の立場に近寄るための政治的一体性だ。唯一、この一体性らしきものが存在するのは、西側による不当な干渉という共通認識に基づく、イスラエル国家への反発の一点だけある。しかし、反イスラエルの一体性ですら、イスラエルのもつ軍事的優位や、非常時に示す団結力、アメリカからの強力な支援の前には、ごく限られたものにすぎないことがはっきりした。かつてアラブ世界のリーダーたちが一体性を発揮し、西側の中東政策をゆるがすことができたのは、石油を武器にイスラエルを外交的孤立に追い込んだ1970年代だけであり、これとても短い期間にすぎなかった。

21世紀が幕を開けたいまも、西側とどのようにつき合うか（継続性と近代化をどのようにバランスをとるか）というジレンマは未解決のまま残されている。ごく限られた者たちの過激な暴力は西側世界の恐怖の的とはなったが、これは西側とのつき合いを考えるうえでもっとも排斥的な選択肢である。中東と北アフリカ全体のオピニオン・リーダーの大多数は、暴力を道徳的な理由から拒否しているが、その後の進路はまだ示されていない。

中東と北アフリカの火種 2002年

★ 戦争
★ 1990年以降の戦争
★ 1990年以降の緊張

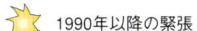

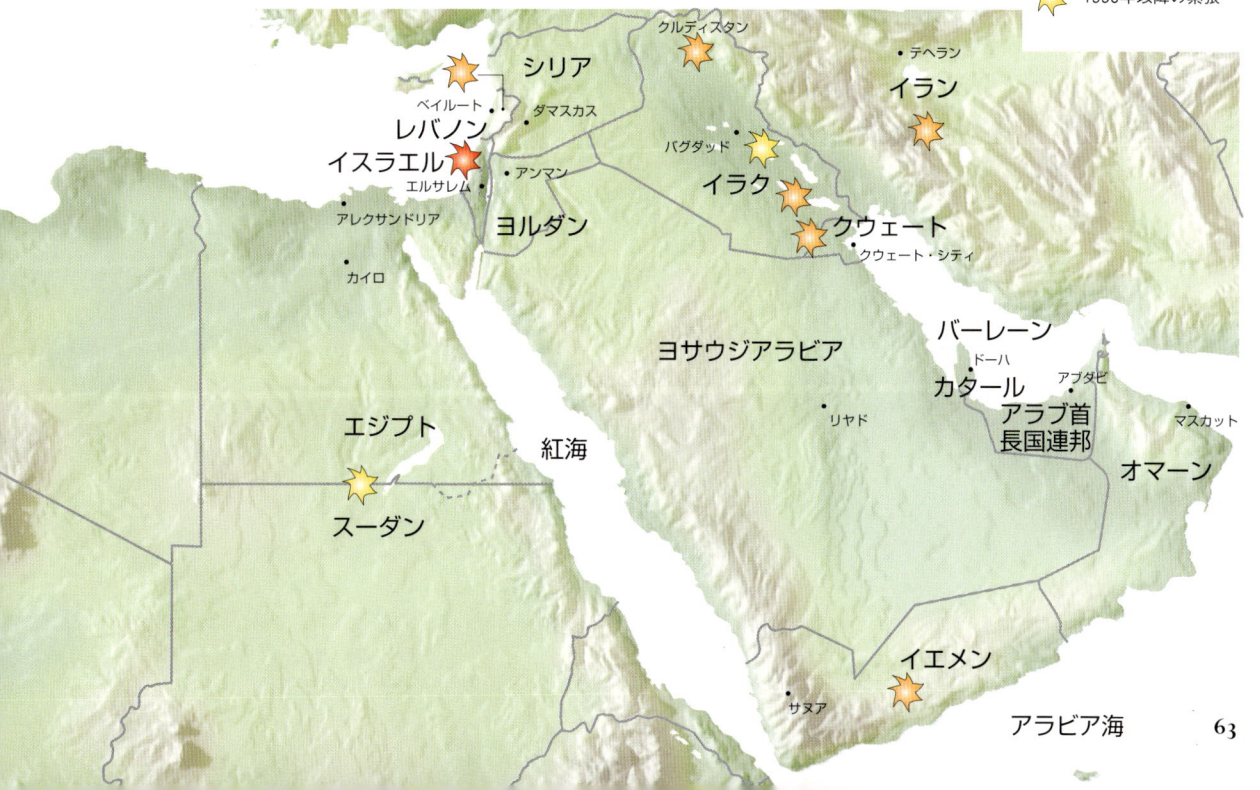

23 クルド族

クルド族は、地理的、歴史的な統一性をもち、ひとつの名前を共有するが、それ以外はあらゆる点でばらばらの民族だ。統一国家はまだもったことがない。

1990年代のはじめ、イラク・クルド族の反乱は150万人の難民を生み、ヨーロッパと北アメリカでは彼らの窮状へ関心を引くことができた。トルコとトルコ・クルド族との間でも長い戦いが続けられてきた。20世紀の終わりまでに列国はイラク北部を平定し、トルコにおける内戦も終息した。クルド族の現状への国際的関心は薄れたが、彼らの置かれている状況は10年前に比べてほとんど改善されてはいない。

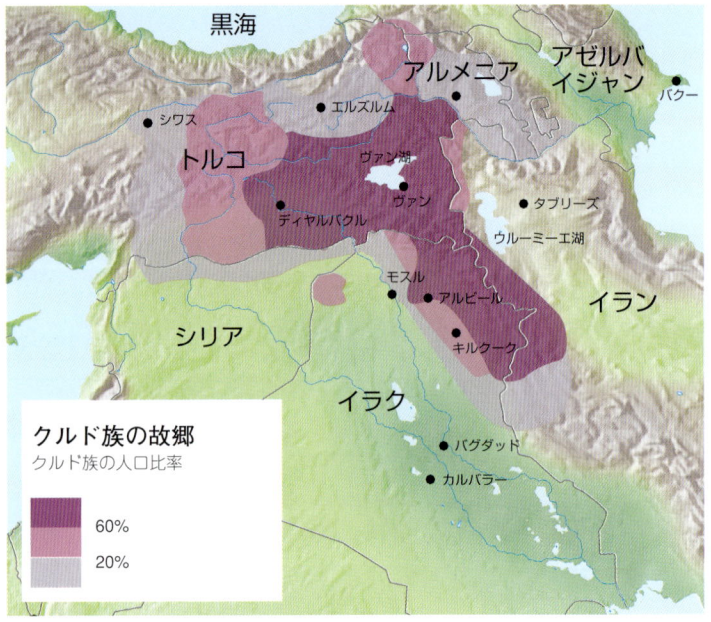

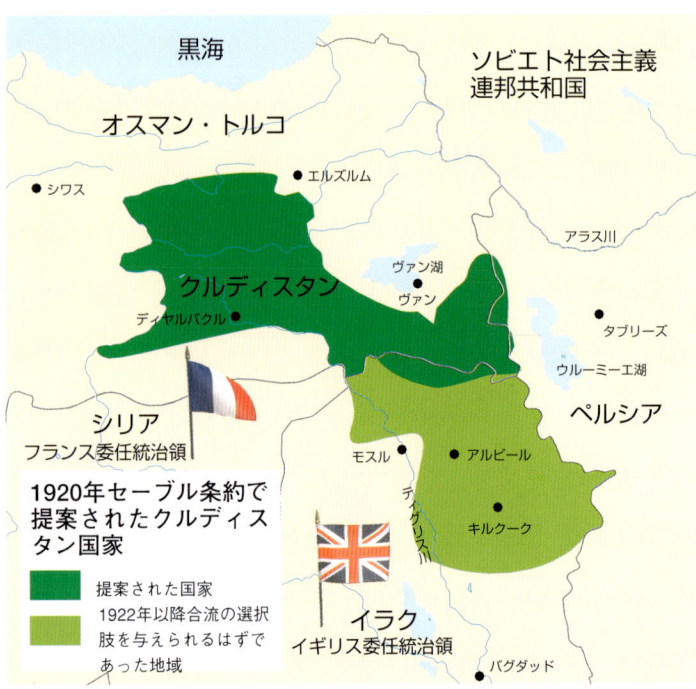

数世紀にわたって中東を支配しようとしたいくつかの帝国も、クルディスタンの山地に住む人々に手を出すことができず、この孤立が言語や習慣のさまざまなちがいをこえた、共通のアイデンティティを生み出した。

第一次世界大戦の終結は、クルドの人々に自治と統一クルディスタン国家への最後のチャンスをもたらした。解体されたオスマン帝国の領土を決めた1920年のセーブル条約は、クルド族国家建国のための2段階の手続きを定めていた。アナトリア・クルディスタンの一部を新国家としてすぐに承認し、イラク・クルディスタンには、1922年以降合流の選択肢を認めるというものだった。

ところが、これと同時にオスマン・トルコの残滓のなかから、近代トルコが建国された。トルコの新指導者、ムスターファ・ケマル・アタチュウルク将軍は、クルド族兵士の力を借りて権力を手に入れながら、クルド族国家への領土割譲をいっさい拒否したのである。

イギリスとフランスは、中東と北アフリカにおける自国の領土拡大に満足しつつも、平和を脅かすことには慎重だった。戦争はもうこりごりだし、自らの領土に山積する問題で手一杯でもあったのだ。こうして英仏はクルド族問題から手を引き、1923年に新たな条約が結ばれた。新条約では、統一クルディスタン国家は消えていた。1925年、トルコのクルド族反乱が鎮圧され、25万人の死者を出した。

クルド族側の政治リーダーも、内部的な分断に明け暮れた。1920年代以来、クルド族はイラク国内で次から次に反乱を起こし、独立を模索した。1980年代に至るまで、すべての反乱がバグダッドの政府だけでなく、対立するクルド族グルー

プとの戦闘へと発展した。1990年代には、イラク北部で対立するクルド族同士の戦争が繰り広げられた。イラク側クルド族の武装勢力は、イラク北部領内に侵攻したトルコ軍の作戦を手助けして、トルコ・クルディスタン労働者党（PKK）と戦った。

トルコ南東部クルド族居住地の自治を求めるPKKの戦いは1984年からはじまった。指導者はシリア国内の拠点で活動する、アブドラ・オジャランである。この戦争では、PKKに対する地元民の支持排除を狙うトルコ軍によって、広大な地域で追放政策が実施され、PKKもまた学校の教師など、トルコ国家に協力していると見なしたクルド族を組織的に殺害した。

1998年にシリアが支援の打ち切りと安全地帯の提供を取りやめると、オジャランは流浪の末にイタリアで亡命を申請した。イタリア政府は、トルコが死刑制度を残しているという理由でオジャランの引き渡しを拒否した。1999年1月、オジャランが失踪し、ケニヤで発見されたが、翌月には、ギリシャ大使館から別の保護公館へ移動する途中で身柄を拘束された。オジャランはトルコへ連れ戻され、裁判にかけられて有罪判決を受けたが、死刑は免れた。ギリシャとトルコの外交関係に一時的なきしみは生じたものの、1999年中頃以降は修復し、以来かつてないほど良好な関係を維持している。この間にオジャランは休戦を表明し、2000年2月のPKKによる戦争終結宣言によって、3万人の命を奪った戦いは終わった。

2002年の段階で、トルコ南東部ではときどき武力衝突は発生しているが、それまでの20年ではなかったほどの平和を享受している。しかし、経済発展はトルコの他地域に比べ後れている。PKKそのものは、「クルディスタン自由と民主のための議会（KADEC）」という名前の政党への転換を模索しているが、トルコ政府はこれを表面的な看板のかけ替えに過ぎないと見なしているようだ。

イラク北部では、1990年代中期に2つのクルド族グループ、クルディスタン民主党（KDP）とクルディスタン愛国同盟（PUK）の間で公然と戦闘が行われたが、現在では互いの暗殺合戦、爆弾テロ、散発的な衝突へと様相を変化させている。これらのグループに支配されるクルディスタンの大部分は、1991年にイギリス、フランス、トルコ、アメリカが設定した北部飛行禁止ゾーンでイラクの空軍力から守られつつ、事実上の自治を得ている。2002年にアメリカがイラクへの攻撃を計画した際には、南部をアラブ人区域、北部を半独立のクルド族地域とするイラク連邦構想が打ち上げられた。しかし、クルド族の自治を支持するかのようなこの計画は、トルコの反対にあったようである。

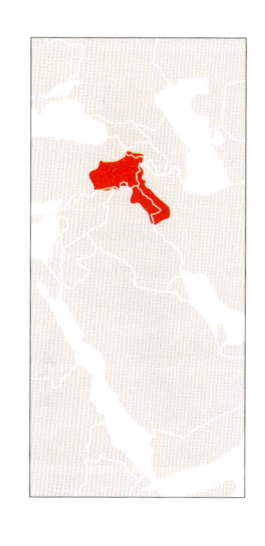

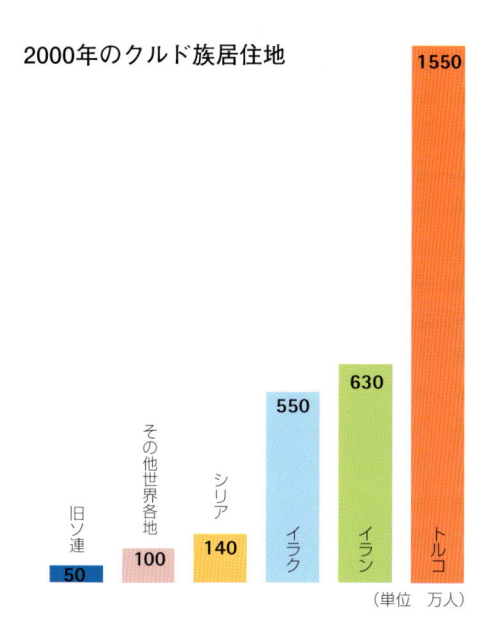

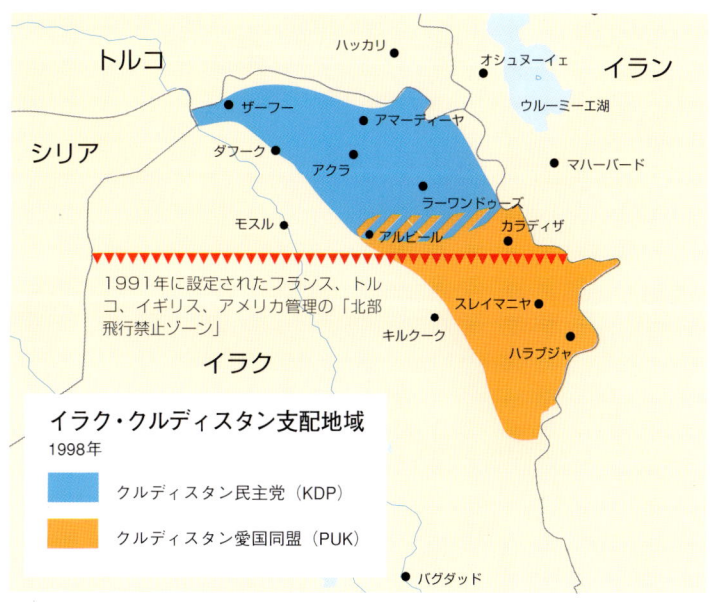

2000年のクルド族居住地

- 旧ソ連: 50
- その他世界各地: 100
- シリア: 140
- イラク: 550
- イラン: 630
- トルコ: 1550

（単位 万人）

イラク・クルディスタン支配地域 1998年
- クルディスタン民主党（KDP）
- クルディスタン愛国同盟（PUK）

24 イスラエルとパレスチナ

1993年、イスラエルのイツハク・ラビン首相とPLOのヤセル・アラファト議長はホワイトハウスで握手した。これは和平のチャンスと思われたが、結局失敗に終わった。

イスラエルは、建国以来外国との戦争を5回経験し、2度の大規模な反乱を含む絶え間ない紛争に直面してきた。最初の戦争は、イスラエル建国の翌日にはじまり、領土拡大のチャンスをもたらした。その後も1956年、1967年、1973年、1982年に戦争が繰り返されている。これらの戦争は、イスラエルの平和と安全をもたらすことはなかった。

イスラエル建国を許してしまったアラブ諸国は、1964年にイスラエルの破壊を決意し、パレスチナ解放機構の結成に力を結集した。1967年の戦争では、アラブの軍事的弱体さが再び露呈し、1970年にヨルダンがPLOを自国の脅威と見なして国外に追放した事件は、その一体性の脆弱さの表れでもあった。

1973年の戦争後にも一体性欠如が明らかになった。エジプトのサダト大統領は、1967年に失った領土を外交で取り戻す選択をしたのだ。サダトは望み通りの合意をイスラエルとの間で実現はしたが、アラブ世界では孤立し、イスラエルはレバノンで新たな戦線を開くこととなる。

武力、外交、イスラエルと西側諸国にくさびを打ち込むための石油価格つり上げ戦略も、パレスチナ住民に平和と安全をもたらすことはなかった。

1987年の末以降、パレスチナ人の自然発生的な反占領と独立のための蜂起（インティファーダ）が、さまざまな突発事件（交通事故など）をきっかけに発生するようになった。投石やモロトフ・カクテル（火焔瓶）に対するイスラエルの答えは、催涙ガス、ゴム弾、殴打、拘留などだった。イスラエル政府は、こうした対応を「鉄の拳」と呼んだが、それでもパレスチナ民衆の蜂起を押しとどめることはできず、イスラエルの安全をはかるどころか国際的な評価を下げることになった。

「勝者なき」膠着状態に追い込まれた双方は、ノルウェー政府の仲介による秘密

- **1948年** 第一次中東戦争：5月14日、イスラエル建国宣言。レバノン、シリア、イラク、ヨルダン、エジプトとの間で戦争勃発
- **1956年** 第二次中東戦争（スエズ動乱）：イスラエルとフランス、イギリス対エジプトの戦争。イスラエルはガザ地区を占領。アメリカの圧力を受けて、フランスとイギリスはスエズ運河から撤退
- **1964年** パレスチナ解放機構（PLO）結成
- **1967年** 第三次中東戦争（6日戦争）：数カ月間にわたって緊張が高まった後、イスラエルから奇襲攻撃。ヨルダン川西岸地区、ガザ地区、ゴラン高原、シナイ半島をイスラエルが占領
- **1969年** ヤセル・アラファト、PLO議長に就任
- **1970年** 黒い9月事件：ヨルダンがパレスチナ・ゲリラを国外に追放
- **1972年** ミュンヘン：パレスチナ武装グループ「黒い9月」がイスラエル・オリンピック選手9人を殺害。イスラエルは報復としてレバノンを爆撃
- **1973年** 第四次中東戦争（ヨム・キプール戦争）：エジプトとシリアがシナイ半島とゴラン高原を攻撃するが失敗に終わる
- **1974年** 国連はPLOをパレスチナ人の代表として承認
- **1974年** ヨルダン川西岸地区にPLOの独立国家を建設させるため、ヨルダンが同地に対する領有権を事実上放棄
- **1975年** レバノンで内戦発生
- **1977年** エジプト大統領アンワル・サダトがイスラエル議会で演説
- **1978年** サダトとイスラエル首相メナヘム・ベギンは、アメリカのキャンプ・デービッドで和平合意。シナイ半島はエジプトに返還。サダトとベギンはノーベル平和賞を授与される。イスラエルが南部レバノンに兵力3万人で侵攻、占領する
- **1981年** サダト大統領暗殺。イスラエルはゴラン高原を公式に併合

力のアンバランス
イスラエルとパレスチナの軍事力比較 2002年

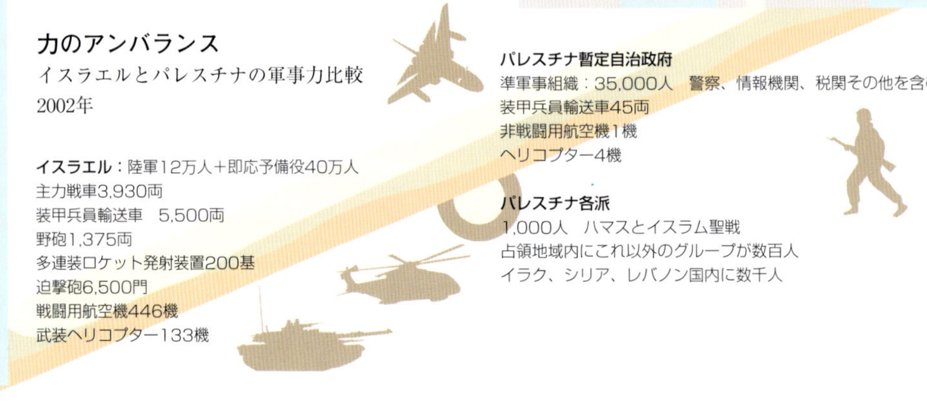

イスラエル：陸軍12万人＋即応予備役40万人
主力戦車3,930両
装甲兵員輸送車 5,500両
野砲1,375両
多連装ロケット発射装置200基
迫撃砲6,500門
戦闘用航空機446機
武装ヘリコプター133機

パレスチナ暫定自治政府
準軍事組織：35,000人　警察、情報機関、税関その他を含む
装甲兵員輸送車45両
非戦闘用航空機1機
ヘリコプター4機

パレスチナ各派
1,000人　ハマスとイスラム聖戦
占領地域内にこれ以外のグループが数百人
イラク、シリア、レバノン国内に数千人

1918年 イギリス統治下のパレスチナ

1947年 国連分割プランに基づくイスラエル

1949年 併合地を含むイスラエル

1967年 第3次中東戦争後の占領地を含むイスラエル

1978年 イスラエル、シナイ半島から撤退

交渉をスタートした。

　PLO側は、独立と引き替えに歴史的にパレスチナとされる地域の78%にイスラエルの主権を認める原則に同意した。このオスロ・プロセスは、最も難しい課題をあえて後に残すことで、和平への流れを既定化させることを目的としていた。アラファトは占領地域へ戻り、パレスチナ暫定自治政府が成立、選挙が行われて占領地の一部がパレスチナの統治に返された。

　だが、パレスチナ暫定自治政府では腐敗が蔓延し、イスラエルは協力どころか、占領地域の経済発展を妨害し、暴力の悪循環は続いた。1996年はじめ、ハマス幹部が携帯電話の爆発で死亡した。ハマスはこれをイスラエル治安機関の犯行として非難し、自爆攻撃による報復に踏み切った。緊張関係のなか、オスロ・プロセスに反対していたベンジャミン・ネタニヤフが、イスラエルの首相に選出された。双方の交渉は続いたが、建設的な流れはストップした。

　2000年7月、イスラエル政府は自らも寛容の限度と認める領土譲歩提案を行ったが、あまりにも寛容すぎたのか、イスラエル民衆はこれを支持しなかった。一方、パレスチナ側の交渉担当者にとっては、到底受け入れることのできない不十分な譲歩案であった。交渉に向けた最後の努力は2001年1月に終わった。

　2000年9月、アリエル・シャロンは鳴り物入りでハラム・アッシャリーフ（イスラエル側名称、神殿の丘）に立ち入った。ユダヤ人にとってここは最初と2番目の神殿があった場所で、ムスリムにとっては予言者ムハンマドが天に昇った聖地である。パレスチナ人はシャロンの立ち入りを意図的な挑発と受け取り、第2のインティファーダの引き金となった。

　第2のインティファーダでは、双方が最初よりも苛烈な戦術をとり、シャロンが

イスラエル首相に選出されるとさらに激しさを増した。パレスチナ側は自爆テロ、自動車からの銃撃、ロケット砲撃を行い、これに対するイスラエルの戦術は、要人暗殺、戦車の突入などである。2002年の中頃までには、イスラエル軍の攻撃によってパレスチナ暫定自治政府のインフラや実態統治能力はほとんど破壊しつくされた。イスラエルは以後、ヨルダン川西岸地区との境界に壁を築きはじめた。双方の社会は遮断されるが、あえてこれを突破しようとする者を阻止する役には立たないだろう。状況は極めて悲観的ななか、アメリカは2003年4月、双方の当事者にロシアと国連、EUの支持する効率「ロード・マップ」を提示した。

イスラエル　支配地域2001年再占領の前

- イスラエル
- パレスチナ側が完全に支配する地域
- イスラエルが治安維持をするパレスチナ管理地域
- イスラエルが全面的に支配する占領地域

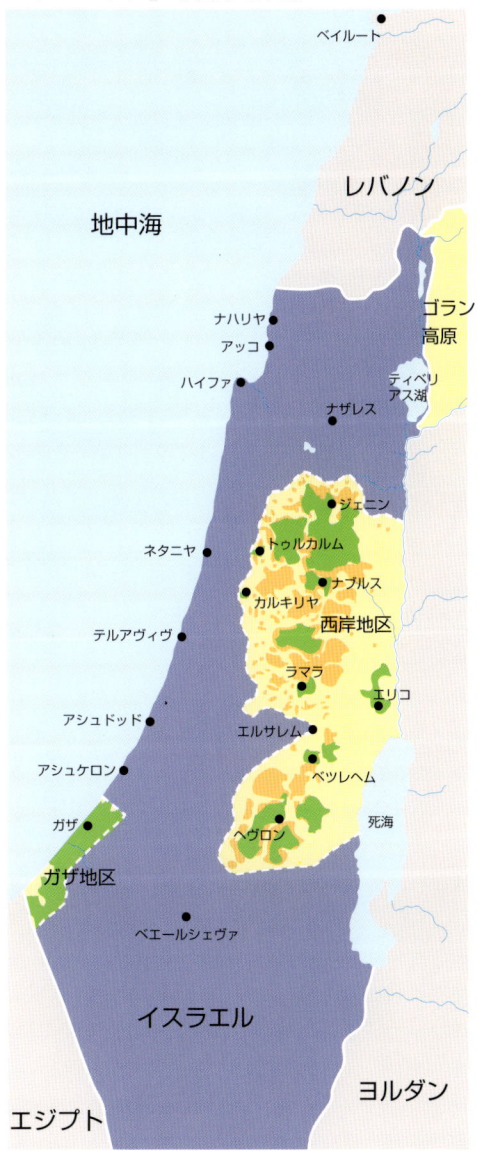

1982年 イスラエルがレバノン侵攻。PLOはベイルートを追われて、チュニジアとチュニスへ逃避。

1987年 12月8日、イスラエル占領に抵抗するパレスチナ民衆蜂起（インティファーダ）

1988年 PLOは、歴史的にパレスチナとされる地域の78%にイスラエルの主権を承認すると同時に、パレスチナ国家の独立を宣言

1990年 ソビエト連邦の解体にともない、イスラエルへのロシア人移民が急増。イスラエルの年間統計では、年間で最大187,000人が移住

1991年 PLOが湾岸戦争でイラクを支持したため、クウェートからパレスチナ人が追放される。37万人が占領地域とヨルダンへ帰還

1993年 オスロ・プロセス：秘密交渉の末、PLOとイスラエルは和平原則に調印

1994年 ヤセル・アラファト、占領地域に帰還。イスラエルとヨルダンの間で和平条約調印。アラファトとイスラエルのイツハク・ラビン首相のほか、シモン・ペレス外相にノーベル平和賞が授与される。イスラエル人入植者バルーチ・ゴールドシュタインがヘブロンのモスクで乱射し、礼拝なかのパレスチナ人29人を射殺

1995年 イスラエルとPLOの間で追加の和平協定。ラビン首相がイスラエル人過激派により暗殺される

1996年 アラファトがパレスチナ暫定自治政府大統領に選出される。イスラエルの選挙ではベンジャミン・ネタニヤフが勝利。占領地域に新たな入植地建設がはじまる

1998年 アラファトとネタニヤフの間で、合意事項の実行を約したワイ・リバー覚書を交換。結局履行はされなかった

2000年 イスラエル軍、南部レバノンから撤退
　　7月：イスラエルとPLOの追加交渉決裂
　　9月：第2期インティファーダ

2001年 アリエル・シャロンが首相に選出される

2002年 イスラエルが西岸地区を再占領

25 イスラエル人とパレスチナ人

第2期インティファーダの最初の2年間で、パレスチナ人1,600人とイスラエル人550人が殺された。イスラエル人は、レストランや商店、市街地中心部といった公共の場所に行く場合、つねに自爆攻撃の恐怖にさらされて暮らしていた。一方、パレスチナ人の側は、砲弾の降り注ぐ夜、1週間も続く外出禁止令、はてしない検問と家宅捜索を強いられていた。こうした恐怖以外にも、日常生活の困難は増していた。イスラエル人は増税にあえぎ、貧困レベル以下の生活を強いられる人々の人口比は20％に達し、兵役年齢に達した若者たちは陸軍へと招集された。パレスチナ人は、食料と水、医薬品の深刻な不足に苦しんだ。推定では200万人のパレスチナ人が、人道支援団体からの食糧を受け取ったとされている。

約100万人のパレスチナ人が、イスラエル市民としてこの国に暮らしている。彼らには投票権は与えられているが、財産権には制限が加えられており、約175,000人が財産を没収された。彼らは、少数民族居住地に住み、イスラエルの失業率平均を66％も上回っている。占領地域で新たなインティファーダがはじまると、イスラエル国内のパレスチナ人の間にも、不穏な空気が流れた。イスラエル政府は、パレスチナ人13人の生命と、多数の負傷者という犠牲のもとに、これを鎮圧した。

現在の傾向が続けば、イスラエル人口に占めるパレスチナ人の割合は、向こう50年間に現在の2倍以上のおよそ30％に達すると見られている。

イスラエルの正規の領土の外にいるパレスチナ人は、現在世界最大の難民グループとなっている。人口移動の最初の波動が発生したのは、1948年のイスラエル建国であり、このときはパレスチナ人の80％以上が残留した。第2の波が発生したのは、西岸とガザの両地区がイスラエルに占領された1967年のことである。パレスチナ難民人口は現在380万人で、毎年3％の割合で増加している。

イスラエルは、難民や被追放者の帰還の権利を否定している。イスラエルの望む解決策とは、アラブ諸国への再移住であり、国際社会は難民の生活環境改善や、帰還を妨げている現状の解決にむけて努力している。PLOは、1948年に発生したパレスチナ難民の帰還の権利を無条件で認めるように求めている。

水
1日の平均消費量

- パレスチナ人：60リットル
- イスラエル人：350リットル

1967年に西岸地区を占領したイスラエルは、すべての水資源の独占を宣言し、新たな井戸の掘削や水道の敷設を厳格に規制する法律を作り上げた。1982年以来、イスラエルの水消費の増大がパレスチナ側の井戸の枯渇を引き起こしている。イスラエル側は、パレスチナ人のための新規水資源プロジェクト認可を抑えながら、パレスチナ人の水消費量を完全に支配する一方で、占領地域のパレスチナ一般住民よりもユダヤ人入植者を公然と優遇している。

人口動態
イスラエルと占領地域

年	パレスチナ人	ユダヤ人
1920	525,000 (95%)	29,000 (5%)
1947	1,310,000 (68%)	630,000 (32%)
2001	4,188,000 (40%)	6,400,000 (60%)

フェンスで隔離された

- ● パレスチナ人街区
- ▲ イスラエル人入植地
- ― 防護フェンス

2002年：イスラエルは、西岸占領地域と本来のイスラエル領土を区分する防護フェンスの構築に着手した。

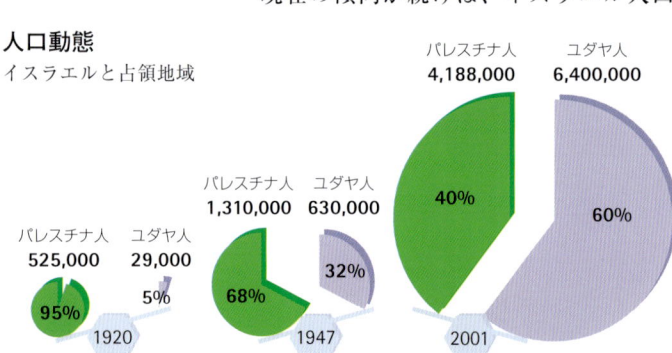

地図上の地名：ウンム・エル・ファフム、サレム、バルタア、ジェニン、ナジャト、バカアルシャルキア、トゥルカルム、カルキリヤ、ナブルス、西岸地区、イスラエル、ラマラ、エリコ、エルサレム、死海、ヨルダン

難民とその居住地

パレスチナ難民、被追放者の居住地
2001年

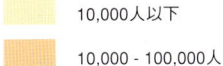

- 10,000人以下
- 10,000 - 100,000人
- 100,000 - 500,000人
- 500,000 - 1,000,000人
- 1,000,000人以上

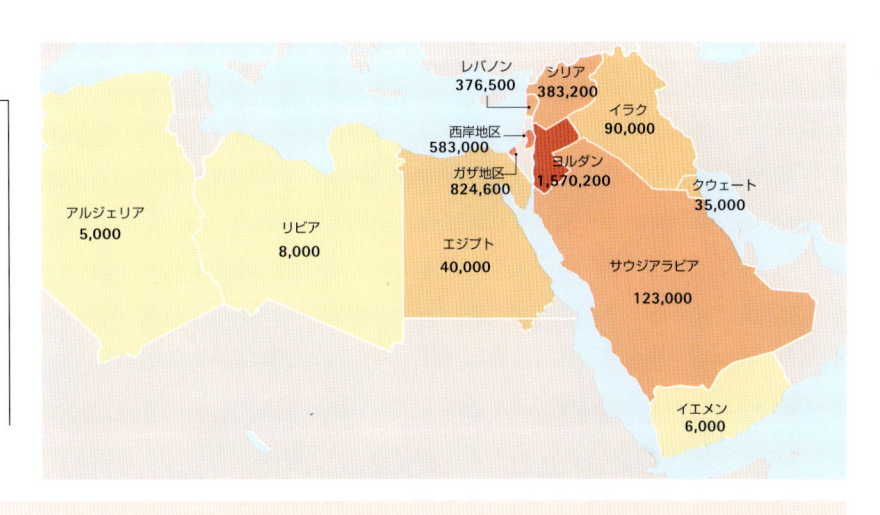

レバノン 376,500
シリア 383,200
イラク 90,000
西岸地区 583,000
ガザ地区 824,600
ヨルダン 1,570,200
クウェート 35,000
アルジェリア 5,000
リビア 8,000
エジプト 40,000
サウジアラビア 123,000
イエメン 6,000

ガザ地区

1平方キロメートルあたりの人口密度 入植地とその他のイスラエル支配地域

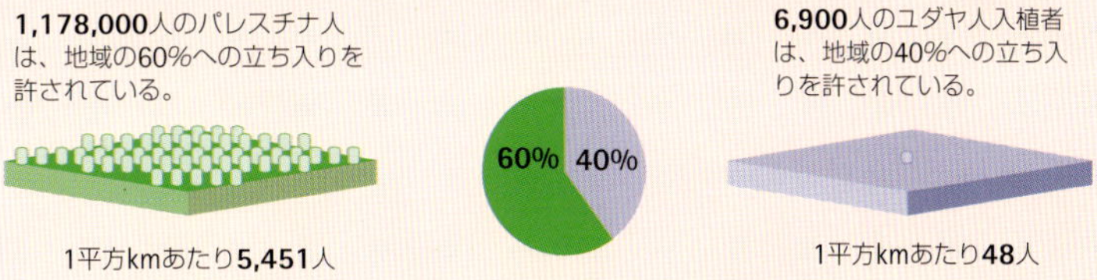

1,178,000人のパレスチナ人は、地域の60%への立ち入りを許されている。
1平方kmあたり 5,451人

60% / 40%

6,900人のユダヤ人入植者は、地域の40%への立ち入りを許されている。
1平方kmあたり 48人

占領地域の入植者
入植者総人口

2001年-02年：12カ月間に34カ所の入植地が新たに建設された

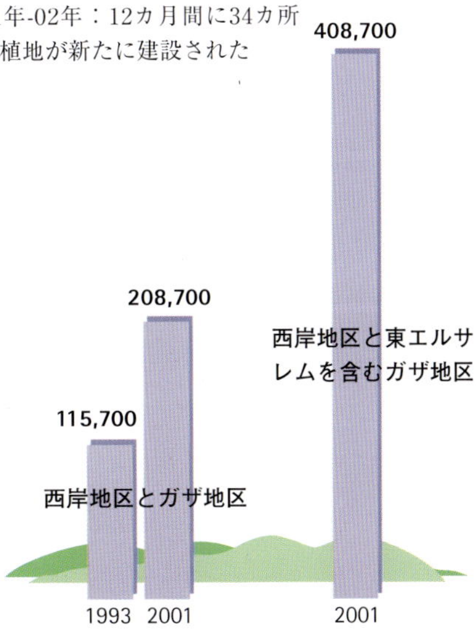

- 1993年 西岸地区とガザ地区: 115,700
- 2001年 西岸地区とガザ地区: 208,700
- 2001年 西岸地区と東エルサレムを含むガザ地区: 408,700

エルサレムの東半分までをカバーする、大規模な都市開発計画がある。実施された場合、東エルサレムのパレスチナ人居住区はイスラエル人居住区によって包囲されてしまうことになる。

第1期インティファーダがはじまって以来、イスラエル政府は占領地域で少なくとも2,450件の家屋の破壊を命令した。この結果、16,000人のパレスチナ人がホームレスになった。

1980年：エルサレムをイスラエルの首都とする宣言
1967年：イスラエルが東エルサレムを獲得
1948年：イスラエルが西エルサレムを獲得

西岸地区
イスラエル
エルサレム旧市街

大エルサレム

- 東エルサレム周辺の既存と計画中のイスラエル人居住区
- ---- 占領東エルサレム

26 北アフリカ

19世紀から20世紀のはじめにかけて、ヨーロッパの支配を受けるようになった北アフリカ諸国は、1950年代に相次いで独立した。だが、ヨーロッパ帝国主義の旧植民地の多くがそうであるように、独立はこれら諸国とその国民が直面するすべての問題の解決にはつながらなかった。経済成長や個人がそこそこ豊かになったり、個人の自由や教育の機会の増大、安定した民主政府といった発展へのチャレンジも成果を出すには至っていない。

アルジェリア

1962年 フランスから独立。8年におよんだ独立戦争で50万人が死亡した。
1986年 激しいインフレと失業は石油価格の低迷によって悪化。ストライキと暴動的デモが繰り返される。
1989年 イスラム救国戦線（FIS）が結成され、翌年の地方選挙で得票率55%を獲得。
1991年 選挙制度変更を狙う政府に対抗するため、FISがゼネラル・ストライキを呼びかける。国政選挙の初回投票でFISが勝利。武力紛争が発生し、国家非常事態宣言が発令される。
1992年 軍部の圧力によって政権交代し、選挙が凍結される。FISの非合法化にともない武装イスラム・グループ（GIA）が勃興し、武力闘争が再燃。
1995年 GIAによって戦力を大きく消耗した軍は、ローマに本拠を置くサンテジディオ・コミュニティの仲介を拒否し、態勢を立て直した後、全面戦争に打って出た。1997年になると、武装グループのいくつかは停戦に応じたが、GIAだけは戦闘を継続した。民間人の虐殺がはじまる。
1999年 アブデラシス・ブーテフリッカが「市民協調」のスローガンの下、反対勢力の免責をうたって大統領に選出される。暴力は減少へと向かう。
2000年 免責の期限が過ぎると、再び暴力がエスカレート。和平の希望は遠のき、2002年の議会選挙では登録選挙人の50%以上が棄権した。

モロッコ

1956年 フランスから独立して君主制移行。1961年以降ハッサン国王の治世。
1975年 ハッサン国王は、国連がサハラ住民の独立を支持しているにもかかわらず、西サハラ（スペイン領サハラ）の領有権主張の一環として、20万人の非武装ボランティアによる越境大行進を組織した。モロッコとの対決を嫌ったスペインは、領有権を放棄した（最後のスペイン軍は1976年に撤退）。ポリサリオ戦線による武力独立闘争を、アルジェリアが支持し、後にリビアが合流した。
1980年代後期 モロッコとアルジェリアの関係改善によって、アルジェリアの支援が縮小し、ポリサリオの武力・外交の劣勢が決定的となる。
1991年 国連決議によって、西サハラ独立かモロッコ併合かを問う住民投票が計画される。戦闘は終結したが、投票権を与える範囲をめぐり意見対立。10年後のいまも住民投票は実施されていない。
1999年 ハッサン国王が死去し、息子のモハンメド6世が即位。
2002年 モロッコとスペインが、モロッコ沿岸からわずか200メートルの無人島パースリー島で軍事衝突。全世界を呆れさせる事件が発生した。

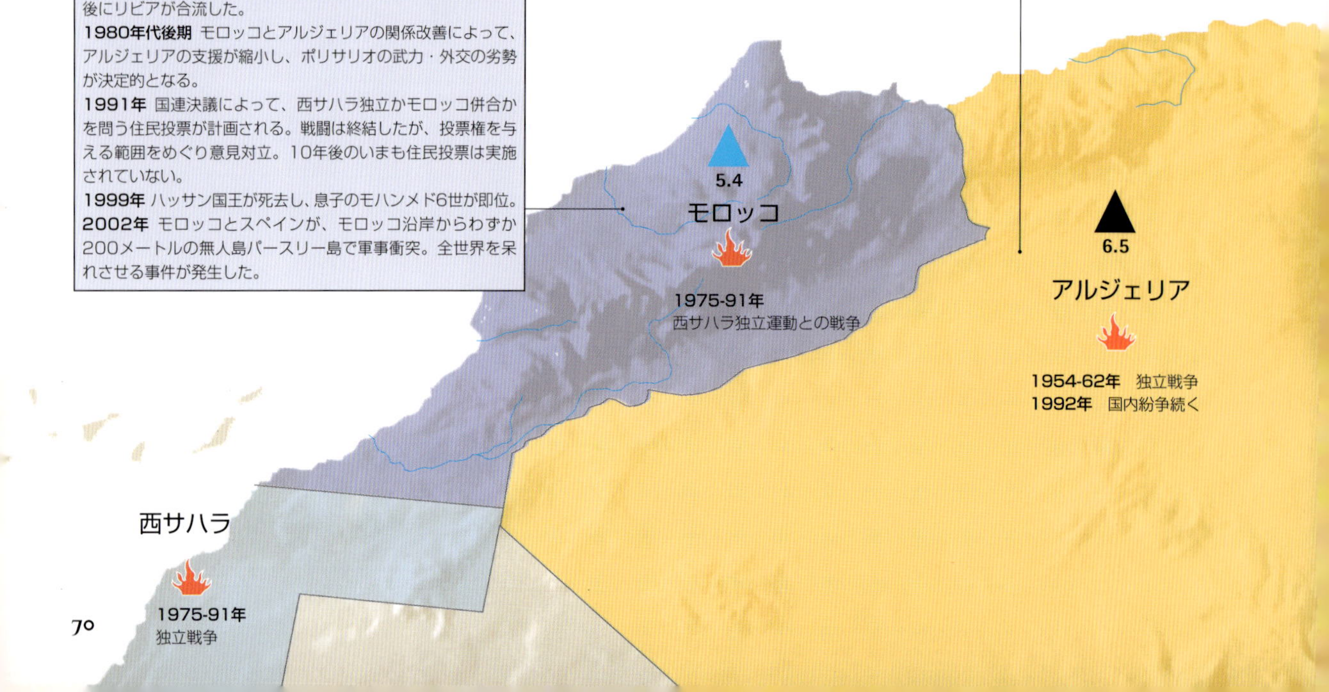

モロッコ 5.4
1975-91年 西サハラ独立運動との戦争

アルジェリア 6.5
1954-62年 独立戦争
1992年 国内紛争続く

西サハラ
1975-91年 独立戦争

政治体制　2001年

- 🟨 不確実な民主制
- 🟦 君主制
- 🟧 独裁制
- 🟦 被占領地域
- 🔥 戦争の日時を示す

自由の度合い　2001年

- ▲ 自由なし
- ▲ 一部自由化

フリーダム・ハウス7ポイント方式で国民の権利と政治的自由を評価。1〜2.5ポイントであればその国は自由国家、3〜5.5は部分的自由国家、5.5以上は非自由国家と分類される

エジプト

1952年 ガメル・ナセル率いる国粋主義者グループが、親英政策をとる国王に対し軍事クーデターを起こす。
1954年 ナセルはスエズ運河を国有化。
1956年 イギリスとフランスが秘密裏にイスラエルを巻き込み軍事介入を行うが、アメリカが反対したこともありスエズ運河奪回には失敗した。
1967年 6日戦争（第3次中東戦争）が勃発。イスラエル軍は奇襲攻撃によりエジプト空軍を1日で壊滅させ、シナイ半島を占領した。
1970年 ナセルの死去により、アンワル・サダトが政権を受け継ぐ。
1973年 失った領土回復を試みるも失敗。その後サダトは外交手段に転じ、1978年にアメリカの仲介でイスラエルとの和平協定を締結。シナイ半島は非武装化されてエジプトに返還された。エジプトは他のアラブ諸国の怒りを買い、1979年にアラブ連合から追放される。
1981年 サダトが暗殺される。政権を引き継いだホスニ・ムバラクの外交努力によって、エジプトは1989年にアラブ連合に復帰。
1991年 エジプトは対イラク戦争を支持し、対外債務20億ドルの半額免除を取り付ける。
1992年 ガマ・アル・イスラミーヤなどのイスラム教組織が武装闘争に転じ、外国人旅行者、政府高官、コプト・キリスト教徒、ベールを着用しない女性などをターゲットとする。1年間で観光収入は40％の激減。
1993年 ニューヨーク・ワールド・トレード・センター爆破テロが起こり、ガマ・アル・イスラミーヤのリーダー、シェイク・オマール・アブデルラーマンの関与が疑われる。
1997年 ガマ・アル・イスラミーヤがルクソールで外国人旅行者を襲い、62人が死亡、24人が負傷。同グループが犯行声明で、シェイク・アブデルラーマンの釈放を求める。この虐殺事件が、エジプト武力紛争最後の大規模暴力となった。

チュニジア

1956年 フランスから独立。当初は君主制国家。
1957年 1934年以来独立闘争を率いてきたハビブ・ブルギバを大統領にして、共和制に移行。
1982年 レバノンから追放されたPLOのヤセル・アラファト議長と数百人のPLOメンバーがチュニスに亡命を認められ、新たな本拠を構築したが、1985年のイスラエル軍の空襲によって破壊された。
1984-5年 物価高騰と経済弱体化にともなう混乱と政情不安が起こり、リビア国境では緊張激化から衝突が発生。一方、イスラム教政治グループの影響力は増大。
1987年 ブルギバが健康上の理由から退陣を表明し、ジネ・アル・アビジーネ・ベン・アリが大統領に就任。
1989年 1956年以来最初の自由選挙が実施され、ベン・アリの党が議会全議席を独占。1990年にイスラム政治グループが分裂。
1999-91年 ベン・アリは、イラクによるクウェート侵攻と、アメリカを中心としたイラク攻撃の両方に反対を表明。
1999年 ベン・アリが有効投票の99％を獲得して、任期5年の大統領職に再選される。

リビア

1951年 立憲王国として独立。1911年から第二次世界大戦までイタリア領であったが、戦後は独立まで英仏の統治下に置かれていた。
1969年 カダフィ大佐率いる軍事クーデターで王制打倒。カダフィの過激な外交政策によりアメリカとの軍事危機が頻発。
1986年 ベルリンのディスコで爆弾が破裂。米軍人2人とトルコ人女性1人が死亡、200人が負傷。10日後、ベルリンの爆弾テロを口実に、アメリカはリビアの軍事施設やカダフィの邸宅を含むターゲットを空襲し、30人を殺害した。
1988年 スコットランド・ロッカビー村上空でアメリカの民間旅客機が爆破され、270名が死亡。アメリカとイギリスはリビア人2人による犯行を主張して、アメリカまたはスコットランドでの裁判を要求。
1990-91年 カダフィは、イラクによるクウェート侵攻と、アメリカを中心としたイラク攻撃の両方に反対を表明。
1992年 リビアがロッカビー爆弾テロ容疑者の政府職員2人の引き渡しを拒んだため、国連が制裁を課す。
1999年 2人の容疑者が国連当局者に引き渡され、スコットランド法に基づきオランダ国内の軍事基地で裁判開始。国連の対リビア制裁は停止されたが、正式の解除とはならなかった。
2001年 ロッカビー裁判が終了し、ドイツ人2人、パレスチナ人1人、リビア人1人の容疑者4人に有罪判決（1人は無罪）。
2002年 リビアはロッカビー事件犠牲者の遺族に、総額27億米ドルの補償額を提示。

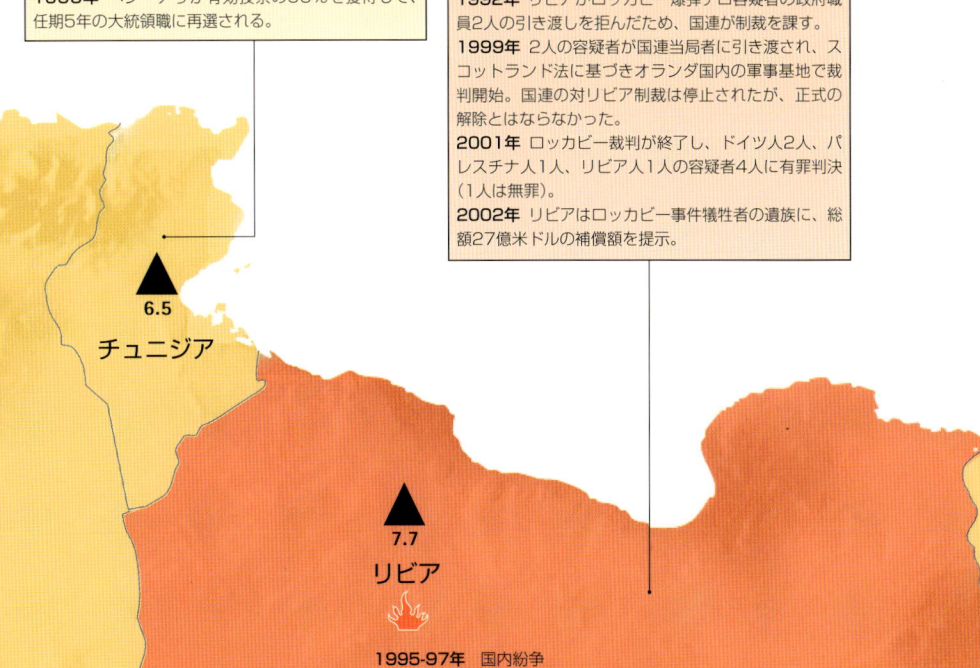

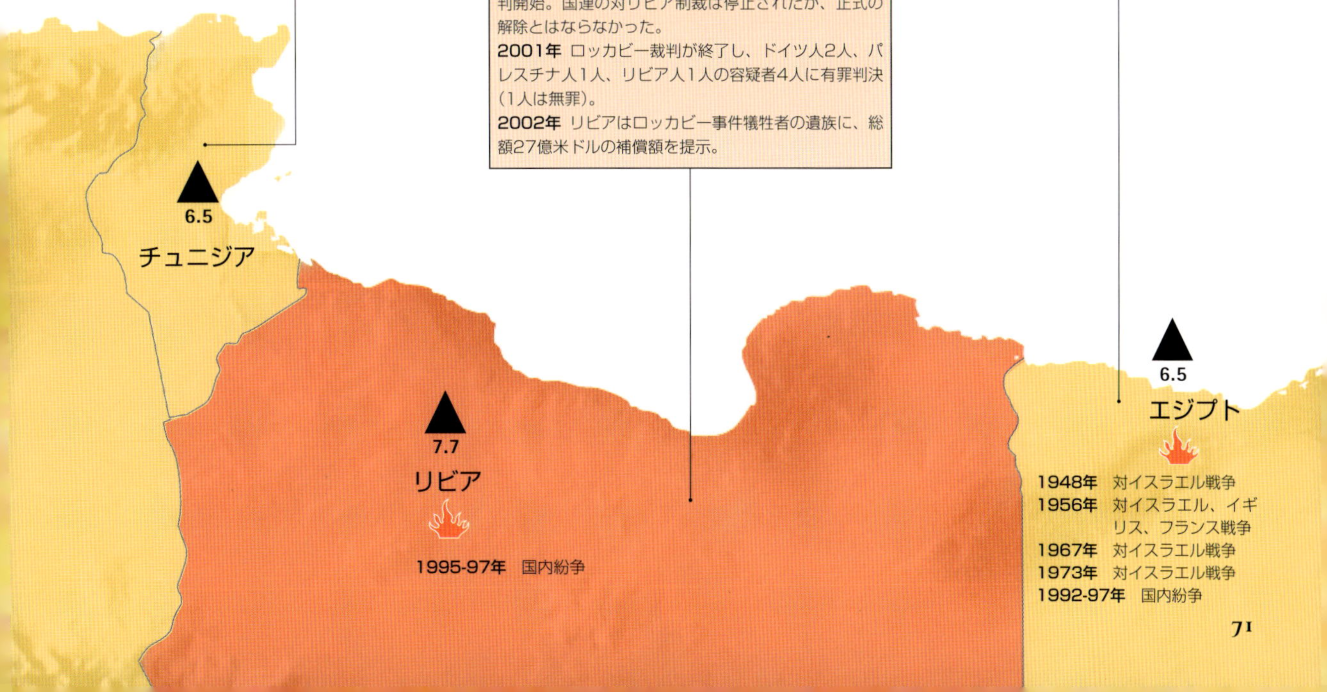

▲ 6.5
チュニジア

▲ 7.7
リビア
🔥 1995-97年　国内紛争

▲ 6.5
エジプト
🔥
1948年 対イスラエル戦争
1956年 対イスラエル、イギリス、フランス戦争
1967年 対イスラエル戦争
1973年 対イスラエル戦争
1992-97年 国内紛争

27 湾岸諸国

ペルシャ湾岸諸国の政治を形成しているのは、石油と広範な民主主義の不毛と、残虐な統治をいとわぬ一部政権、そして地域勢力同士の対立である。アメリカと西側世界は、石油欲しさにこうした国々との貿易に応じ、兵器を売り、専制政治を追認している。

1990年、イラクは西側諸国が許容できる限界線をふみ越えた。それはこの国が反対派を拷問し即決処刑しているからでもなければ、クルド族村落やイラン軍に化学兵器を使用したからでもなく、大量破壊兵器を開発しているからでもなかった。ここにあげた事柄は、いずれも西側に重大な関心事ではあったが、制裁や孤立化、戦争の動機にまではなり得なかった。イラクがふみ越えた限界線とは、クウェートを侵攻したことで、世界の石油安定供給を脅かしたことにあった。

1990-91年の湾岸戦争以来、イラクは世界の嫌われ者国家となった。国連の査察チームは、一時期イラクの長距離大量破壊兵器能力を排除できた時期もあった。だが、彼らの仕事が徹底したものであったかどうかは、1998年の査察中断以来議論の対象となっている。

イランもイラクほどではないにしても、1990年代に世界から孤立した。その原因は、激しい反米的レトリックや、レバノンの反イスラエル組織支援といった好戦的外交政策にあった。また、イランの宗教指導者、故アヤトラ・ホメイニ師が裁判抜きに発した外国人作家に対する死刑判決も孤立を招いた理由としてあげられる。しかしながら、奇妙なことにこの国の好戦的外交姿勢が軟化し、政治改革の兆しが見えてきたとき、ブッシュ大統領は公式にイランを悪の枢軸の一角と名指ししたのである。

2001年9月11日のニューヨークとアメリカ国防総省に対する同時多発テロ以降、アメリカ政権はイラクを9月11日の攻撃に責任があると確信し、アルカイダの次にはじ末すべき問題としてターゲットにすえた。戦争計画が立案され、2002年にはイラクとアルカイダのリンクやイラクの大量破壊兵器保有情報が、明確な証拠も提示されていないうちに意図的にプレスにリークされた。

アメリカの戦争への圧力は高まったが、他の湾岸アラブ諸国は、イラク相手に新

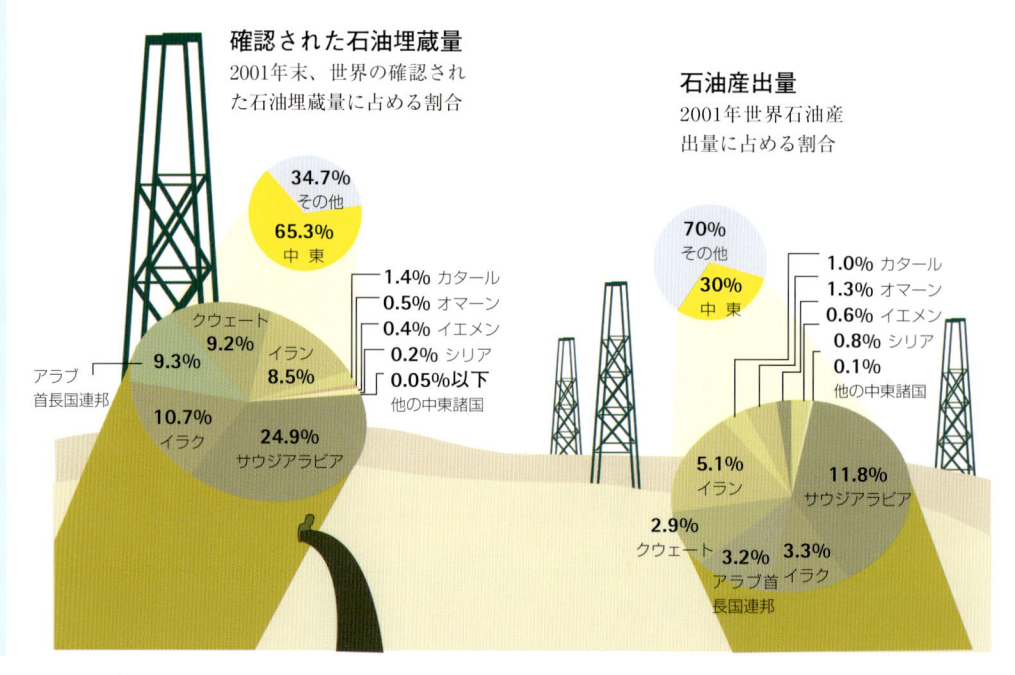

イラク

- 1918年 オスマン帝国終焉
- 1918-32年 イギリス統治
- 1932年 王制国家として独立
- 1958年 軍事クーデターによって王制打倒
- 1963年 バース党が軍政を打倒。だがバース党も権力の座から追われる
- 1968年 バース党がクーデターによって政権奪回
- 1979年 サダム・フセイン、大統領となる
- 1980年 対イラン戦争開戦
- 1988年 対イラン戦争終戦
- 1990年 クウェート侵攻
- 1991年 アメリカ主導連合国との戦争に敗れる。南部と北部で反乱発生。攻撃兵器の査察はじまる
- 1998年 イラク、国連武器査察継続を拒否。アメリカとイギリスが空爆を開始
- 2002年 アメリカ大統領ブッシュが、イラクを「悪の枢軸」3カ国のひとつとして名指しする
- 2003年 アメリカはわずか3週間の戦争でサダム・フセインを追放した

確認された石油埋蔵量
2001年末、世界の確認された石油埋蔵量に占める割合

- 34.7% その他
- 65.3% 中東
  - 1.4% カタール
  - 0.5% オマーン
  - 0.4% イエメン
  - 0.2% シリア
  - 0.05%以下 他の中東諸国
  - 9.2% クウェート
  - 8.5% イラン
  - 9.3% アラブ首長国連邦
  - 10.7% イラク
  - 24.9% サウジアラビア

石油産出量
2001年世界石油産出量に占める割合

- 70% その他
- 30% 中東
  - 1.0% カタール
  - 1.3% オマーン
  - 0.6% イエメン
  - 0.8% シリア
  - 0.1% 他の中東諸国
  - 5.1% イラン
  - 2.9% クウェート
  - 3.2% アラブ首長国連邦
  - 3.3% イラク
  - 11.8% サウジアラビア

たな攻撃を仕かけることには消極的だった。第1次湾岸戦争以降、イスラム発祥の地であるサウジアラビアでのアメリカの軍事プレゼンスは、アラブ社会の腐敗と一体化した悪徳の象徴として、アルカイダのリーダー、オサマ・ビン・ラディンによってつねに激しい批判の対象とされてきた。ムスリム社会の一般世論も、アメリカのサウジアラビア駐留を快く思ってはいなかった。

2002年中頃の時点で、イラクとアラブ世界全体の関係は、1989年以来もっとも良好な状態にあった。互いに宿敵であるイランとイラクの関係も、ともに国際的な孤立脱却を目指す流れのなかで改善に兆しが現れつつあった。また国際マーケットは、戦争がはじまったときの石油価格や世界経済に与える影響を懸念した。

戦闘は2003年3月に開始され、多くの解説者の予想を上回る速さで展開した。アメリカとイギリスを除く世界の世論調査では、大多数の人々がこの戦争を「正当化できない」、あるいは「不必要な戦争」と考えていた。国連も米英の軍事行動を支持せず、戦後復興計画でも主導的立場を拒んでいる。その一方で外国勢力や大企業は、イラク復興需要と石油増産の分け前を巡り熾烈な戦いをスタートした。

イラン

1921年 軍将校レザ・カーンがクーデターを主導し、軍最高司令官となる

1925年 レザ・カーン、国王シャーに即位

1941年 イギリスとソビエト連邦が補給路確保のためイランに侵攻。レザ・シャー退位。息子のモハンマド・レザ・シャー・パーレビが後継即位

1951年 シャーは、国粋主義者で石油国有化を主張するモハンマド・モサデクを首相に任命

1953年 アメリカとイギリスの情報機関の謀議で、モサデク政権打倒される

1978年 政情不安により、亡命中の宗教指導者アヤトラ・ホメイニの影響力が増大

1979年 シャーがイランを離れ、ホメイニが帰国。イラン・イスラム共和国が発足

1979-81年 政府の支持を受けるイラン人学生がアメリカ大使館を占拠、外交官を人質に取る

1980年 対イラク戦争開戦。イランに対する秘密武器援助がアメリカでスキャンダルを引き起こす（イランゲート事件）

1988年 対イラク戦争終結

1989年 アヤトラ・ホメイニが、「悪魔の詩」を著したイギリスの作家サルマン・ラシュディに死刑を宣言。ホメイニ死去、宗教指導者としての後継者にアヤトラ・ハネメイが選ばれる

1997年 改革派のムハンマド・ハタミが大統領に選出される。改革の程度をめぐって社会が分裂

2002年 アメリカ大統領ブッシュは、イランを「悪の枢軸」3カ国のひとつとして名指しする

政治体制　2001年

- 不確実な民主主義
- 立憲君主制
- 君主制
- 独裁制

湾岸地域に駐留する米軍勢力　2001年
主要基地と人員配置数

- 海軍
- 海兵隊
- 空軍
- 陸軍

第6章
アジア

アジアは、いくつかの政治的経済的な小圏に分けることができる。これら小圏の政治体制は、君主制から民主制、共産主義国家にいたるまで大きな違いがある一方で、経済発展や富裕度についても同様な違いが存在し、近年から現在に至るまで平和と戦争とを繰り返している。

アジアの戦争に共通する特徴をあえてあげるとすれば、期間の長さだろうか。なかにははじまってすぐ終わる戦争もあるが、大多数の戦争は10年以上も続いている。結果として、第4章と第5章に示したヨーロッパや中東の地図には、現在進行中の戦争がほとんど記されていないのに対し、本章に示すアジアの地図は進行中の戦争が多く、近年に終結した戦争は少なめだ。

こうした理由のひとつには、ミャンマーやインド、インドネシアなどの政権が自国の紛争を、公式に戦争と認めることに積極的でなかったり、それが困難であるため、相手方との交渉に取り組むことができないという事情があげられる。戦争は、勝利以外には交渉によって終わらせる以外に方法はなく、そのためには相手方との、ある程度の相互承認が不可欠だ。この最低限の相互承認すら、南アジアや東南アジアのリーダーにとっては不可能ということになる。

20世紀の前半を内戦に明け暮れた中国では、1949年に共産党が勝利した。1950年以降、中国が国際的に主張する国境の内側で、最大の紛争が発生した。チベットの武力併合である。そして中国西部の新疆ウイグル自治区で暴力が繰り広げられつつある。対外的には、インド、ベトナムとの戦争も起きており、中国は南シナ海と島々をめぐる領土問題も抱えている。

それでも、世界最大の人口を養うこの国は、1900-50年に比べれば、強力な権威主義政府の指導のもと、平和を維持していると言えるだろう。もっとも、長い歴史観に立てばこうした時代は、内戦の時代と表裏対をなしているのだが。活発な経済と、積極さを増す対外交渉、急速に近代化しつつある軍隊により、中国は世界における立場を確立した。

それでも、この国内的な平和がいつまで続くのかという疑問は残る。過去20年間の経済発展はめざましいものではあるが、それにともなう犠牲も少なくなかった。環境は損なわれ、都市部における災害の多さは特筆すべきものであるし、一攫千金を夢見るにわか資本家たちのありとあらゆる商法とルール無視の横行は見逃せない。「漢族」という一民族が人口の90％を占めてはいるが、中国の国民的一体性は幻想以外の何物でもない。その漢族のなかですら、地域差、文化の差異、言語の違いは大きく、都市住民と農村住民の間には、社会的階級や貧富の大きな溝が立ちはだかっている。

中国の国家制度は巨大で効率的、ときには恐るべき冷酷さを発揮する。だが、長年にわたって抑圧され続けてきた数々の問題や緊張は、旧ソ連の一部地域のような形では爆発していない。これが起きたときの結果は、中国にとってもその近隣諸国にとっても、想像すらできない。

1899-1902年 フィリピン：対米反乱
1900 中国（清国）：義和団の乱
1900年 ロシアが満州に侵攻
1904年 日露戦争
1911-12年 チベット独立戦争
1911年 中国で辛亥革命
1913-18年 中国内戦
1918年 チベット戦争
1918-20年 ロシア内戦
1919年 イギリス：第三次アフガン戦争
1924-25年 アフガニスタンで反乱
1926-30年 中国内戦
1928年 中国甘粛省で反乱
1928-29年 アフガニスタンで反乱
1929年 中ソ戦争
1931-33年 満州国建国戦争：日本対中国
1931-34年 ソビエト・トルキスタン戦争
1930-35年 中国共産党蜂起と国共内戦
1937-41年 日中戦争
1938年 張鼓峰事件：ソ満国境をめぐる日本とソビエトの軍事衝突
1939年 ノモンハン事件：満蒙国境をめぐるソ連邦軍と日本軍の衝突
1940-41年 ラオス（仏領インドシナ）で戦争：タイ対フランス
1941-45年 第二次世界大戦：日本対米英華仏ソ（ソビエトは1945年に参戦）
1945-54年 インドシナ戦争：フランス対ベトナム独立派（ベトミン軍）
1945-46年 インドネシア対オランダ独立戦争（イギリスがオランダ支援）
1945-89年 タイ：散発的小規模紛争
1946-50年 第二次国共内戦
1947年 中華民国：台湾で民衆蜂起
1947-48年 インド：分離戦争
1947-49年 第一次カシミール戦争：インド対パキスタン

1948年 インド：ハイデラバードで民衆蜂起
1948-94年 ミャンマー：カチン族反乱
1948年- ミャンマー：シャン族反乱
1950-59年 イギリスからの独立を目指すマレー族反乱
1949年- ミャンマー：カレン族反乱
1950年 インドネシア：マルク諸島で反乱
1950-51年 第二次チベット戦争
1950-52年 フィリピン：共産ゲリラ反乱（フクバラハップ）
1950-53年 朝鮮戦争：北鮮・中国連軍対韓国・米国・国連軍
1953年 インドネシア：アチェ州蜂起
1956-69年 中国：チベット蜂起
1956-60年 インドネシア：スマトラとスラウェシ（セレベス）で反乱
1960-62年 ラオス：共産主義者反乱
1960-75年 ベトナム戦争：南ベトナム共産勢力と北ベトナム連合軍対南ベトナム政府軍とアメリカ連合軍（オーストラリアとニュージーランドが支援）
1962年 北西カシミール地方で中印国境紛争
1963-73年 ラオス：内戦
1963年- インドネシア：西パプア（イリアン）で反乱
1965年 第二次カシミール戦争：インド対パキスタン
1967-68年 中国：文化大革命
1969年- インド：西ベンガルでナクサライト極左勢力のゲリラ闘争
1969年- フィリピン：共産主義ゲリラ反乱、内戦
1970-98年 カンボジア：内戦
1971年 パキスタン：バングラデシュ分離戦争（インドが独立を支援）
1971年 スリランカ：国民党蜂起

2002年 アジアの紛争地

- ★ 紛争地域
- ★ 1990年以降の紛争地域
- ★ 1990年以降の緊張地域

朝鮮民主主義人民共和国
2002年10月
核兵器開発計画の進行が確認された。

2003年4月
朝鮮は核兵器材料と部品の保有を公式に表明した。

1973-77年 パキスタン：バルチスタン内戦	ドで反乱	1985-87年 中国・ベトナム国境紛争	1991年- インド：マニプールで反乱	1994年- フィリピン：ミンダナオ島で反乱
1973-97年 バングラデシュ：チッタゴン丘陵で反乱	1978年- アフガニスタン：内戦（1979-89年はソビエトが軍事介入、2001年以降はアメリカ主導多国籍軍が介入）	1987年- インド：アッサム地方で反乱	1992-94年 ミャンマー：アラカン族の反乱	1996年- パキスタン：パンジャブ地方で武力闘争
1974年 フィリピン：ミンダナオ島で反乱	1979年 中国・ベトナム戦争	1988-97年 パプアニューギニア：ブーゲンビル島反乱	1992-98年 タジキスタン：内戦	1997年- ネパール：内戦
1975-99年 東ティモール：対インドネシア独立戦争	1981-93年 インド：パンジャブ蜂起	1989年- インドネシア：アチェ州分離闘争	1992年- ミャンマー：カヤ族の反乱	1999年- インドネシア：マルク諸島で分離派の暴動
1975-79年 ベトナム戦争がカンボジア国内に飛び火	1982年- インド-パキスタン：カシミール国境紛争	1990年- インド：カシミール乱	1992年- パキスタン：シンド地方分離派暴動	1999年- ウズベキスタン：内戦
1975-90年 ラオス：内戦	1983-90年 スリランカ：タミール過激派反乱と内戦化	1991-92年 ミャンマー：民主化闘争	1993年- インド：トリプラ州で反乱	
1978-97年 インド：ナガラン				

28 中央アジア

中央アジア5カ国の人口は、100以上の国籍と民族グループから成り立っている。これら民族を隔てる境界は、ソビエト連邦成立まもない時期にモスクワが定めたものである。それぞれの共和国は、一民族の名前を与えられているが、実際の国境線は主要民族が住む地域の境界線とはまったく無関係だ。だが、1991年のソ連解体後も、これよりもましな案がないという理由で、旧来の共和国境界はそのまま存続している。

ソ連解体以前、中央アジアでは独立への圧力はなかった。政治エリート層は、備えができておらず、制度としても文化としてもデモクラシーの経験はなかった。

独立以来、民主的政府への進展は遅く、経済発展もはっきりしない。カザフスタンは、豊富な石油資源に恵まれてはいるが、埋蔵量で世界合計の1%以下、年間産出量でちょうど1%に過ぎず、注意深く石油を使わなければ、経済発展は難しいだろう。

タジキスタンは、独立とほぼ同時に大きな戦争に突入した。政府に戦いを挑んでいるのは、イスラム教を名乗ったり民主勢力を名乗ったりの雑多な連合だが、ほとんどのアナリストは、この戦争に明確なイデオロギー的、民族的、宗教的な区分を見出していない。この戦いは異なる地方のリーダーが、天然資源の支配権を争っているだけのようだ。タジキスタンの不安定は、隣接するアフガニスタンの不安定化をも招き、反対にアフガニスタンの情勢の影響を受けて悪化している。タジキスタン東部の広い地域は、現在も実質的な無法状態になっている。

ウズベキスタンでは、境界線は比較的明確で、イスラム教政治運動への強権姿勢が原因となって、1999年以降武力紛争が発生した。ウズベキスタン・イスラム教運動（IMU）は、アフガニスタンとタジキスタン領内に拠点をおき、実際の戦闘のほとんどはキルギス領内で行われている。

キルギス、タジキスタン、ウズベキスタン各国の政府は、2001-02年のアフガニスタン空爆時にアメリカと連合国の空軍に基地を提供した見返りとして、西側から好意的に扱われることを期待している。これが国内の安定につながり、アフガニスタンでアメリカが最終的に勝利すれば、IMUにも決定的な打撃となるという期待感だ。だが、長期的な安定に必要なのは、継続可能な発展と民主主義であり、外国軍隊ではない。仮に外国軍隊が将来も駐留を続けたなら、IMUの攻撃や野心的な敵対勢力による指導者による過激なレトリックの格好のターゲットになるだけだろう。

フェルガナ峡谷は、これら3カ国すべてと多民族500万人の領域として、過去10年間不安材料となってきた。1989年と1990年の民族間の武力衝突は、より悪い事態の前ぶれと思われたが、独立から10年間は懸念された大爆発はおこらなかった。貴重な天然資源である水源の不足が、紛争の引き金になる可能性が指摘されており、3カ国間の水資源の協調関係改善が和平構築努力のひとつとなっている。

中央アジア5カ国と隣接し、戦略政治と切り離せないのが、新疆ウイグル自治区であり、西側の目にはほとんど触れないままウイグル族住民が文化的生き残りを賭けた戦いを続けている。漢族（中国の多数派民族）の移住によって、ウイグル自治区の人口比率に占める同族の割合は50年間で7倍に急増した。

いくつか存在する武装グループは、アイデンティティ確保のための戦いから、中国からの独立を求める暴力的な運動へと転じていった。アフガニスタンのアルカイダ兵士のなかにも、パキスタンの宗教学校にも、ウイグル族の存在が確認されているが、新疆ウイグル自治区内に大規模なイスラム武装勢力が発生しているという確かな証拠はなく、アルカイダやIMUが中国内で活動しているという証拠もない。

アメリカが世界規模のテロとの戦いを宣言するより前から、中国はイスラム過激派との局地戦争を宣言していた。中国、カザフスタン、キルギス、ロシア、タジキスタン、ウズベキスタンなど上海協力機構加盟国は、キルギスの首都ビシュケクに対テロリスト調整センターを設置した。

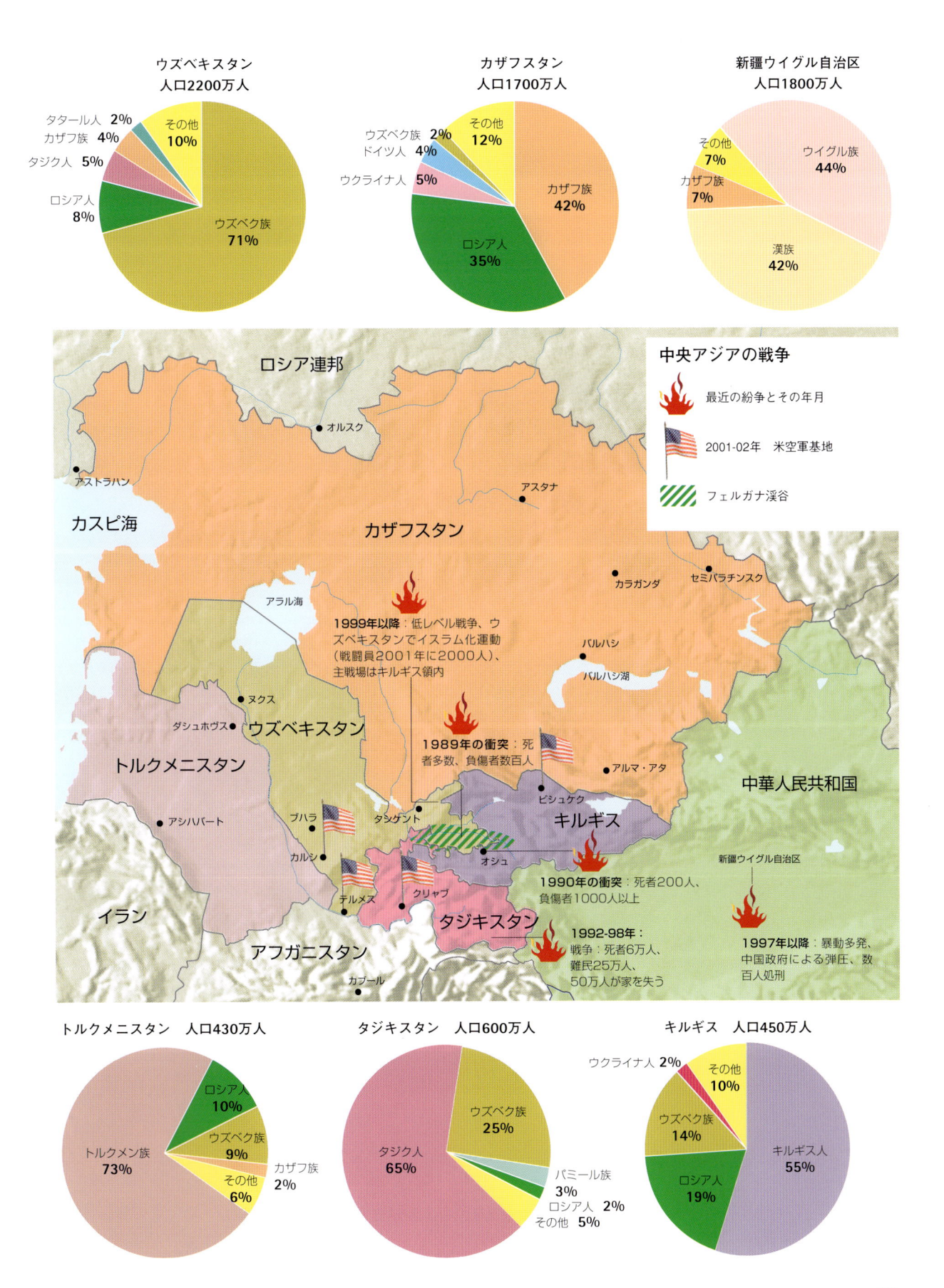

ウズベキスタン 人口2200万人

- ウズベク族 71%
- ロシア人 8%
- タジク人 5%
- カザフ族 4%
- タタール人 2%
- その他 10%

カザフスタン 人口1700万人

- カザフ族 42%
- ロシア人 35%
- ウクライナ人 5%
- ドイツ人 4%
- ウズベク族 2%
- その他 12%

新疆ウイグル自治区 人口1800万人

- ウイグル族 44%
- 漢族 42%
- カザフ族 7%
- その他 7%

中央アジアの戦争

- 🔥 最近の紛争とその年月
- 🇺🇸 2001-02年 米空軍基地
- ▨ フェルガナ渓谷

地名: ロシア連邦、オルスク、アストラハン、カスピ海、アスタナ、カザフスタン、アラル海、カラガンダ、セミパラチンスク、バルハシ、バルハシ湖、ヌクス、ダシュホヴズ、ウズベキスタン、トルクメニスタン、アシハバート、ブハラ、タシケント、ビシュケク、アルマ・アタ、中華人民共和国、カルシ、オシュ、キルギス、テルメズ、クリャブ、新疆ウイグル自治区、イラン、タジキスタン、アフガニスタン、カブール

紛争注記:
- 1999年以降：低レベル戦争、ウズベキスタンでイスラム化運動（戦闘員2001年に2000人）、主戦場はキルギス領内
- 1989年の衝突：死者多数、負傷者数百人
- 1990年の衝突：死者200人、負傷者1000人以上
- 1992-98年：戦争、死者6万人、難民25万人、50万人が家を失う
- 1997年以降：暴動多発、中国政府による弾圧、数百人処刑

トルクメニスタン 人口430万人

- トルクメン族 73%
- ロシア人 10%
- ウズベク族 9%
- カザフ族 2%
- その他 6%

タジキスタン 人口600万人

- タジク人 65%
- ウズベク族 25%
- パミール族 3%
- ロシア人 2%
- その他 5%

キルギス 人口450万人

- キルギス人 55%
- ロシア人 19%
- ウズベク族 14%
- ウクライナ人 2%
- その他 10%

29 アフガニスタン

1973年 ザヒール・シャー王制は、その従兄弟のモハンマド・ダオウドによって打倒される。アフガニスタンは以後共和制を自称

1978年 ダオウド大統領は、共産勢力のクーデターで退陣

1979年 共産主義政府の大統領タラキは退陣を迫られ、側近のハフィズラー・アミンによって殺される。3カ月後(12月)にはソビエト軍が侵攻しアミンもまた殺される。次の大統領にはバルブラク・カルマルが就任

1986年 モスクワは、カルマル大統領を権力の座から降ろし、代わりにナジブラ将軍を据えた

1989年 ソビエト連邦撤退

1992年 ムジャヘディン勢力がカブールを奪取。ブルハヌディン・ラバニが大統領となる。ナジブラは国連の保護下カブールにとどまり、対立するムジャヘディン勢力同士の戦闘が発生

1994年 主にイスラム神学生で構成されるムラー・モハンマド・オマルが率いる新勢力「タリバン」がカンダハルを占領

1996年 ムラー・オマルは、モスレム聖職者1000人の支持を集めて信仰指導者に選ばれる。スーダンから追放されたオサマ・ビン・ラディンとアルカイダ本部がアフガニスタンに移動。タリバンがカブールを占領、ナジブラを退陣させて絞首刑にする

1998年 ケニアとタンザニアの大使館爆破の報復として、アメリカがアフガニスタン国内のアルカイダ・キャンプを攻撃

2001年9月: 反タリバンの北部同盟リーダー、アーマド・シャー・マスードが暗殺される。ニューヨーク、ワールド・トレード・センターとアメリカ国防総省が攻撃される

10月: アメリカと連合国による攻撃がはじまる

11月: 反タリバン勢力がカブール奪取

11-12月: 対立軍閥各派が、ハミド・カルザイを新大統領として承認

ダオウド大統領体制を打倒した1978年の軍事クーデターによって、アフガニスタンは全面戦争へと突入した。軍事介入を決断したソ連の指導者たちは、ごく短期間の戦闘で旧体制と対立する共産主義勢力のなかから新しいリーダーを権力の座にすえて、アフガニスタンを安定させることができると考えていた。ところが、結果的にこれは大誤算であり、ソ連解体のひとつの原因になってしまったのだ。

1989年にソ連は150万人の死者と600万人の難民を残してこの国から撤退し、戦争はさらに激しくなった。親ソビエト政権は3年間存続した後に打倒され、ムジャヘディンがカブールを制圧して新政府を樹立したが、ムジャヘディンを構成したグループ同士の戦争がすぐにはじまった。1994年のカンダハルの奪取で勢力を伸ばしたタリバンが2年後には首都を手に入れ、2001年の中頃には国土の大部分を支配した。タリバンの最大のライバルである北部同盟のリーダー、アーマド・シャー・マスードがこの年の9月に暗殺された事件は、タリバン勝利を象徴する事件だった。ソ連が撤退してからの12年間の戦死者は、少なくとも50万人と見積もられている。

タリバンの治世は、女性への極度の抑圧、犯罪者の公開処刑や手足の切断、恣意的判断の処罰、タリバン指導者ムラー・オマルの教えに少しでも背く者への弾圧などを特徴としていた。アフガニスタン独特の偏った宗教解釈による行為は、多くのムスリムからも非難されていた。

2001年9月11日のアメリカ同時多発テロは、オサマ・ビン・ラディンとアルカイダ・ネットワークとただちに関連づけられ、これがアフガニスタンの戦争を第3段階へと押し出した。その結果、タリバン政権は追放されたが、数々の問題点や多数の軍閥勢力は手付かずのまま残されている。

アフガニスタンは、民族的な分断国家だ。タリバンはパシュトゥーン人が多数を占め、敵対勢力は主にタジク人とハザラ人である。政治の特徴として、個々の民族への忠誠心の一方で、代価さえ与えられれば、簡単に売り渡してしまう精神性の、複雑な絡み合いが挙げられる。

アフガニスタンは、世界有数の麻薬生産国だ。全世界のアヘン生産量に占める割合は、1988年の40%から、1999年のピーク時には80%にまで増大した。2000年には、タリバン政権が強権で新たなケシ栽培を禁止した結果、急減を示した。西側の支持を受けるハミド・カルザイ大統領は、2002年にアヘン生産と取引を全面禁止したが、ムラー・オマルの禁令に比べると効力は頼りない。2002年の生産量は1990年代中期と同程度、世界総生産量の半分程度になると見られている。

カルザイ大統領の権力に限界が見られる原因は、アメリカが対タリバン戦争で地方軍閥の力を借りた点にある。アフガニスタンで実権を握っているのは軍閥各派で、領地を中世の王国のように統治している彼らのなかには、アヘンの収入に頼っている者もいる。

「軍閥」という言葉は安易に使われてきたが、アフガニスタンでは字義通りの意味を持っている。現在ハザラ人の軍事指導者であるイスマイル・カーンは、1979年に反ソビエト支配の反乱を指揮した。北部同盟のリーダーで、暗殺されたアーマド・シャー・マスードは、1975年にダオウド大統領体制下で未遂に終わったイスラム蜂起の首謀者のひとりだ。当時マスードと歩調を合わせ、後にライバルとなるグルブディン・ヘクマチアルの砲兵勢力は、1993年から95年までカブール市を恐怖の底に沈めた。タリバン追放の戦闘で勝利を得たラシド・ドスタムは、1989年に反ムジャヘディン勢力を率いていたが、1992年に断末魔の共産主義政府から寝返った。そしてムラー・オマルとオサマ・ビン・ラディンは、2001年12月のアメリカの攻勢から逃げ延びたと言われ、2002年の時点でもその勢力は有力だ。

ここに名前をあげた面々は、アフガニスタン軍閥の筆頭格であり、これよりも下位の勢力も含めて、同国(特にカブール以外)の実権を握っているのが彼らだ。彼らが知っている、欲しいものを確実に手に入れる方法はただひとつ。彼らの権力が温存される限り、アフガニスタンとそこに生きる民衆は、永遠に全面戦争のリスクにさらされ続けるだろう。

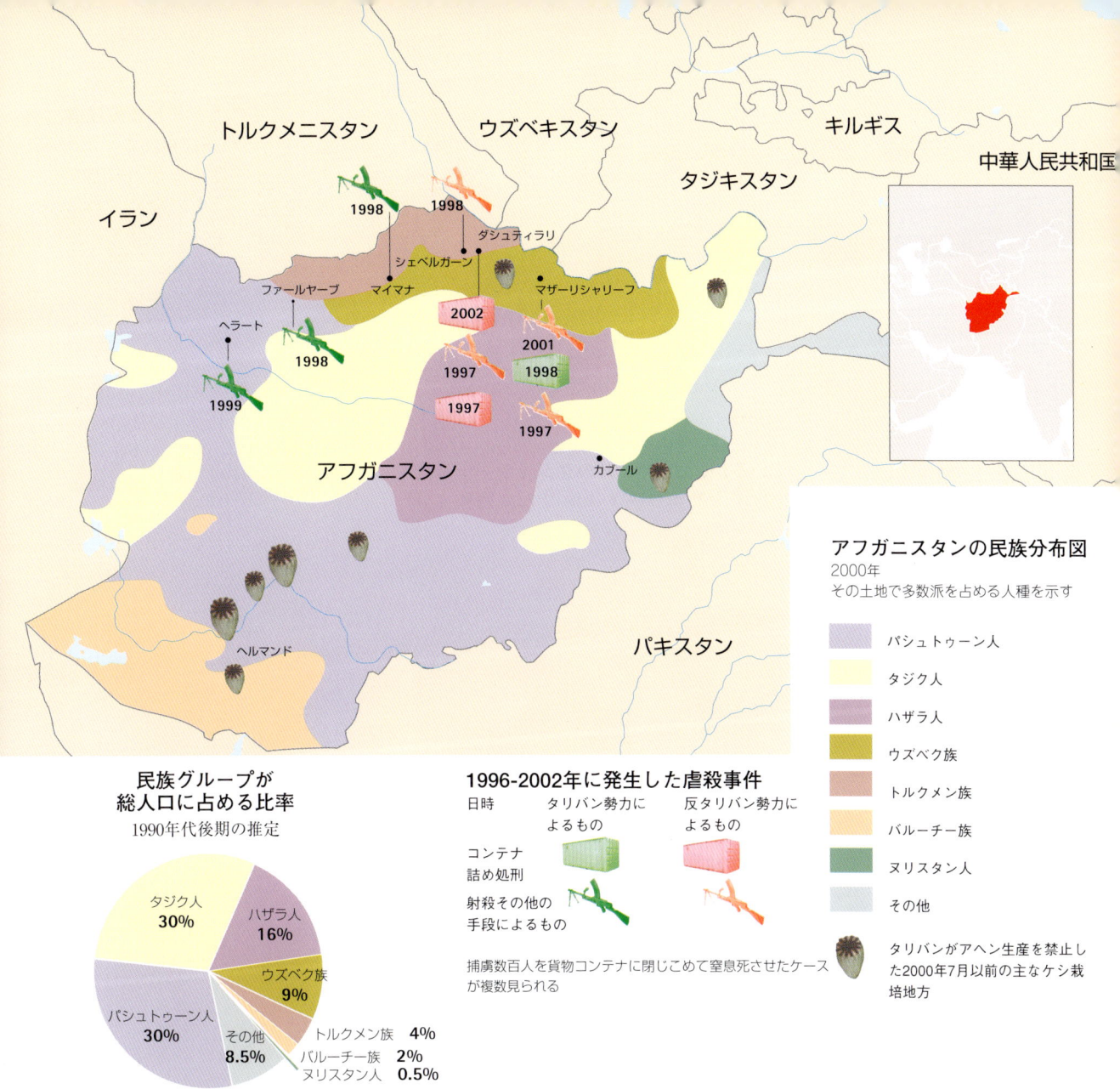

アフガニスタンの民族分布図
2000年
その土地で多数派を占める人種を示す

- パシュトゥーン人
- タジク人
- ハザラ人
- ウズベク族
- トルクメン族
- バルーチー族
- ヌリスタン人
- その他

タリバンがアヘン生産を禁止した2000年7月以前の主なケシ栽培地方

周辺国: イラン、トルクメニスタン、ウズベキスタン、タジキスタン、キルギス、中華人民共和国、パキスタン

地図内地名: ヘラート、ファールヤーブ、マイマナ、シェベルガーン、ダシュティラリ、マザーリシャリーフ、カブール、ヘルマンド

1996-2002年に発生した虐殺事件
日時
- タリバン勢力によるもの
- 反タリバン勢力によるもの

コンテナ詰め処刑
射殺その他の手段によるもの

捕虜数百人を貨物コンテナに閉じこめて窒息死させたケースが複数見られる

虐殺事件年: 1998, 1998, 1998, 1999, 1997, 1997, 1997, 2002, 2001, 1998

民族グループが総人口に占める比率
1990年代後期の推定

- パシュトゥーン人 30%
- タジク人 30%
- ハザラ人 16%
- ウズベク族 9%
- その他 8.5%
- トルクメン族 4%
- バルーチー族 2%
- ヌリスタン人 0.5%

世界のアヘン生産量
1988-2000年　単位　トン

年	アフガニスタン	ミャンマー	その他	合計
1988	1,120	1,125	549	2,794
1989	1,200	1,544	651	3,395
1990	1,570	1,621	569	3,760
1991	1,980	1,728	566	4,274
1992	1,970	1,660	513	4,143
1993	2,330	1,791	489	4,610
1994	3,416	1,583	621	5,620
1995	2,335	1,664	453	4,452
1996	2,248	1,760	347	4,355
1997	2,804	1,676	343	4,823
1998	2,693	1,303	350	4,346
1999	4,565	895	304	5,764
2000	3,276	1,087	328	4,691

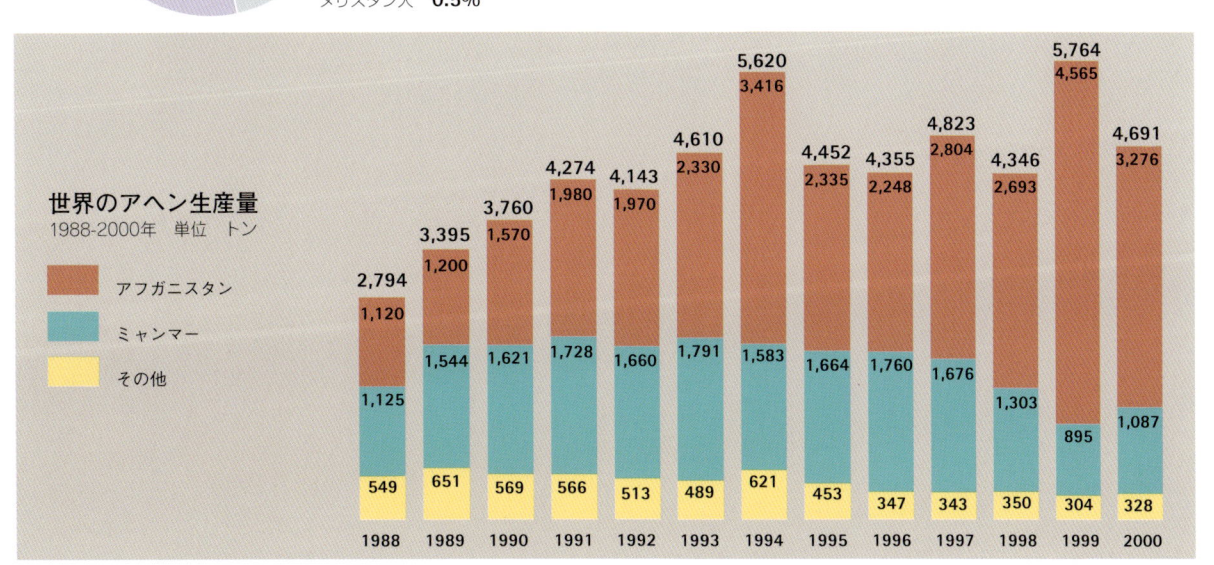

30 南アジア

カシミールは世界で最も危険に満ちた地域だ。ここでは、核兵器を含む強力な軍隊を持つ2つの国、ひとつは軍事独裁政権が統治する国家と、もうひとつは数多くの国内争乱を抱えた国家とが、どちらも認めていない暫定境界線をはさんで向かい合い、これまでに2度の大きな戦争を経て、最近20年間は散発的な軍事衝突をくり返している。

パキスタンはムスリムの国家として建国されたが、インドの独立指導者たちは、人種と宗教の両面での二者共存国家を願っていた。スタートラインから認識を異にする2つの国家は、宗教戦争の崖っぷちへと追いつめられた。

1947年に2つの国家が独立すると、両国は互いの完全な分離を目指して、大量の人口を相互に追放し、この過程で100万人を超す人々が命を落としている。デオバンディと呼ばれるイスラム神学校も、多数がこの時期にインドからパキスタンへと移っている。1990年代になり、これら

1958-1962年
1969-1972年
1977-1988年
1999-
軍事独裁時代

2001-02年 パキスタン国内では、イスラム過激派のなかの急進グループが、キリスト教徒襲撃を繰り返し、合計60人を殺害した。犯行グループは、アメリカのブッシュ大統領が発言した「対テロ十字軍」という言葉を虐殺正当化の理由としていた

2002年6月 外国人に対するテロ攻撃

2002年 ヒンドゥーとイスラムの対立にともなう暴力で、1,000人以上が殺害された

学校 2002
病院 2002
教会 2002
教会 2002
教会 2001

1981-93 パンジャブ

1992年以降 イスラム教スンニ派民兵によるイスラム教シーア派やスンニ派穏健グループに対する襲撃が続く

2001年12月 カシミール人武装グループがインド国会を襲撃

2002年 インド軍は、約3000kmの国境に沿って、最大幅5kmの対人地雷原を敷設した

1969年以降 アンドラプラデーシュ

インドとパキスタン

🟨	中国とパキスタンの間で係争中
🟧	中国とインドの間で係争中
🟥	インドとパキスタンの間で係争中
🔥	2001年9月11日以降、パキスタンで発生したキリスト教徒襲撃事件
⚔	インド国内の内乱
⬢	対人地雷原

インドとパキスタンの間の戦争

カシミール 1948年
カシミール 1965年
バングラデシュ 1971年
カシミール 1982年以降 散発的に継続

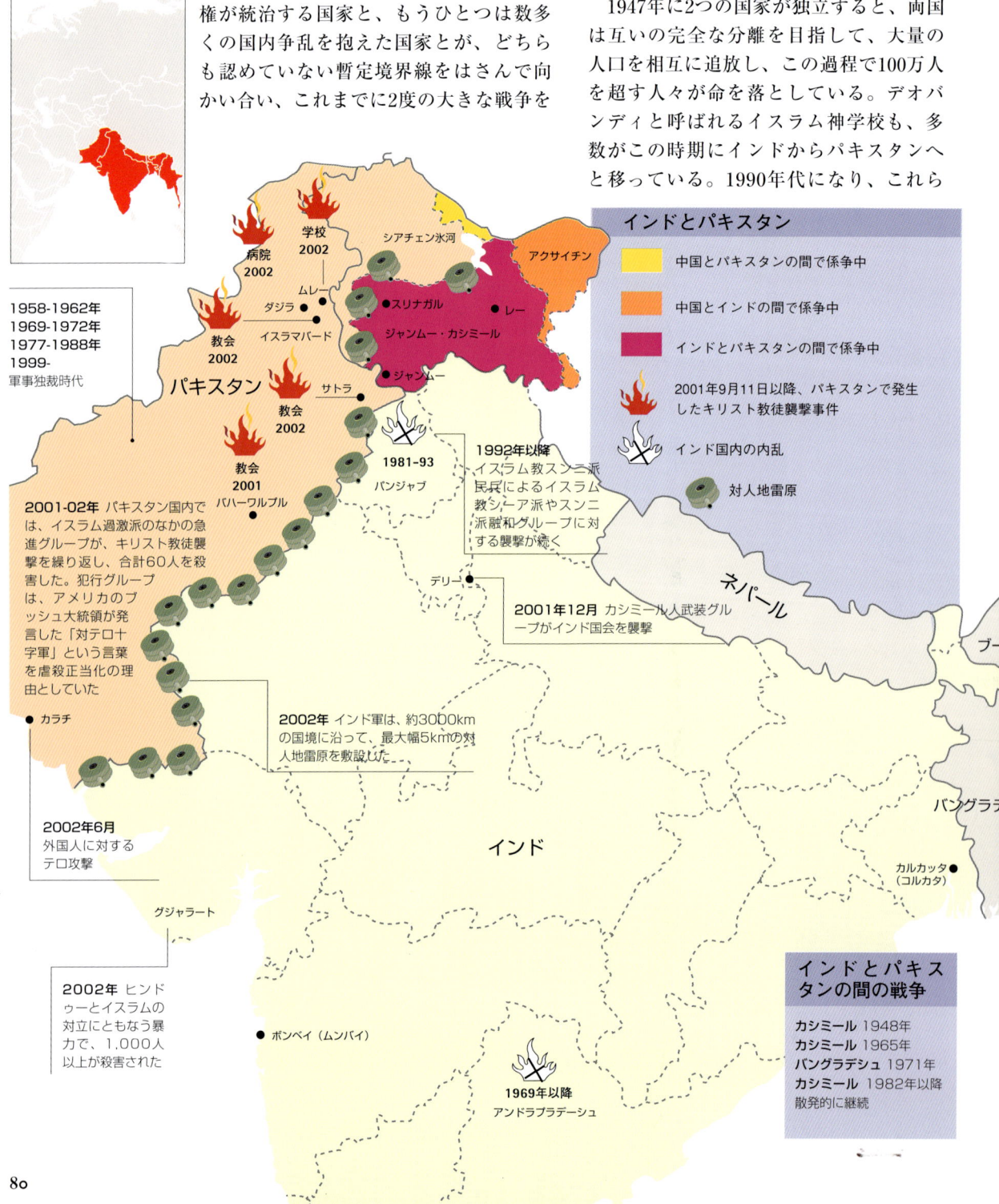

神学校はアフガニスタンのタリバンに兵士を送り込み、アフガニスタンでの戦闘を経験した者の一部は再びパキスタンに戻り、分離主義の暴力に手を染めるようになった。

インド世論を形成する多数派のヒンドゥー教徒は、パキスタンがカシミールで行う挑発を脅威と受け取り、同国が反インド暴動を支援したり、1994年以来タリバンに対し資金および実質的支援を行ってきたことに憤慨しがちである。インド国内には1億人を超すムスリムが暮らしているが、2002年2月のグジャラート暴動では、少数派であるムスリムの弱い立場を改めて浮き彫りにした。

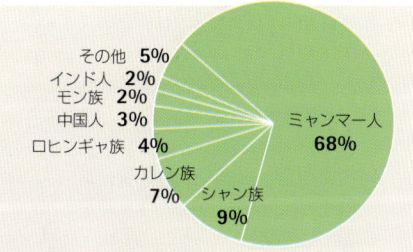

ミャンマー：永続戦争の状況

ミャンマーの軍事独裁政府は好んで嘘をつく。1988年にクーデターで権力を握った後の自称すら国家法秩序回復評議会（SLORC）であり、1997年にはこれを国家平和発展評議会（SPDC）に改めている。だが、現実にはこの国は常時戦争状態にあり、貧困が蔓延し、経済発展はごく一部の人口をうるおすだけである。ミャンマーの国境線内側には、100万人を超す難民が、隣接する国の領内には約4万人の難民が暮らしている。子ども兵士の数は約5万人、政治犯は1,800人、何百万人もの男女子どもが強制的に働かされている。

1990年、国民民主連盟（NLD）は総選挙で得票率82％を獲得して勝利した。しかし、NLDのリーダー、アウン・サン・スー・チーは軟禁された。2002年、スー・チーの軟禁がはじまってから2度目の釈放が行われ、軍政当局は対話に関心を示すようになってはいる。

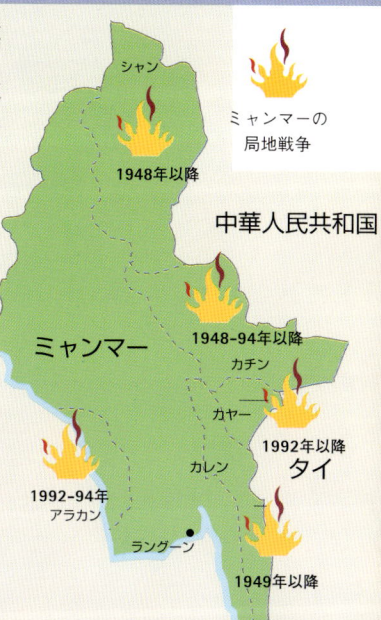

ミャンマーの民族グループ

- ミャンマー人 68%
- シャン族 9%
- カレン族 7%
- ロヒンギャ族 4%
- 中国人 3%
- モン族 2%
- インド人 2%
- その他 5%

正確な人口調査データが存在しないため、ミャンマーの民族構成を示す信頼に足りる地図を作製することは難しい。図は、一般的に推定されている大まかな人口構成比である。

ネパール：1996年以来内戦状態

1996-2002年の戦争による死者：約4,000人

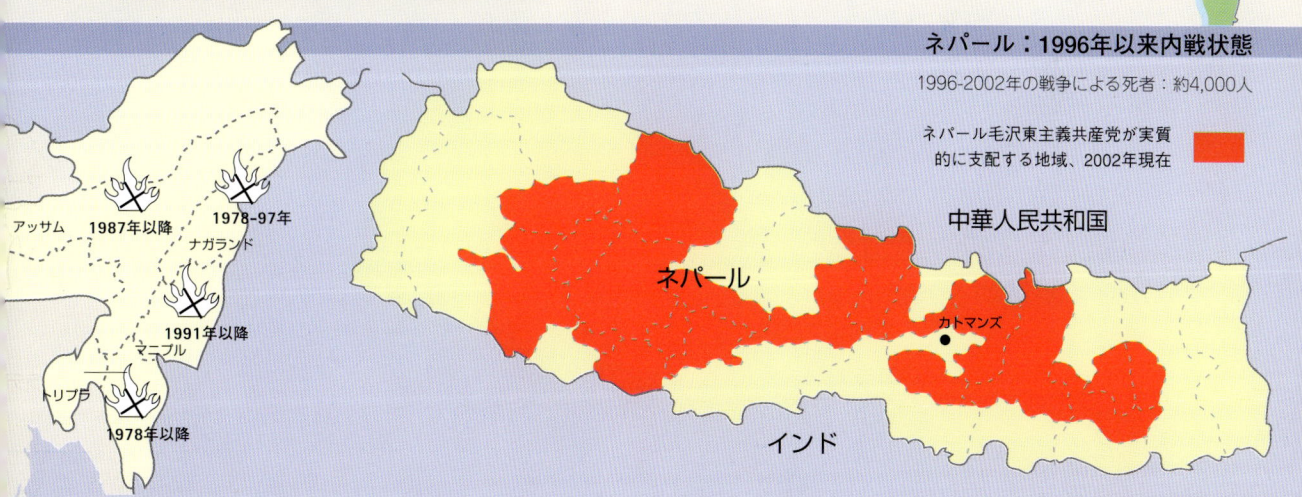

ネパール毛沢東主義共産党が実質的に支配する地域、2002年現在

ネパール王国における限定的な民主化実験は、1990年にスタートした。だが、民主化は経済の生産性向上にも、平等な富の配分にも結びつかなかった。世界の最貧国のひとつであるネパールでは、新たな政治階級が限られた国富をかすめ取っただけのことで、結局貧困層はさらに困窮するようになった。2002年には、国民の43％が貧困ラインを下回る生活を強いられており、国家収入の60％は、国外からの援助に頼っている。毛沢東主義派主導の反乱は、1996年にはじまった。最初の5年間に約2,000人が死亡、その多くはゲリラ攻撃や主に辺境地での反乱派と警察の衝突によるものだった。2001年6月、皇太子が何人もの王族を殺害する事件が起きたが、どうやら泥酔による喧嘩が発端と考えられ、国家の政治や経済、治安などの問題とは無関係だったと見られている。新たに即位した国王は、軍隊を戦争に投入した結果、次の年には戦争が国土の80％に拡大し、反乱派の実行支配地域も拡がり、5倍のスピードで死者を生むようになった。

31 スリランカ

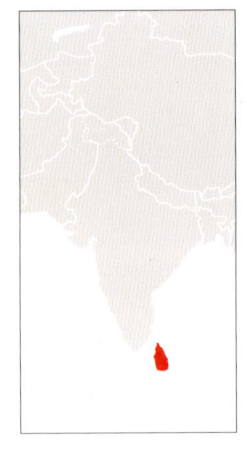

イギリスの統治時代、セイロンと呼ばれた植民地の少数派タミール人は、人口比より多くの割合で政府ポストを与えられていた。同様に経済面でも、タミール人商人の数は突出していた。1948年の独立からまもなく、こうした民族的な優遇策に対する反動がスリランカ政治を左右する重要なファクターとなった。

1956年の選挙では、シンハラ人の主要政党2つが、シンハラ語を唯一の公用語とすることを公約した。勝利党の政策基盤は、「シンハラ唯一主義」だった。他方、タミール人側の第一党の政策基盤は、タミール語圏の分離独立と、スリランカの連邦制移行だった。1958年には、「タミール人がシンハラ人を殺した」という流言に続いて村落同士の暴動が発生し、タミール人を主に数百人の死者が出た。1960年代前半には、「シンハラ唯一政策」が実施に移される過程で、さらに重大な村落間紛争が発生した。

1977年の選挙までに、タミール人第一党は独立を要求するようになり、タミール・イーラム解放のトラ（LTTE）は、ジャフナ市長の暗殺を皮切りに暴力闘争を開始した。この選挙の直後から、「タミール・テロリストがシンハラ人警察官を殺害した」という噂が流れて、村落間暴動が起こり300人が死亡した。1983年の暴動では、選挙人名簿からタミール人の名前と住所を事前に調べ上げるなど、十分に計画された攻撃によって400人が殺されている。1977年から1983年までの6年間に、スリランカは内戦状態に入り、2002年までに6万人の命が失われている。

大規模な自爆テロという戦法をはじめて用いたのも、タミールのトラである。これに対抗して、スリランカ軍は通常の軍事作戦の他に、タミール人領域奥深くに侵入して活動する暗殺部隊戦術を編み出した。

2002年2月、スリランカ政府とタミールのトラは停戦協定に調印した。前回1995年の停戦は4カ月しか守られなかったが、ノルウェー政府が仲介した2002年の停戦合意は、両勢力が従うべきステップや、平穏を保ち信頼を築くための方法、停戦順守を監視する方法などを細かに規定している。だが、この停戦合意が条文面でしっかりと作られていたぶん、浮き彫りにされた疑問もあった。それは、両勢力に苦い戦いを終わらせるために、妥協する意思があるのか否かだ。

ノルウェー政府の仲介は続き、話し合いは停戦の取り決めから最終和解の協議へと移っていった。だが、タイで権力分割の話し合いが行われていた2002年11月に、コロンボの裁判所は欠席裁判で、タミールのトラのリーダー、ヴェルピライ・プラバカランに、1996年に100人近くを殺した爆弾テロを謀議した罪で、200年の禁固刑を言い渡した。自身も1999年にタミールのトラによる自爆テロで重傷を負ったスリランカの女性大統領が、ライバル関係にあるシンハラ政党に属する首相の交渉継続をやめさせようとするのではないかという観測も海外には広がっている。

要人暗殺

タミール・イーラム解放のトラは、多くのテロ犠牲者に加えて、スリランカの大統領を1人、インドの元首相を1人、スリランカ政府閣僚を2人、議員14人、市長、元市長、副市長をあわせて6人、政党リーダー6人、その他のスリランカ主要政治家8人を殺害している。

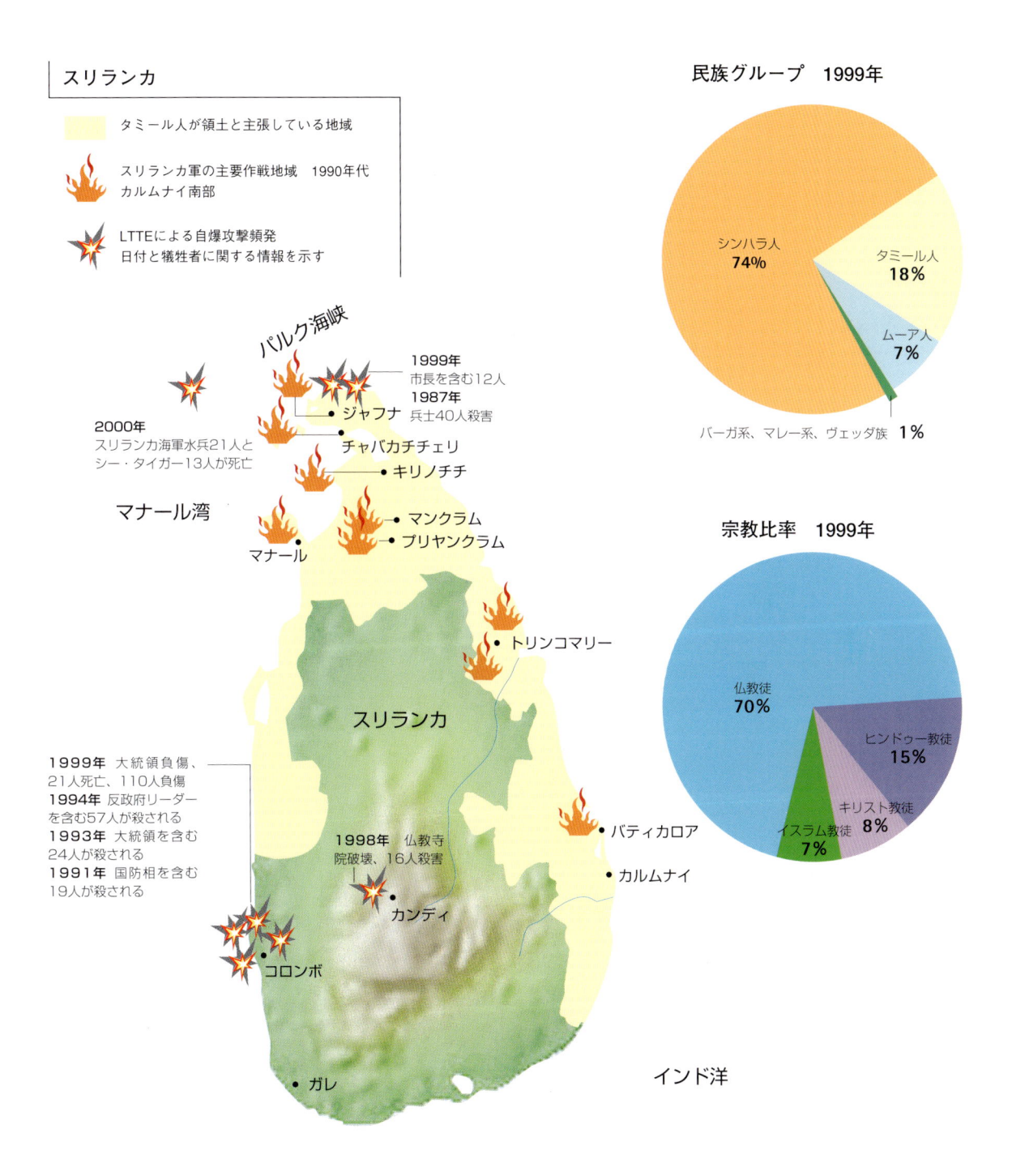

スリランカ

- タミール人が領土と主張している地域
- スリランカ軍の主要作戦地域　1990年代 カルムナイ南部
- LTTEによる自爆攻撃頻発 日付と犠牲者に関する情報を示す

パルク海峡

1999年 市長を含む12人
1987年 兵士40人殺害

2000年 スリランカ海軍水兵21人と シー・タイガー13人が死亡

マナール湾

- ジャフナ
- チャバカチチェリ
- キリノチチ
- マンクラム
- プリヤンクラム
- マナール
- トリンコマリー
- バティカロア
- カルムナイ
- カンディ
- コロンボ
- ガレ

1999年　大統領負傷、21人死亡、110人負傷
1994年　反政府リーダーを含む57人が殺される
1993年　大統領を含む24人が殺される
1991年　国防相を含む19人が殺される

1998年　仏教寺院破壊、16人殺害

インド洋

民族グループ　1999年

- シンハラ人 74%
- タミール人 18%
- ムーア人 7%
- バーガ系、マレー系、ヴェッダ族 1%

宗教比率　1999年

- 仏教徒 70%
- ヒンドゥー教徒 15%
- キリスト教徒 8%
- イスラム教徒 7%

32 東南アジア

東南アジアの戦争は、そのいくつかが時期的にオーバーラップしているものの、いくつかの大きなうねりのように訪れた。第1波の独立戦争は1940年代から1950年代に、インドシナではフランスを相手に、マレーシア（当時はマラヤ）ではイギリス相手に戦争が繰り広げられた。続いて1960年代と1970年代には、ベトナム、カンボジア、インドネシア（1966年に西側寄りのスハルト独裁政権が発足すると、50万人もの共産主義者が虐殺された）、フィリピン（1969年に共産主義反乱が発生）で、アメリカとソビエトそれぞれの同盟同士の世界的な対立の一環となる戦争が起きている。

1970年代にはじまる戦争の第3波では、争いのポイントは天然資源の支配権だったが、戦争当事者は実際のところエスニック・ライン（民族分界線）で分かれていた。

東南アジア最大の人口が集中し、世界最大のイスラム国家でもあるインドネシアでは、独裁政治からの転換が1998年にはじまった。大多数をイスラム教徒が占める一方で（全人口の85%）、日常的に700以上の言語が使われて、民族性にも際立った多様性の存在するインドネシアは、そのサイズと群島国家である特性を考えた場合、分離独立運動が起きるのは必然と言っても過言ではない。多くの犠牲を払った東ティモールでの戦乱は、インドネシア本体で起きた変革に助けられて終止符が打たれたが、他方ではマルク諸島をはじめとする新たな暴力が発生している。国家の変革にともなう混沌から安定を引き出すためには、多くの政治的な賢明さと善意、そして幸運に恵まれる必要がある。

フィリピンの場合、豊富な天然資源に恵まれたミンダナオ島で長年続いてきたイスラム教徒の反乱は、1990年代の末にテロとカウンター・テロの応酬に様相を転換させた。たとえば、拉致と身代金要求を常套手段とするアブ・サヤフ・グループが、アルカイダによって訓練を受けていることはすでに周知の事実である。アフガニスタンのアルカイダ主要拠点が破壊された後、一部のアルカイダ戦士がインドネシアやフィリピンに移動したという報道や噂もある。

カンボジア

カンボジアの戦争は、ベトナム戦争の2本立て映画のようにスタートした。1975年に内戦に勝利した、共産ゲリラ・クメール・ルージュは、この国の民衆に対する戦争に着手した。殺戮と飢餓によって語られるクメール・ルージュ統治は、少なくとも200万人の命を奪った。1978年、ベトナムがクメール・ルージュ政府を打倒したが、ゲリラ戦はその後も長く続いた。1991年の和平協定によって、ようやく戦争終結のプロセスがスタートし、1993年には戦火が続くなか、国連平和維持軍の監視下で選挙が実施された。クメール・ルージュの勢力は徐々に弱体化し、1998年に最後の残党勢力が投降した。

政治体制　2002年現在

- 確立した民主制
- 過渡的/不確実な民主制
- 一党制政治
- 軍事独裁制
- 君主制
- 無秩序

天然資源
- 石油
- 鉱物
- 木材

2002年現在の戦争　日付は発生時

過去の戦争とその時期

台湾

中華人民共和国は、台湾との対決過程でしばしば、激しい言葉による脅しと挑発的な軍事演習をくり返してきた。建前の上では、双方の政府が中国全体の正統政府を自称している。

フィリピン
ルソン島 1969
ミンダナオ島 1974

南沙諸島

膨大な石油資源が眠るこの無人島群の全体に対してであれ一部に対してであれ、ブルネイ、中国、マレーシア、フィリピン、台湾、ベトナムが領有権主張している。

太平洋

フィジー

ジョージ・スペイトなる実業家が、フィジー初のインド系首相マヘンドラ・チャウダリ政権に対しクーデターを試みたのは、2000年のことだった。1999年に選出されたチャウダリが、前政権がスペイトに与えた2つの利権を剥奪したためだ。民主主義が回復したのは2001年である。

フィジー諸島

セレベス海

インドネシア
西パプア 1963
モルッカ諸島 1999

パプアニューギニア
ブーゲンヴィル諸島 1988-97

東ティモール 1975-99

ソロモン諸島

東ティモール

1975年に民主化を達成したポルトガルが、東ティモールの植民地宗主権を放棄するのと同時に、インドネシアが強行統治に乗り出した。その後に続いたテロ戦争では、10万人以上（戦争前の人口は65万人）が殺された。東ティモールの独立を求める国際的圧力は1990年代に入って強まり、同じ時期にインドネシア自体も独裁政体からの転換期を迎えつつあった。インドネシアは住民投票に同意したが、国軍に訓練された民兵が暴力によって独立支持者を恫喝した。そして選挙の結果、独立が多数を獲得すると、民兵組織は数千人を殺害し、数万人を追放した。国連は、選挙によって独立政府が発定する2001年まで、新生国家を統治下においた。東ティモールから西ティモールへ最大8万人が追放されたが、彼らのその後の処遇はわかっていない。

ソロモン諸島

1998年、ガダルカナル島で隣接するマライタ島からの移民追放とともに、武装勢力同士の戦闘が開始された。2000年、マライタ人民兵がクーデターを仕掛け、首相を捕虜として退陣を強要した。この年の後半に武装勢力は和平協定に調印し一応停戦は守られてはいるが、緊張と対立は現在も続いている。

オーストラリア

第7章
アフリカ

　2002年の新たな統計では、2020年までにHIV／AIDSは世界的に拡散し、全世界の死者は6800万人に達し、そのうち5500万人がサハラ以南アフリカで発生するとの見通しが明らかにされた。サハラ以南の推定死亡者数は、第一次と第二次両大戦の民間人軍人を合わせた死者数とほぼ同じである。15-24歳では、女性の感染率は男性の2倍から3倍になる。

　戦乱とHIV／AIDSは相互に影響を与え合う関係である。なぜなら、このウィルスは平和への脅威であると同時に、戦争によって拡散が助長されるからだ。

　戦争は、貧困や飢餓、保健施設や上下水道の破壊、大規模な人口移動など、疫病の広がりを加速する諸条件をつくり出す。性感染症であるHIV／AIDSの伝染加速は、民衆の生活態度の変化、つまり極限状態に生きる人々がリスクを省みなくなったり、大量の人間が難民や兵士となって移動することとも関連している。

　戦乱によって故郷を追われた人々は、しばしば性的暴行を受け、若い女性の場合は売春を強いられたり、現金、食糧、医療を手に入れる唯一の手段としてやむなくこれを受け入れることも考えられる。一部のアフリカの軍隊は、HIV／AIDSの感染率が際立って高く、南アフリカで40％、アンゴラやコンゴ民主共和国で60％、ジンバブエでは75％にも達している。

　こうしたファクターを併せて考えると、一部の戦争で荒廃したアフリカ諸国では、HIV／AIDS感染率の推定は実態とはかけ離れている可能性がある。コンゴ民主共和国、ルワンダ、スーダン、シエラレオネ、リベリアに加えて、シエラレオネとリベリアの紛争に平和維持部隊を派遣したナイジェリアでは、報告されている感染率を大きく上回っている可能性がある。

　HIV／AIDSが平和への脅威となる理由は、多数の人口が感染した場合に国家の生産性が阻害されて、複合的に発展する社会の維持が困難になるからだ。HIV／AIDSによって影響を受けるのは、教育であり、家庭生活であり、就労環境であり、政府行政組織である。こうして疫病は収奪の社会経済パターンを促進し、機能不全の経済は社会不安定、暴力、武力紛争のきっかけを提供する。サハラ以南アフリカにおける一人あたり収入の増加は、HIV／AIDSのために毎年0.7％阻害されている

　HIV／AIDSは、人類にとって最大の悲劇である。しかしこの問題がさらに悲劇的なのは、予防できたにも関わらず、地域の繁栄と安定を損ねるまでに広がり、最終的に国家的災害にまでなってしまったことだ。

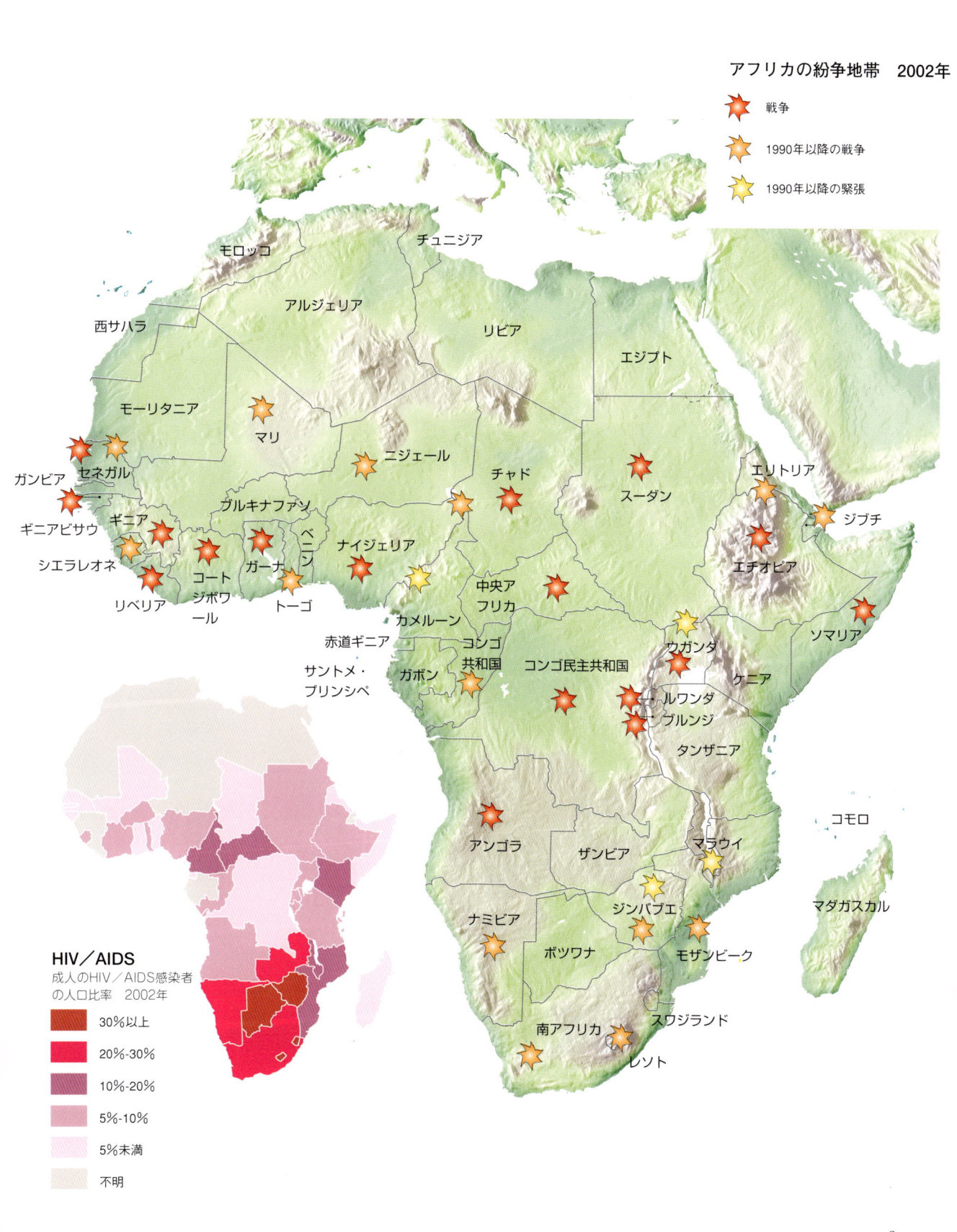

アフリカの紛争地帯　2002年

- ★ 戦争
- ★ 1990年以降の戦争
- ★ 1990年以降の緊張

国名（地図上）：
モロッコ、チュニジア、西サハラ、アルジェリア、リビア、エジプト、モーリタニア、マリ、ニジェール、チャド、スーダン、エリトリア、ジブチ、ガンビア、セネガル、ギニアビサウ、ギニア、ブルキナファソ、ベナン、ナイジェリア、シエラレオネ、コートジボワール、ガーナ、トーゴ、リベリア、カメルーン、中央アフリカ、エチオピア、赤道ギニア、サントメ・プリンシペ、ガボン、コンゴ共和国、コンゴ民主共和国、ウガンダ、ソマリア、ルワンダ、ブルンジ、ケニア、タンザニア、アンゴラ、ザンビア、マラウイ、コモロ、ナミビア、ジンバブエ、モザンビーク、マダガスカル、ボツワナ、南アフリカ、スワジランド、レソト

HIV／AIDS

成人のHIV／AIDS感染者の人口比率　2002年

- 30%以上
- 20%-30%
- 10%-20%
- 5%-10%
- 5%未満
- 不明

33 植民地の歴史と独立運動

19世紀最後の20年間に、ヨーロッパ諸国はアフリカの85%を領有した。その後50年ほどの間に、ヨーロッパ諸国はアフリカで植民地を維持しても、それに見合うだけの利益がないことを悟った。1955年以降の25年間に、ヨーロッパ諸国はアフリカの80%の統治権をアフリカ人の手に戻している。

これほど急激な植民地化と非植民地化のプロセスが続いた例は歴史上他にはない。そして、蔓延する戦争と貧困は、アフリカ大陸の人々がいまだに立ち直れないでいることを示している。

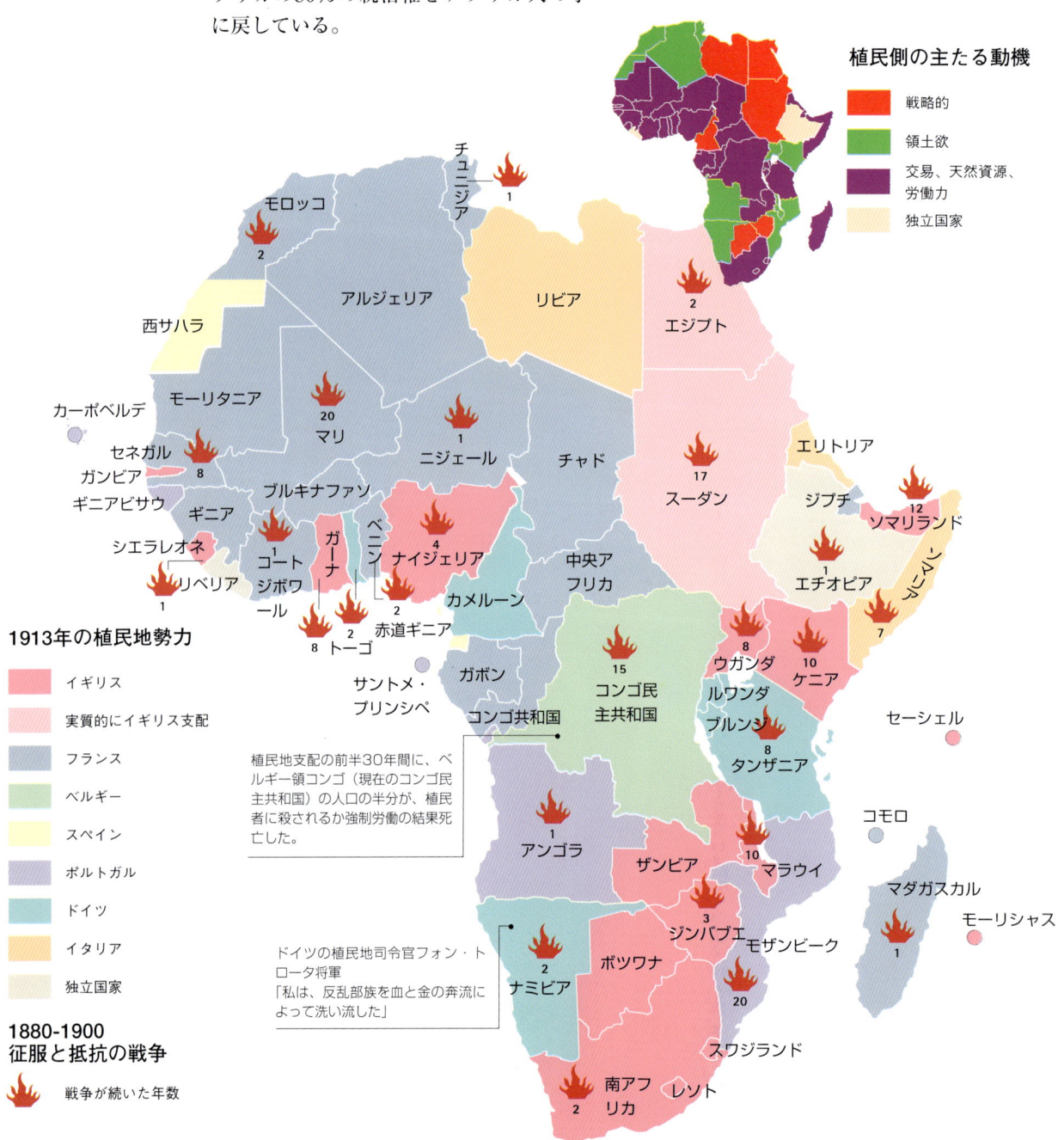

植民側の主たる動機
- 戦略的
- 領土欲
- 交易、天然資源、労働力
- 独立国家

1913年の植民地勢力
- イギリス
- 実質的にイギリス支配
- フランス
- ベルギー
- スペイン
- ポルトガル
- ドイツ
- イタリア
- 独立国家

1880-1900 征服と抵抗の戦争
戦争が続いた年数

植民地支配の前半30年間に、ベルギー領コンゴ（現在のコンゴ民主共和国）の人口の半分が、植民者に殺されるか強制労働の結果死亡した。

ドイツの植民地司令官フォン・トロータ将軍
「私は、反乱部族を血と金の奔流によって洗い流した」

チュニジア 1
モロッコ 2
アルジェリア
リビア
エジプト 2
西サハラ
カーボベルデ
モーリタニア
マリ 20
ニジェール 1
チャド
セネガル 8
ガンビア
ギニアビサウ
ギニア
ブルキナファソ
コートジボワール
ガーナ 2
ベナン
ナイジェリア 4
カメルーン
赤道ギニア
トーゴ 2
サントメ・プリンシペ
ガボン
コンゴ共和国
中央アフリカ
スーダン 17
エリトリア
ジブチ
ソマリランド 12
エチオピア
ソマリア 7
ウガンダ 8
ルワンダ
ブルンジ
ケニア 10
タンザニア 8
コンゴ民主共和国 15
アンゴラ 1
ザンビア
マラウイ 10
セーシェル
コモロ
マダガスカル 1
モーリシャス
ジンバブエ 3
モザンビーク 20
ボツワナ
ナミビア 2
スワジランド
南アフリカ 2
レソト
シエラレオネ
リベリア 1

88

20世紀のアフリカ

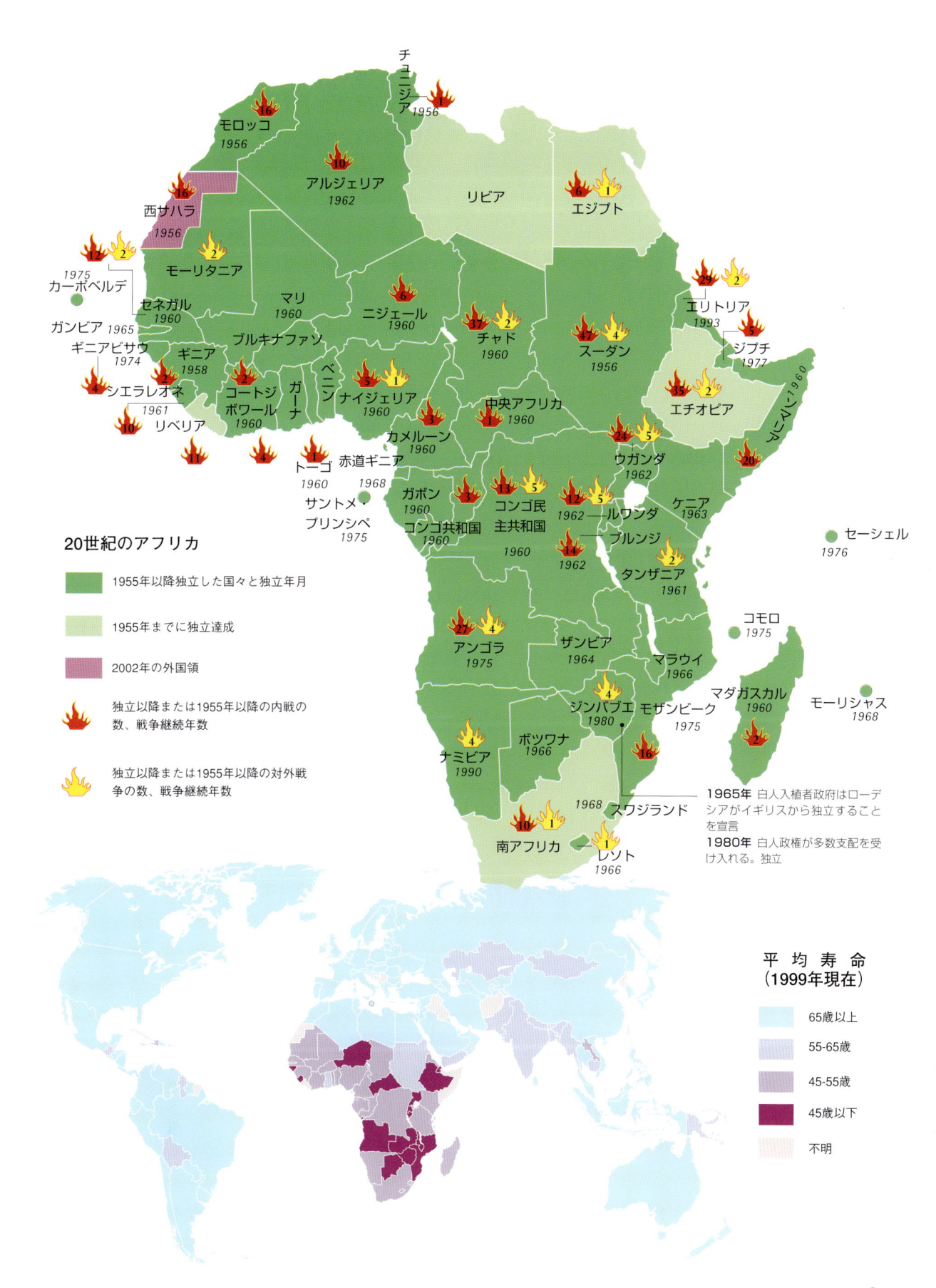

地図上の国名と独立年

- チュニジア 1956
- モロッコ 1956 🔥16
- 西サハラ 1956 🔥16
- アルジェリア 1962 🔥10
- リビア
- エジプト 🔥6 🔥1
- カーボベルデ 1975 🔥12 🔥2
- モーリタニア 🔥2
- セネガル 1960
- マリ 1960
- ニジェール 1960 🔥6
- チャド 1960 🔥37 🔥2
- スーダン 1956 🔥47 🔥4
- エリトリア 1993 🔥29 🔥2
- ガンビア 1965
- ブルキナファソ
- ジブチ 1977 🔥5
- ギニアビサウ 1974
- ギニア 1958
- シエラレオネ 1961 🔥4
- コートジボワール 1960
- ガーナ
- ベニン
- ナイジェリア 1960 🔥5 🔥1
- 中央アフリカ 1960 🔥3
- エチオピア 🔥35 🔥2
- ソマリア 1960 🔥20
- リベリア 🔥10
- トーゴ 1960 🔥1
- 赤道ギニア 1968
- カメルーン 1960
- サントメ・プリンシペ 1975 🔥11
- ガボン 1960
- コンゴ共和国 1960 🔥3
- コンゴ民主共和国 1960 🔥13 🔥5
- ウガンダ 1962 🔥24 🔥5
- ケニア 1963
- ルワンダ 🔥12 🔥5
- ブルンジ 1962 🔥14
- タンザニア 1961
- セーシェル 1976
- アンゴラ 1975 🔥27 🔥4
- ザンビア 1964
- マラウイ 1966
- コモロ 1975
- マダガスカル 1960
- モーリシャス 1968
- ナミビア 1990 🔥4
- ボツワナ 1966
- ジンバブエ 1980 🔥4
- モザンビーク 1975 🔥16
- スワジランド 1968
- 南アフリカ 🔥10 🔥1
- レソト 1966 🔥1

凡例

- 1955年以降独立した国々と独立年月
- 1955年までに独立達成
- 2002年の外国領
- 🔥（赤）独立以降または1955年以降の内戦の数、戦争継続年数
- 🔥（黄）独立以降または1955年以降の対外戦争の数、戦争継続年数

1965年 白人入植者政府はローデシアがイギリスから独立することを宣言

1980年 白人政権が多数支配を受け入れる。独立

平均寿命（1999年現在）

- 65歳以上
- 55-65歳
- 45-55歳
- 45歳以下
- 不明

89

34 西アフリカ

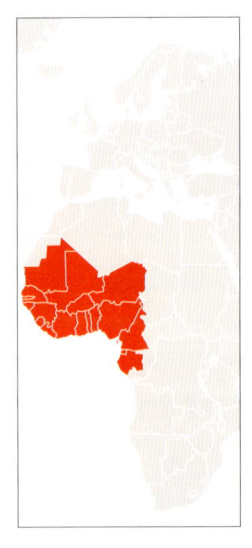

　西アフリカはいまだ植民地支配から立ち直っていない。天然資源は豊富だが、この地域で国民の大多数にまともな繁栄を与えられた国はまだない。腐敗と権力の乱用は日常的で、デモクラシーはほとんど見あたらず、あってもか弱く不安定なのがせいぜいだ。選挙で選ばれたと主張するリーダーの多くが、実際は欺瞞や脅迫によって権力を手に入れており、ここにも選挙が必ずしも民主的に行われていない実例を見ることができる。

　HIV／AIDSの広がりは、ただでさえ貧困な地域の先行きをいっそう暗くしている。HIVは、いくつかの理由から戦争と歩調を合わせて拡散する。リスクをいとわない傾向からか、アフリカの兵士たちの感染率は民間人の2倍に達している。これに加えて、戦争は性的暴力をエスカレートさせ、一部の軍隊は恐怖をあおるための一戦術としてこれを利用している。レイプを含むあらゆる収奪にもっとも弱い存在が難民である。戦争によって家を失った者や、親を失った若い女性が生き延びるためには、体を売る以外に選択肢がない場合もあるだろう。和平が成立し、国際平和維持軍が地域に到着した後ですら、増大する需要に応じて売春をする者の数も増えている。

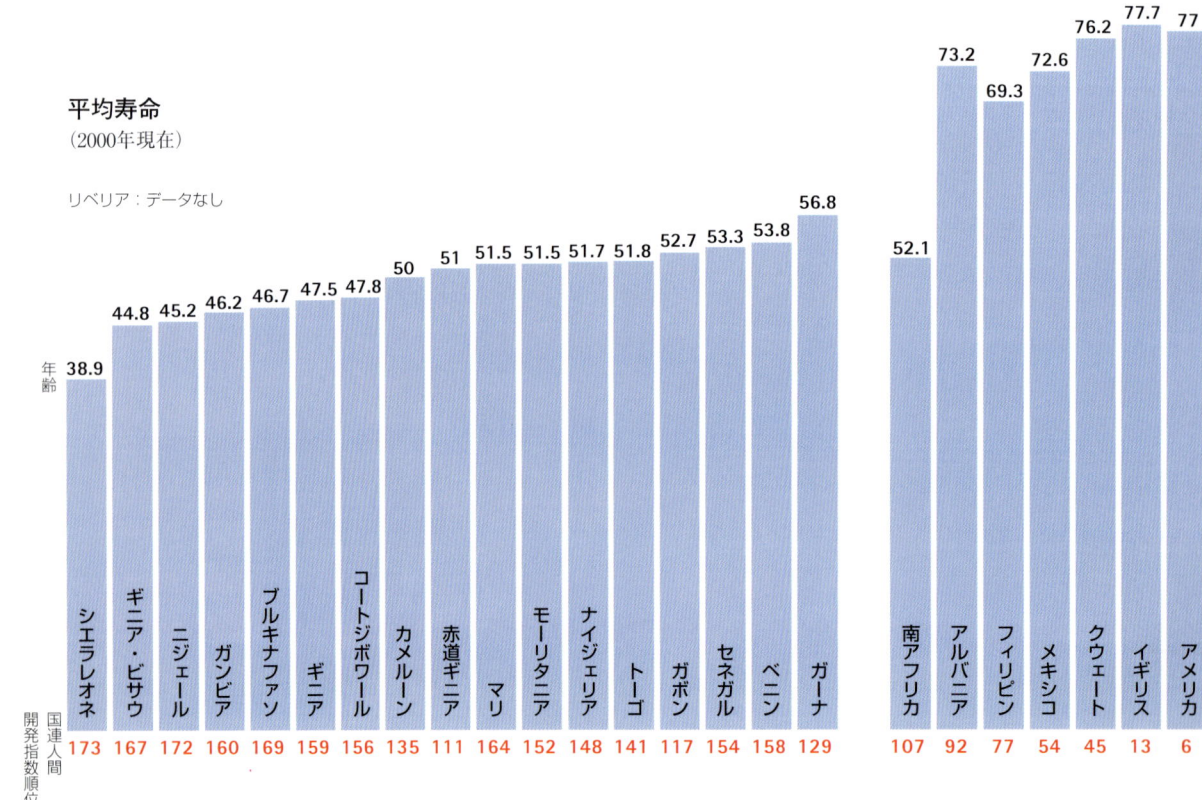

平均寿命
（2000年現在）

リベリア：データなし

国名	平均寿命（年齢）	国連人間開発指数順位
シエラレオネ	38.9	173
ギニア・ビサウ	44.8	167
ニジェール	45.2	172
ガンビア	46.2	160
ブルキナファソ	46.7	169
ギニア	47.5	159
コートジボワール	47.8	156
カメルーン	50	135
赤道ギニア	51	111
マリ	51.5	164
モーリタニア	51.5	152
ナイジェリア	51.7	148
トーゴ	51.8	141
ガボン	52.7	117
セネガル	53.3	154
ベニン	53.8	158
ガーナ	56.8	129
南アフリカ	52.1	107
アルバニア	73.2	92
フィリピン	69.3	77
メキシコ	72.6	54
クウェート	76.2	45
イギリス	77.7	13
アメリカ	77	6
ノルウェー	78.5	1

世界ランキング
2002年　国連人間開発指数　173カ国

国家債務vs 保健

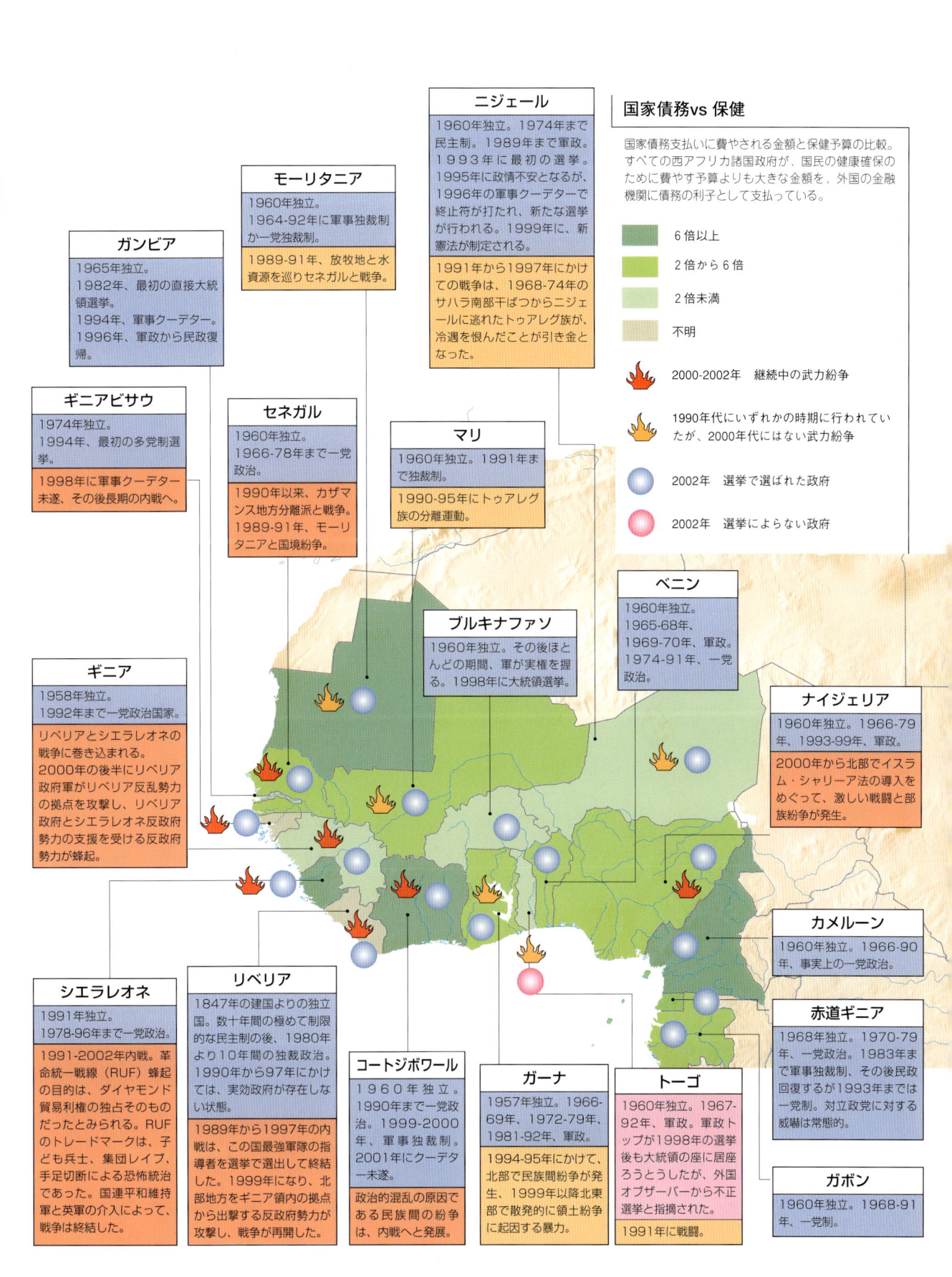

国家債務支払いに費やされる金額と保健予算の比較。すべての西アフリカ諸国政府が、国民の健康確保のために費やす予算よりも大きな金額を、外国の金融機関に債務の利子として支払っている。

- 6倍以上
- 2倍から6倍
- 2倍未満
- 不明

🔥 2000-2002年 継続中の武力紛争

🔥 1990年代にいずれかの時期に行われていたが、2000年代にはない武力紛争

🔵 2002年 選挙で選ばれた政府

🔴 2002年 選挙によらない政府

ニジェール
1960年独立。1974年まで民主制。1989年まで軍政。1993年に最初の選挙。1995年に政情不安となるが、1996年の軍事クーデターで終止符が打たれ、新たな選挙が行われる。1999年に、新憲法が制定される。

1991年から1997年にかけての戦争は、1968-74のサハラ南部干ばつからニジェールに逃れたトゥアレグ族が、冷遇を恨んだことが引き金となった。

モーリタニア
1960年独立。1964-92に軍事独裁制か一党独裁制。

1989-91年、放牧地と水資源を巡りセネガルと戦争。

ガンビア
1965年独立。1982年、最初の直接大統領選挙。1994年、軍事クーデター。1996年、軍政から民政復帰。

ギニアビサウ
1974年独立。1994年、最初の多党制選挙。

1998年に軍事クーデター未遂、その後長期の内戦へ。

セネガル
1960年独立。1966-78年まで一党政治。

1990年以来、カザマンス地方分離派と戦争。1989-91年、モーリタニアと国境紛争。

マリ
1960年独立。1991年まで独裁制。

1990-95年にトゥアレグ族の分離運動。

ブルキナファソ
1960年独立。その後ほとんどの期間、軍が実権を握る。1998年に大統領選挙。

ベニン
1960年独立。1965-68年、1969-70年、軍政。1974-91年、一党政治。

ナイジェリア
1960年独立。1966-79年、1993-99年、軍政。

2000年から北部でイスラム・シャリーア法の導入をめぐって、激しい戦闘と部族紛争が発生。

ギニア
1958年独立。1992年まで一党政治国家。

リベリアとシエラレオネの戦争に巻き込まれる。2000年の後半にリベリア政府軍がリベリア反乱勢力の拠点を攻撃し、リベリア政府とシエラレオネ反政府勢力の支援を受ける反政府勢力が蜂起。

カメルーン
1960年独立。1966-90年、事実上の一党政治。

赤道ギニア
1968年独立。1970-79年、一党政治。1983年まで軍事独裁制、その後民政回復するが1993年までは一党制。対立政党に対する威嚇は常態的。

シエラレオネ
1991年独立。1978-96年まで一党政治。

1991-2002年内戦。革命統一戦線（RUF）蜂起の目的は、ダイヤモンド貿易利権の独占そのものだったとみられる。RUFのトレードマークは、子ども兵士、集団レイプ、手足切断による恐怖統治であった。国連平和維持軍と英軍の介入によって、戦争は終結した。

リベリア
1847年の建国よりの独立国。数十年間の極めて制限的な民主制の後、1980年より10年間の独裁政治。1990年から97年にかけては、実効政府が存在しない状態。

1989年から1997年の内戦は、この国最強軍隊の指導者を選挙で選出して終結した。1999年になり、北部地方をギニア領内の拠点から出撃する反政府勢力が攻撃し、戦争が再開した。

コートジボワール
1960年独立。1990年まで一党政治。1999-2000年、軍事独裁制。2001年にクーデタ一未遂。

政治的混乱の原因である民族間の紛争は、内戦へと発展。

ガーナ
1957年独立。1966-69年、1972-79年、1981-92年、軍政。

1994-95年にかけて、北部で民族間紛争が発生、1999年以降北東部で散発的に領土紛争に起因する暴力。

トーゴ
1960年独立。1967-92年、軍政。軍政トップが1998年の選挙後も大統領の座に居座ろうとしたが、外国オブザーバーから不正選挙と指摘された。

1991年に戦闘。

ガボン
1960年独立。1968-91年、一党制。

35　コンゴ問題

コンゴ民主共和国（DRC）は、豊かな天然資源に恵まれた国だ。石油、各種鉱物、石炭、希少金属、ダイヤモンドなどの地下資源に加えて、コンゴはアフリカの森林の50％を擁し（世界合計の6％）、その河川の水力発電能力は、アフリカ全体の50％（世界合計の13％）にもおよぶ。

この国の一般民衆がこの富の配分に預かったことは、独立以来一度もなく、独立以前の暴虐の限りを尽くした植民地政権ではもちろん配分されるはずもなかった。こうした天然資源は、もっぱら少数の私腹を肥やすためだけに使われ、外国パワーをおびき寄せる餌となっただけだった。1990年以降のコンゴでは、度重なる国外からの軍事介入によって、国の富はさらに失われた。

1997年、ルワンダとウガンダは、ローラン・カビラの権力掌握を支援したが、翌1998年にはカビラの頼りなさに見切りをつけ、新たな反乱を仕掛けて彼を権力の座から引きずり降ろした。これに反対する他のアフリカ諸国が介入し、4年間の戦争で200万人を超える民衆が死亡した（戦闘によって約50万人、避けられたはずの病気や戦乱によって引き起こされた飢餓で200万人）。2002年の末までに少なくとも200万人が故郷を追われたまま、帰還できずにいるが、その大多数には国際人道援助も届いていない。コンゴ民主共和国の保健衛生システムは、戦争の末期には完全に崩壊していた。髄膜炎、コレラ、はしか、マラリアが蔓延し、眠り病、結核、HIV／AIDSの感染率も急激に上昇した。コンゴでは医師一人あたりの患者数は2万5,000人にも上り、子ども4人のうち1

次々と変わった国名

1885年
　コンゴ自由国
1908年
　ベルギー領コンゴ
1960年
　コンゴ
1971年
　ザイール
1997年
　コンゴ民主共和国

1885年　ベルギーのレオポルドII世国王は、ベルリン条約によってコンゴ盆地を手に入れると、コンゴ自由国と呼ばれる私的な領地として植民地経営に乗り出した。レオポルドII世の統治下では、人口の半分が殺されるか、強制労働の結果死亡した。働きが十分でないものに対する懲罰には、両手の切断刑があった。

1908年　ベルギー政府が植民地を引き継ぎ、国名をベルギー領コンゴと改めた。

1959年　レオポルドヴィルで暴動。ベルギー政府はコンゴに独立を認めると発表。人口1400万人のうち、大学を卒業した者は17人、医師、法律家、技術者は皆無だった。

1960年
6月：独立。2つの主要独立運動を指導したライバル同士のリーダー、カサーヴブとパトリチェ・ルムンバは、それぞれ大統領と首相に就任した。

7月：軍反乱。最も裕福な2つの州（カタンガとキヴー）が分離。ベルギー軍が自国の権益を守るため短期間介入し、激しい戦闘のきっかけをつくった。ルムンバは国連の介入を求める。

9月：カサーヴブがルムンバを解任、自身も議会から弾劾される。陸軍参謀長ジョセフ・モブツ大佐が権力掌握。ルムンバは拘束され、カタンガ人憲兵に引き渡される。その後、ルムンバは撲殺される。国連は1万5,000から2万人の兵力を送り込んだが秩序回復に失敗して、危機拡大を招く。ソビエト連邦は、国連事務総長ダグ・ハマーショルドの権限を認めないと宣言。1961年9月にハマーショルドは航空機事故で死亡するが、暗殺説は今も消えていない。

1961年　モブツはカサーヴブを権力の座に戻す。

1962-63年　国連軍がカタンガ州の反乱を鎮圧。

1965年　モブツが無血クーデターにより権力奪取。後に南部に残った分離支持派軍を鎮圧。

1971年　国名をザイールと改める。

1972年　モブツが、モブツ・セセ・セコと改名。

1994年　ルワンダ内戦、ツチ族大量虐殺。難民危機が起こる。モブツは、フツ族難民にザイール東部の国連キャンプへの定住を認める。フツ族民兵とザイール在住ツチ族との間で緊張と暴力がエスカレート。

1996-97年　キヴー州のツチ族がローラン・カビラの指揮下、モブツに対して蜂起し、ルワンダとウガンダがこれを支援。カビラの軍隊が短期間で勝利を収め、その過程で数千人のフツ族を虐殺したとの報告がある。1997年9月、モブツが亡命先で死去。国名をコンゴ民主共和国（DRC）と改める。

1998年　新たなツチ族反乱。またしてもルワンダとウガンダが支援し、これに後れてブルンジが加わるが、今度はカビラ追放が目的である。アンゴラ、チャド、ナミビア、ジンバブエの各国がカビラの権力維持のため軍隊を派遣、後れてスーダン軍も加わる。

2000年　ルワンダとウガンダ両軍がコンゴ領内で交戦。

2001年　ローラン・カビラが暗殺される。息子のジョセフ・カビラが権力を引き継ぎ、和平交渉がはじまる。1999年7月と2000年12月にも和平協定が調印されたが、戦闘は止まらなかった。

2002年　再び和平協定。大部分の外国軍が撤退開始。合意の安定性は不確実である。

人は5歳になる前に死亡している。国民のうち、清浄な飲料水を手に入れることができるのは半分以下で、平均寿命は45歳だ。

コンゴ共和国（ブラザビル）

1891年から1960年までフランス植民地だったコンゴ（ブラザビル）は、1992年に短期間の不確かな民主制へと移行した。1997年には内戦が勃発し、5カ月間の戦闘で1979年から91年まで大統領だったデニス・サスヌゲソが権力を取り戻した。戦争はさらに2年間続き、2000年にサスヌゲソは民主政治回復を公約した。

コンゴ民主共和国の天然資源と戦争

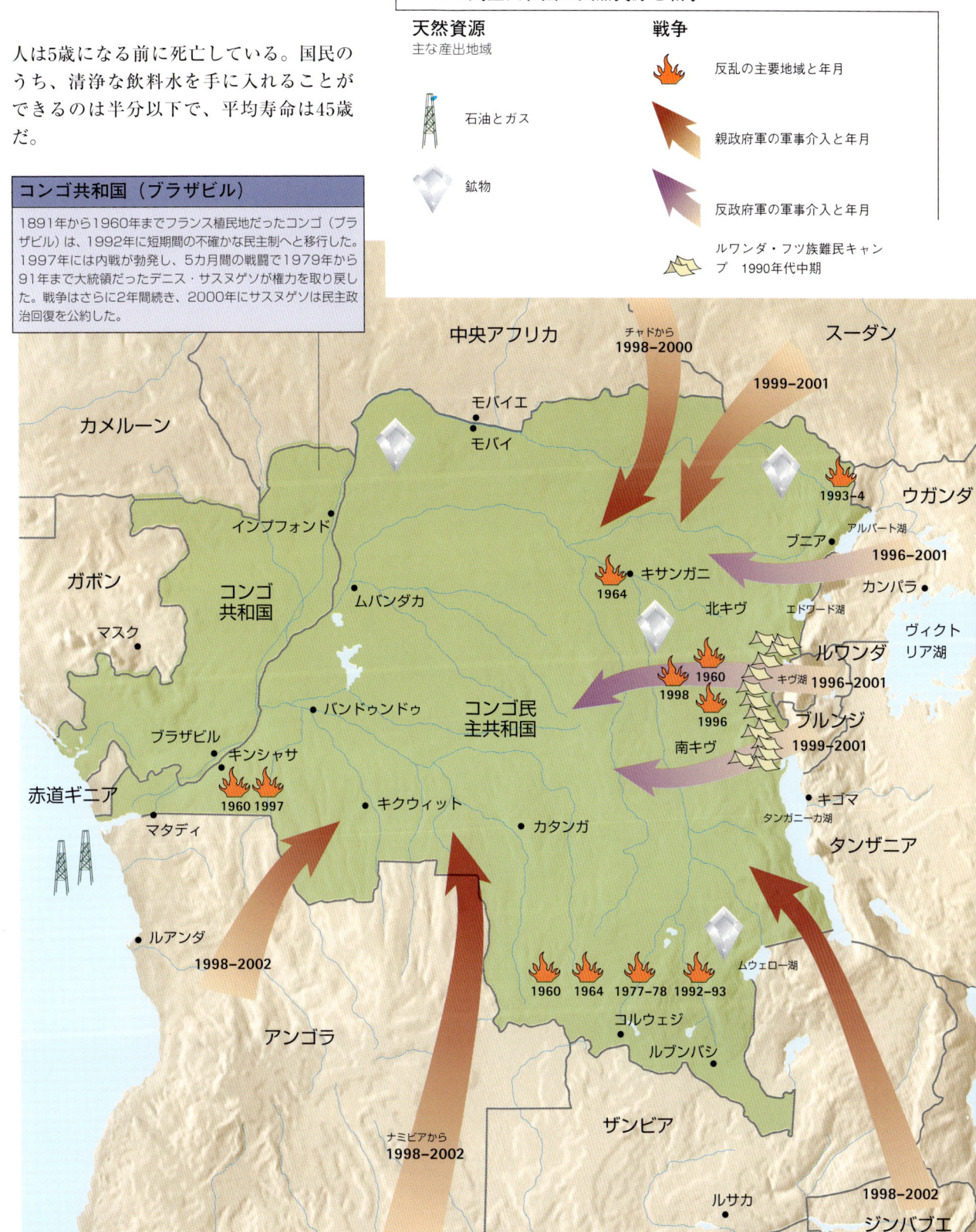

天然資源
主な産出地域

- 石油とガス
- 鉱物

戦争

- 反乱の主要地域と年月
- 親政府軍の軍事介入と年月
- 反政府軍の軍事介入と年月
- ルワンダ・フツ族難民キャンプ　1990年代中期

中央アフリカ　チャドから 1998-2000　スーダン　1999-2001

カメルーン　モバイエ　モバイ　1993-4　ウガンダ

インプフォンド　アルバート湖　ブニア　1996-2001

ガボン　コンゴ共和国　ムバンダカ　キサンガニ 1964　カンパラ

マスク　北キヴ　エドワード湖　ルワンダ　ヴィクトリア湖

ブラザビル　バンドゥンドゥ　コンゴ民主共和国　1960 1998　キヴ湖 1996-2001

キンシャサ　1960 1997　1996 南キヴ　ブルンジ 1999-2001

赤道ギニア　マタディ　キクウィット　カタンガ　キゴマ　タンガニーカ湖　タンザニア

ルアンダ　1998-2002　1960 1964 1977-78 1992-93　ムウェロ湖

アンゴラ　コルウェジ　ルブンバシ

ナミビアから 1998-2002　ザンビア

ルサカ　1998-2002　ジンバブエ

36 ブルンジとルワンダ

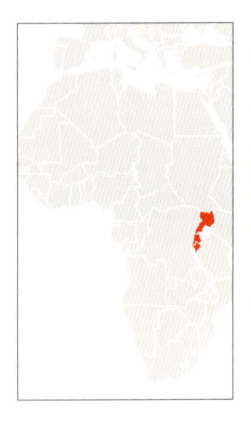

1890年代 ブルンジとルワンダは併合されてドイツ領東アフリカとなる
1915-16年 隣国コンゴから出撃したベルギー植民地軍がドイツ軍を追い出す
1923年 国際連盟がベルギーにブルンジとルワンダの統治を委任する（第二次世界大戦後は、国連の信託統治に切り替わる）。ベルギー当局は、統治にあたりツチ族を重用
1959-61年 ルワンダでフツ族が反乱、ツチ族の国王を追放して共和国を建国
1962年 ブルンジとルワンダが別々の国として独立

ブルンジ	ルワンダ
1962年 ルワンダの多数派フツ族の反乱に怯えたツチ族指導者が、フツ族指導者に先制攻撃を加える	1963年 ツチ族難民の武装勢力が反乱し、政府がこれに報復
1965年 国王はフツ政党多数となった選挙結果を無視して、ツチ族出身の首相を任命。フツ族将校によるクーデターは未遂に終わるが、国王は怯えて国外へ逃亡	1973年 ハブヤリマナ将軍率いる軍事クーデターが発生
1966年 王制が廃止され、ツチ族指導者のミコンベロが大統領となり共和制に移行	1978年 新憲法によって、ハブヤリマナの5年間の権力継承を承認（1983年と88年にも再選）
1972年 フツ族の反乱に対し、政府による報復	1990年 ルワンダ愛国戦線（ツチ族多数ではあるが、完全なツチ族構成ではなかった）がウガンダから国境を越え、ルワンダ国内で公然と反乱を起こす
1976年 無血クーデターにより、ミコンベロが追放される。バガザが大統領に就任	1991年 複数政党制を認めた新憲法が制定される
1981年 新憲法によりブルンジは一党制国家となる	1992年 停戦／和平交渉がスタート
1980年代 教会と政府の関係悪化、聖職者への迫害、バガザ政府の独裁主義がエスカレート	1993年 タンザニアのアルシャで和平協定に調印。その内容は、民族連立政府の樹立とツチ族に対する軍高位保障であった。国連平和維持活動がスタート
1987年 バガザ政権が転覆。ブヨヤが大統領として暫定政府を主導	1994年4-7月 キガリ付近で同乗旅客機を撃墜され、同乗していたハブヤリマナ大統領とブルンジ大統領が死亡。アルシャ協定に基づきキガリに駐留していたルワンダ愛国戦線武装勢力が攻撃されたのを受け、愛国戦線が新たな攻勢を開始。フツ族軍隊と民兵が、明らかに計画的な報復行動を開始。愛国戦線がキガリを占領し、フツ族軍隊と民兵を追放。ツチ族によるフツ族虐殺者に対する報復がはじまる。2万人のフツ族難民が、コレラの流行により難民キャンプで死亡
1988年 ツチ族政府による迫害に怒った北部ブルンジのフツ族住民が反乱。これに軍隊が報復。ブヨヤ、フツ族を首相に任命して収集を図り、民主制移行にとりかかる	
1992年 新憲法で複数政党制を導入。リビアに亡命中のバガザが指揮したと見られるクーデター未遂が発生	7月：停戦により、穏健派フツ族大統領を中心に新政府が樹立される
1993年6月：最初の民主的選挙の結果、フツ族のンダダイェが大統領に就任し、権力分散型の政府を樹立。首相にはツチ族の女性シルビー・キニギを任命	1996年 フツ族難民の民兵が、ザイール領内からルワンダを攻撃。ルワンダ愛国戦線とザイール在住ツチ族が、ザイール領内フツ族難民キャンプ内とその周辺で民兵を攻撃。ルワンダにおける国連平和維持活動が終了。愛国戦線政府が、12万人を超す1994年の虐殺容疑者の裁判手続きに着手
10月：軍事クーデターによってンダダイェが暗殺される。公然戦争がはじまる	1997年 アルシャで国際刑事法廷の裁判が開始。フツ族民兵がツチ族民衆を攻撃。ルワンダはウガンダの支援を受け、ザイール領内での軍事行動が拡大、ローラン・カビラ率いる反乱勢力がモブツ政府を転覆
1994年2月：新大統領就任。同じくフツ族	
1995年 ブジュンブラで流血再発	1998年 ザイールからコンゴ民主共和国となった同国内ではフツ族民兵の活動が収まらないため、ルワンダと支援のウガンダがカビラ追放に乗り出す
6月：ブルンジとルワンダ両国の大統領が、キガリ付近で同じ飛行機に同乗中に撃墜されて死亡	
9月：同じ年のうちに3人目となるフツ族大統領が選出され、連立政府を樹立	2000年 ルワンダ愛国戦線の軍事リーダー、ポール・カガメがルワンダ初のツチ族大統領となる
1996年 軍事クーデターによって、ブヨヤが権力の座に復帰	2001年 1994年の虐殺裁判を迅速化するため、ルワンダ政府は一般民衆による伝統的な裁判制度を復活
1998年 暫定憲法が成立し、ブヨヤ大統領が宣誓	
1999年 停戦交渉	
2000年 停戦合意に至るが、戦闘は止まず	
2001年 2度のクーデター未遂を経て、ネルソン・マンデラ南ア大統領の仲介で和平合意。ブヨヤのもとで、3年間の暫定連立政府が樹立される。この年の末、戦闘が再び激化	

1994年、人類史上最悪の大量虐殺が発生、わずか6週間に80万人のルワンダ人が殺害された。犠牲者のほとんどは、隣国ブルンジと同様ルワンダで少数派民族グループであるツチ族だが、両国で多数派グループであるフツ族も、フツ族政府の政策に反対する者多数が殺害されている。

　関係者の多くが指摘したにもかかわらず、国連は明々白々な多数の警告サインを見落とし、虐殺を事前に阻止することができなかった。フツ族とツチ族の対立によって、この2国で過去40年間にわたり、殺戮と大量追放がくり返されてきたことは明白な事実であり、国連の失態に関する国際的な調査報告は冷徹なものだった。

　ブルンジでは、少数派ツチ族が独立以来ほとんどの期間国を支配してきた。ルワンダでは、多数派フツ族が支配していた。これら2つの人種グループの対立は、民族間憎悪の典型例となっていた。この2つの人種グループの違いは少なく、例えば宗教は同じだし、それ以外にも多くの共通性を有している。多くの人種間対立がそうであるように、この問題も根本的には権力争いであり、政治リーダーたちが2つのグループの違いだけを強調し、共通性をことさら無視することによって、自らの権力拡大を図ったのが問題の根源だった。

ウガンダ

　ウガンダの1980年代以降の歴史は、それ以前の10年間の悪政からの回復を基調としていた。1971年に権力の座についたイディ・アミンは、その統治の間に少なくとも10万人のウガンダ人の命を犠牲にした。彼は1978年にタンザニアに侵攻したが、これがきっかけとなって反攻を招き、亡命の憂き目を見た。政情不安と内戦によって30万人の人命が失われた後、ようやく1986年に国民抵抗軍が勝利を収め、ヨウェリ・ムセヴェニが大統領の座に就いた。その後もキリスト教原理主義グループ「主の抵抗軍」が隣国スーダン領内の拠点から越境し、北部を中心に内戦は続いた。

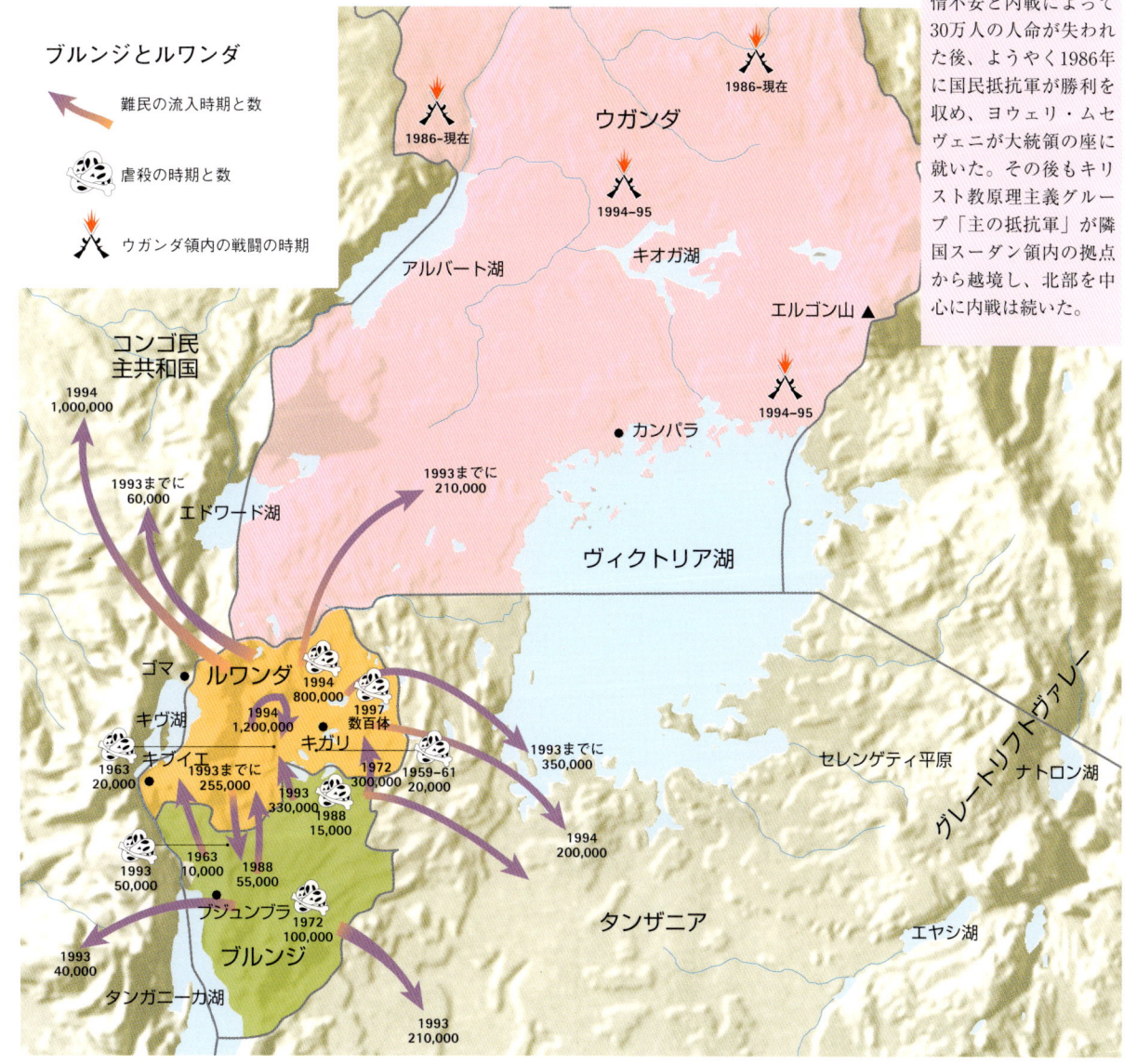

37 アフリカの角

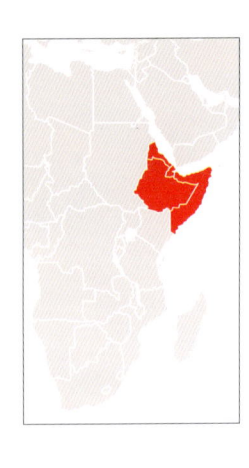

1960年代のはじめ以来、300万人を超す人々がアフリカの角（訳注：エチオピア、ジブチ、ソマリアの3国にまたがる地域で、サイの角に似ていることからこう呼ばれる）の戦争で命を奪われた。1980年代になると、エチオピアだけで100万人が飢饉のために死亡し、この飢饉そのものが戦争の一部となって、慢性的な食料不足から当時のエチオピア政権は飢餓戦術、人道援助の妨害を意図的に行うようになった。アフリカの角では、貧困は武力紛争の原因のひとつであると同時に結果でもある。この地域の諸国は、数十年間にわたってフラストレーション、不安定、抑圧、暴力の悪循環になかに閉じこめられてきた。

エリトリアは、1952年に国連の決定によりエチオピアと連邦国家を構成するようになった。それから10年後、エチオピアの支配者ハイレ・セラシエは連邦という虚構をかなぐり捨てて、エリトリアを一州として併合した。これを契機に起きたエリトリアでの反乱は、独立戦争へと発展し、さらにセラシエ王朝の弱体化を招いた。こうした下地のうえに大規模なストライキとデモが重なり、1974年には軍事クーデターが発生し、セラシエ皇帝は国外へと追放された。

統治を引きついだデルグと呼ばれる暫定軍事政権は、まもなく圧政的な本質を表すようになり、前政権にもまして怖れられ憎まれるようになった。武装勢力の攻勢によって権力を脅かされたデルグは、1977年から1978年にかけてくり広げたテロ戦術で、10万人の命を奪っている。

エリトリアの独立を求める兵士たちは、エチオピア国内での自由を目指す勢力と連帯し、1991年にとうとうデルグは転覆した。エリトリアはその後住民投票を実施し、1993年に独立を勝ち取った。

1991年は、アフリカの角にあたる地域にとって希望の年になるはずであった。というのもデルグの崩壊だけでなく、14年間の戦争の末にソマリアの独裁者シアド・バレも敗北したからだ。だが、ソマリアのつかのまの勝利は長続きせず、エチオピアでも平和は一時のきまぐれであり、ジブチでは5年間の戦争がスタートした。

ソマリアでは、1991年にはじまった派閥間の戦闘が全面戦争へと発展し、社会の混乱は飢餓をまねいた。アメリカの軍事介入は失敗し、国連の平和維持活動もまた不成功に終わった。このため、外国軍が撤退した後も戦闘は続いた。紛争各派を話し合いのテーブルに着ける努力は、部分的には成果をあげたが、戦争継続によって利益を受ける勢力リーダーがつねに少数存在した。

エチオピアでは、1990年代中ごろにちょっとした紛争が再発したが、1991年の勝利で生まれた希望に対する最も大きな打撃は、1998年のエリトリアとエチオピアの戦争だった。戦争の原因はエリトリア独立時に未画定だった国境線をめぐる争いである。双方の攻勢と反攻に数十万人の兵士が送り込まれ、世界最貧国同士の戦争で数百人が戦死した。2000年に停戦合意がなされ、翌年は緊張状態が継続したが、2002年に両国は独立委員会が決めた国境線を受け入れた。

エチオピア、エリトリアの両国が平和な2国関係を築くことさえできれば、両国の国民は低開発状態から脱出するチャンスをつかむことができるかもしれない。

戦争と飢餓

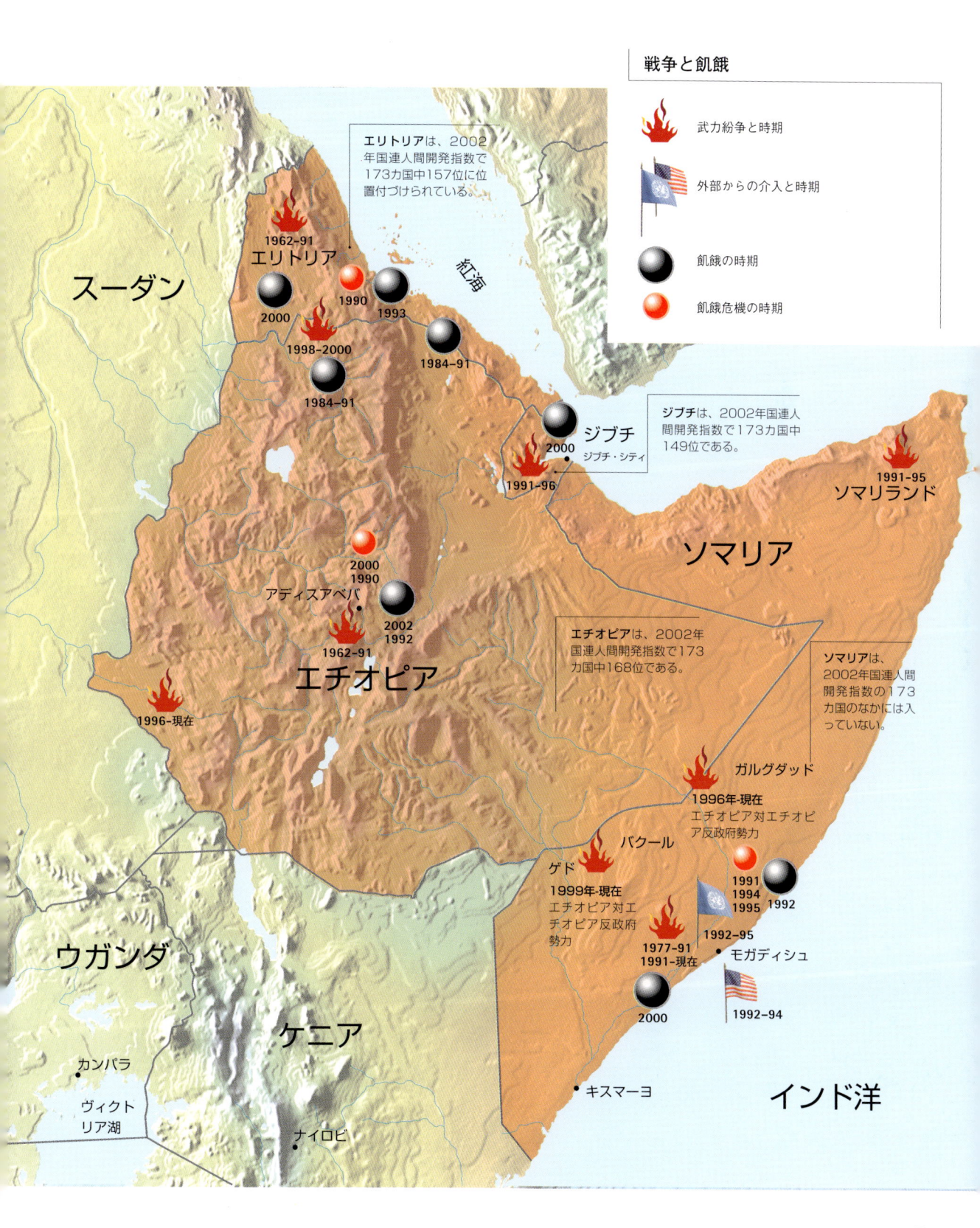

凡例:
- 🔥 武力紛争と時期
- 🚩 外部からの介入と時期
- ⚫ 飢餓の時期
- 🔴 飢餓危機の時期

エリトリアは、2002年国連人間開発指数で173カ国中157位に位置付けられている。

ジブチは、2002年国連人間開発指数で173カ国中149位である。

エチオピアは、2002年国連人間開発指数で173カ国中168位である。

ソマリアは、2002年国連人間開発指数の173カ国のなかには入っていない。

地図上の記載事項

- スーダン
- エリトリア: 1962-91、2000、1990、1993、1998-2000、1984-91、1984-91
- 紅海
- ジブチ / ジブチ・シティ: 2000、1991-96
- ソマリランド: 1991-95
- ソマリア
- エチオピア / アディスアベバ: 2000、1990、2002、1992、1962-91、1996-現在
- ガルグダッド: 1996年-現在 エチオピア対エチオピア反政府勢力
- バクール
- ゲド: 1999年-現在 エチオピア対エチオピア反政府勢力
- モガディシュ: 1977-91、1991-現在、1991、1994、1995、1992、1992-95、1992-94、2000
- ウガンダ / カンパラ / ヴィクトリア湖
- ケニア / ナイロビ
- キスマーヨ
- インド洋

97

38 スーダン

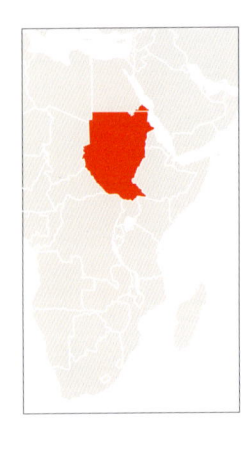

スーダンの民族グループは主なものだけで19、サブ・グループの数は597にものぼり、100以上の言語と方言が使われている。これだけ多様性に富んだ国土をひとつにまとめるには、知恵と寛容さと、巧みな開発戦略と幸運とが必要だ。だが、1956年の独立以来スーダンにはここにあげた条件はひとつも存在せず、独立の時点からすでに南部地方リーダーの自治要求にからむ戦争がはじまっていた。

1972年に結ばれた和平協定は11年間守られたが、1983年にまったく同じ問題が蒸し返されて、陸軍の反乱将校の一団がスーダン民族解放軍（SPLA）を結成して戦争が再開した。

20年間の戦争犠牲者推定は、120万人から200万人と幅がある。難民化した人の数は約400万人と見積もられていて、その多くは一度ならず家を捨てることを強いられた。南部では人口の80％が少なくとも一度は難民となった経験を持つ。

政府軍とSPLAの直接戦闘は少なく、SPLAは政府施設や補給線に対してゲリラ攻撃を仕掛け、政府軍はSPLA支援を弱体化させる目的で南部の民間人をターゲットに攻撃をくり返している。

政府軍の用いる戦術には、村落に対する無差別爆撃や、兵糧攻めによる民間人の追い立てなどがあり、政府の支援を受ける民兵組織は奴隷取引にも手を染めている。政府はくり返しこれを否定してはいるが、数千人の民間人が奴隷にされたという報告がある。

SPLAと同盟関係にある民兵も、民間人に対する無差別攻撃を行い、子どもを含む民間人を強制的に徴兵している。

1983年の戦争再発のきっかけとなったのは、政府によるイスラム・シャリア法の強制だった。この戦争の原因として、主にアラブ系のイスラム教徒からなる北部と、伝統的にアニミズム信仰の根強いブラック・アフリカと少数派キリスト教徒の南部の戦争という一般認識があるが、これは正しくない。1991年には、南部に対するシャリア法の適用は撤廃されたが、戦争はいまだに続いている。

スーダン国民の分裂は、北部と南部に分けられるような単純なものではない。言語と宗教こそ共通しているものの、北部のアラブ人の間にも、人種的にはひじょうに多様である。彼らの生活様式は、都市住民であるか、村落の農民であるか、遊牧民であるかによっても大きく異なっている。南部のアフリカ人の間でも、多様性を無視できず、1990年代はじめにはSPLAが分裂して、ディンカ族を主体とする勢力とヌエル族を主体とする勢力の間で激しい戦闘がくり広げられた歴史もある。

文化的な違いや、宗教の自由は重要なファクターではあるが、スーダンの戦争の本質は土地と資源の支配権と、歴代ハルツーム政権が南部の資源を搾取しながら経済発展の支援を怠ってきた点にある。

1991年にエチオピアでデルグが敗北すると、SPLAは主要な支援国を失った。スーダン政府はこれに乗じて、SPLAの内部

スーダンの民族分布図

斜体は地方の多数派民族グループ
（例：*ヌエル族*）

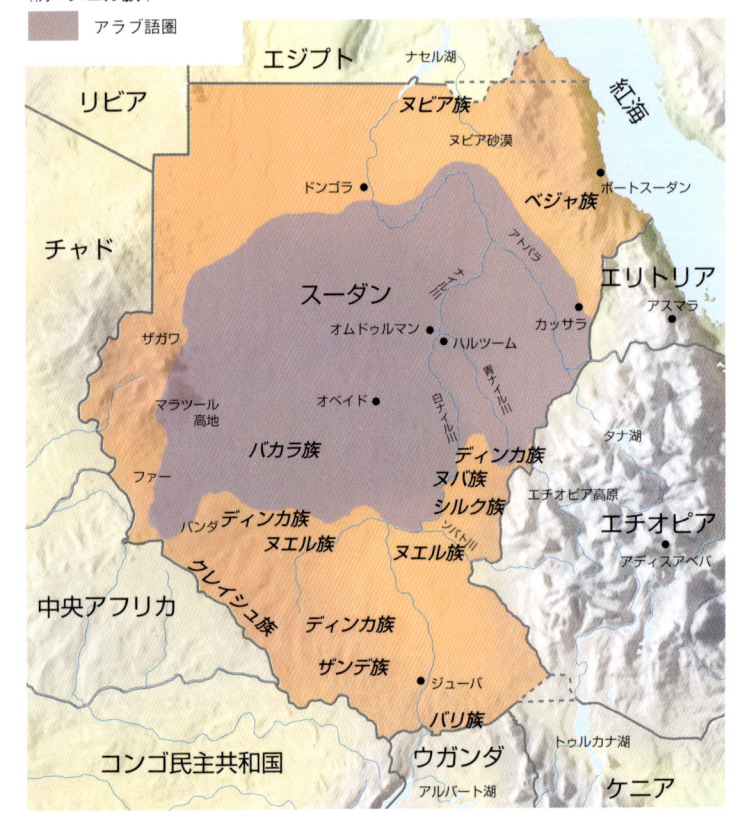

アラブ語圏

分裂と派閥間の戦闘をあおった。だが、政府軍は決定的な勝利をおさめることはできず、戦闘はいまも続いている。

スーダンの現政府は、1989年にクーデターで権力を奪取した。イスラム教好戦国家間で政治的発言力拡大を求めるスーダンは、オサマ・ビン・ラディンを迎え入れ、アルカイダ・ネットワークの構築に協力したが、国際的な圧力を受けて1996年にスーダン政府はビン・ラディンの出国を促した。1998年には、スーダンのテロリズム関与を疑うアメリカは、ハルツームの工場にミサイルを撃ち込んでいる。

1990年代に入ると、石油の存在が大きな意味をもつようになる。南部での多国籍石油企業の石油採掘を可能にするため、政府の支援を受けた民兵組織は、徹底的に財産を破壊して住民を追放した。1999年4月にはスウェーデン企業が試掘を行い、商業的な採掘が可能であると確認されたが、この過程で数万人の住民が周辺の村落から追い立てられた。これより北方のカナダ系企業の投資地域でも、広い地域で破壊と住民追放が行われた。政府軍は、石油収入によってより強力な武装を整えることが可能になるため、SPLAはこれに対抗して石油施設に対する攻撃を続けている。

SPLAは、国内全土の勢力と同盟関係を結び国民民主連合を結成してハルツーム政府に圧力を加える一方で、2002年1月にはライバルであった民兵組織スーダン人民防衛軍とも手を組んだ。スーダン政府はこれを受けてヌバ山地での停戦に合意し、2002年7月にはウガンダのムセヴェニ大統領の仲介で、スーダン大統領アル・バシルとSPLAの指導者ジョン・ガランの間で、戦争終結の枠組みを構築するための会談が行われた。2002年10月には、追加の停戦協定が結ばれたが、わずか1週間後には違反事件が発生している。

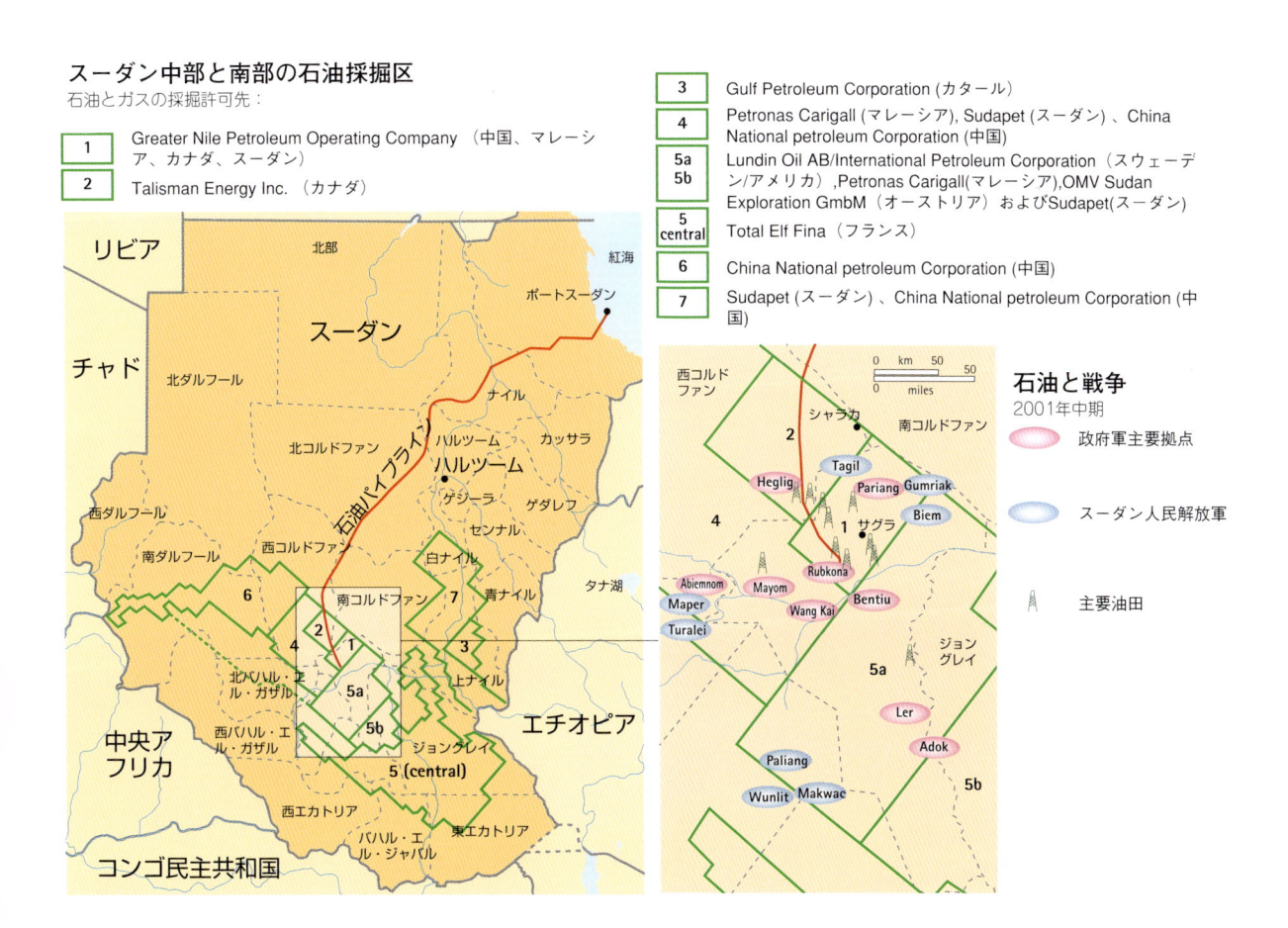

スーダン中部と南部の石油採掘区

石油とガスの採掘許可先：

1	Greater Nile Petroleum Operating Company（中国、マレーシア、カナダ、スーダン）
2	Talisman Energy Inc.（カナダ）
3	Gulf Petroleum Corporation（カタール）
4	Petronas Carigall（マレーシア）, Sudapet（スーダン）、China National petroleum Corporation（中国）
5a / 5b	Lundin Oil AB/International Petroleum Corporation（スウェーデン/アメリカ）, Petronas Carigall（マレーシア）, OMV Sudan Exploration GmbM（オーストリア）およびSudapet（スーダン）
5 central	Total Elf Fina（フランス）
6	China National petroleum Corporation（中国）
7	Sudapet（スーダン）、China National petroleum Corporation（中国）

石油と戦争
2001年中期

- 政府軍主要拠点
- スーダン人民解放軍
- 主要油田

39 アフリカ南部

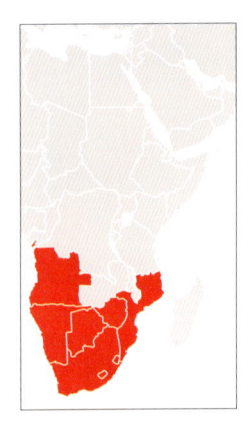

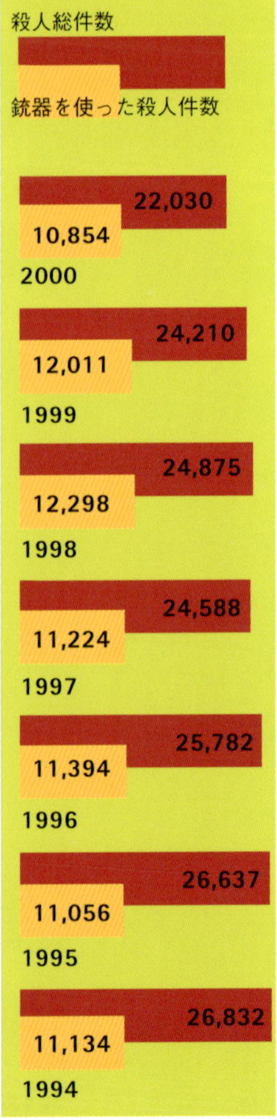

アフリカ南部地域は、この20年間に絶望から絶頂へと上昇したが、いま再びどん底へと転落したところだ。出口がないかに思われた戦争の時代は、和平構築と民主主義への時代へと転換し、生命、発展、平和への脅威はAIDSだけかと思われた時期もあった。

1980年代のアフリカ南部は、武力紛争が各地へと拡がっていった。南アフリカ共和国では、アパルトヘイト体制が最悪の抑圧期に突入し、白人政権は国内国外を問わず敵に攻撃をしかけ、紛争はエスカレートする一方だった。ナミビアでは、南アフリカ共和国からの独立を目指す戦争が、モザンビークでは、政府軍対南アフリカに操られる反乱軍との戦闘が続いていた。アンゴラでは南アフリカの支援する反政府勢力が、ソ連の支援する政府とキューバ軍相手に戦っていた。

1980年代の終わり頃、冷戦の雪解けが、和平合意を後押しした。ナミビアは独立を獲得し、外国軍隊はアンゴラから撤退した。1990年代のはじめに入り、アンゴラとモザンビークで和平合意が成立した。アンゴラの合意は長続きしなかったが、モザンビークでは事態は安定して推移し、1994年には南アフリカのアパルトヘイト体制が無血で終りを迎えた。

モザンビークの戦争終結によって、数千の小型武器がアフリカ南部で流通するようになった。ただ、南アフリカでは1日400件の殺人事件が発生しているが、1990年代の中頃に世界が怖れたようなペースでの増加は見られなかった。南アフリカでは、数百万人がいまだに貧困生活を強いられていて、アパルトヘイトの終わりが不平等の終わりにはならなかった。全人口のうち最も裕福な10％が、最も貧しい10％の40倍の富を手に入れているのが、この国の配分の実態だ。

モザンビークでは、スタート地点がさらに低かったことや、国中に地雷が埋まっていることに加え、2000年と2001年のサイクロンや洪水被害などが理由となって、和平を経済の発展へと結びつけるのは南アフリカ以上にむずかしい。モザンビーク中部の洪水被災地の多くは2002年に入り、今度は干ばつにみまわれている。

アンゴラでは、1992年に反政府勢力リーダーのジョナス・サヴィンビが不利な選挙結果の受け入れを拒否したことから、和平の芽がつみとられた。戦争はさらに10年間続けられ、2002年はじめのサヴィンビの死後、ようやくアンゴラ全面独立民族同盟（UNITA）は和平の意思を表明した。

今日、南アフリカの平和の敵は、HIV／AIDSだ。1990年代を通じて感染者数はかなり少なく見積もられていたこともあって、この国の医療サービスは、増大する一方の感染者に手をこまねくばかりだ。2001年だけでも72万5,000人がAIDSのために死亡し、アフリカ南部一帯で現在AIDSのために親を失った子どもの数は170万人を超えている。

南アフリカ共和国
銃器を使った殺人件数
1994-2000年

殺人総件数
銃器を使った殺人件数

年	殺人総件数	銃器を使った殺人件数
2000	22,030	10,854
1999	24,210	12,011
1998	24,875	12,298
1997	24,588	11,224
1996	25,782	11,394
1995	26,637	11,056
1994	26,832	11,134

HIV／AIDS

- HIV／AIDSに感染／発症した成人の数
- HIV／AIDSに感染／発症した小児の数
- 2001年　AIDSによる死亡者数
- AIDSのために親を失った子どもの数
- 感染率

アンゴラ：320,000 / 37,000 / 24,000 / 100,000　6%

ボツワナ：300,000 / 30,000 / 26,000 / 69,000　39%

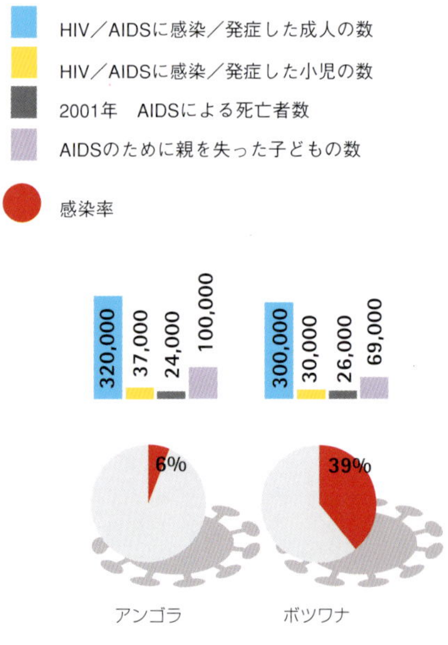

政治体制
2001-02年

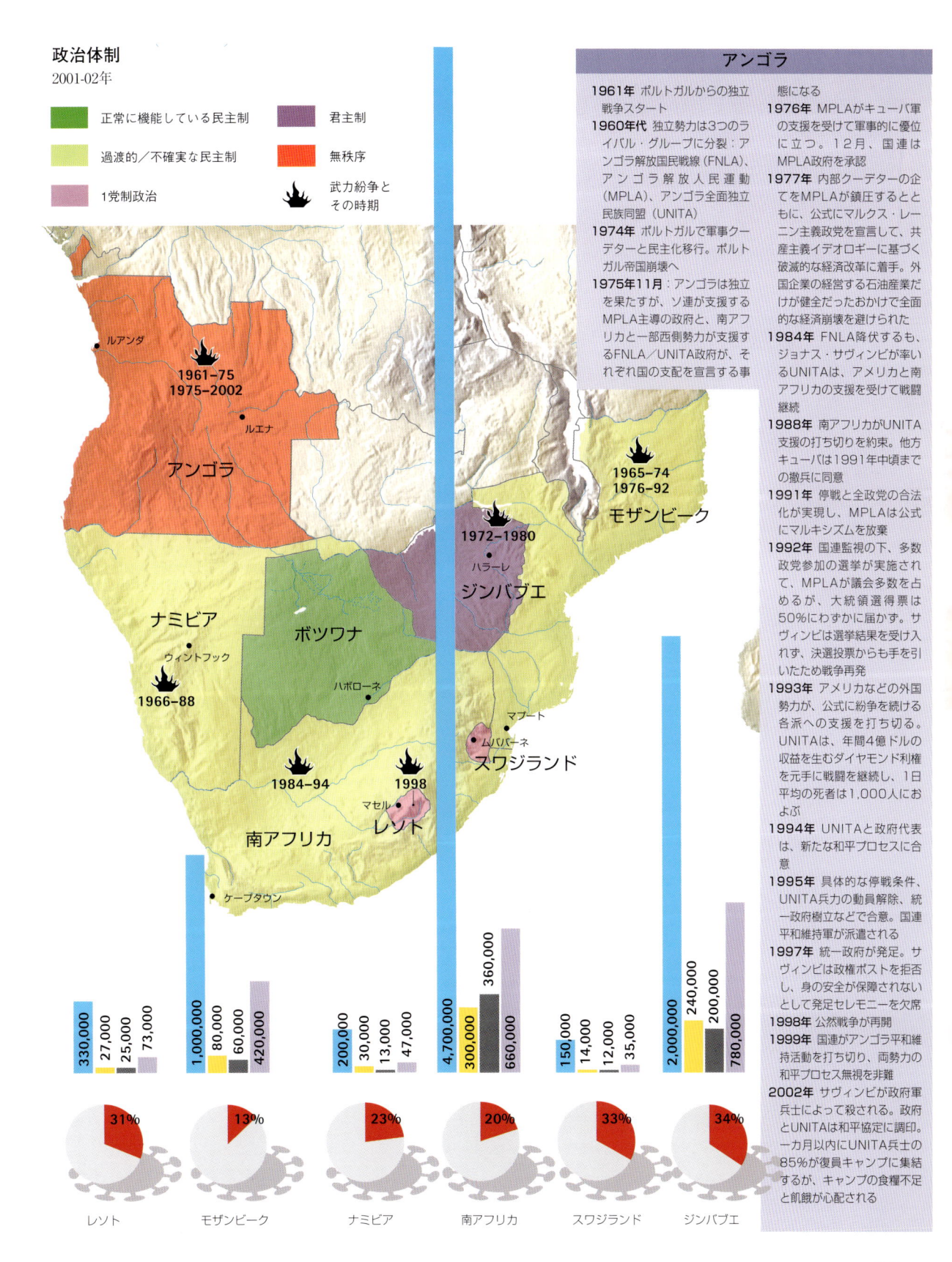

- 🟩 正常に機能している民主制
- 🟨 過渡的／不確実な民主制
- 🟪 1党制政治
- 🟫 君主制
- 🟥 無秩序
- 🔥 武力紛争とその時期

アンゴラ

- **1961年** ポルトガルからの独立戦争スタート
- **1960年代** 独立勢力は3つのライバル・グループに分裂：アンゴラ解放国民戦線（FNLA）、アンゴラ解放人民運動（MPLA）、アンゴラ全面独立民族同盟（UNITA）
- **1974年** ポルトガルで軍事クーデターと民主化移行。ポルトガル帝国崩壊へ
- **1975年11月**：アンゴラは独立を果たすが、ソ連が支援するMPLA主導の政府と、南アフリカと一部西側勢力が支援するFNLA／UNITA政府が、それぞれ国の支配を宣言する事態になる
- **1976年** MPLAがキューバ軍の支援を受けて軍事的に優位に立つ。12月、国連はMPLA政府を承認
- **1977年** 内部クーデターの企てをMPLAが鎮圧するとともに、公式にマルクス・レーニン主義政党を宣言して、共産主義イデオロギーに基づく破滅的な経済改革に着手。外国企業の経営する石油産業だけが健全だったおかげで全面的な経済崩壊を避けられた
- **1984年** FNLA降伏するも、ジョナス・サヴィンビが率いるUNITAは、アメリカと南アフリカの支援を受けて戦闘継続
- **1988年** 南アフリカがUNITA支援の打ち切りを約束。他方キューバは1991年中頃までの撤兵に同意
- **1991年** 停戦と全政党の合法化が実現し、MPLAは公式にマルキシズムを放棄
- **1992年** 国連監視の下、多数政党参加の選挙が実施されて、MPLAが議会多数を占めるが、大統領選得票は50％にわずかに届かず。サヴィンビは選挙結果を受け入れず、決選投票からも手を引いたため戦争再発
- **1993年** アメリカなどの外国勢力が、公式に紛争を続ける各派への支援を打ち切る。UNITAは、年間4億ドルの収益を生むダイヤモンド利権を元手に戦闘を継続し、1日平均の死者は1,000人におよぶ
- **1994年** UNITAと政府代表は、新たな和平プロセスに合意
- **1995年** 具体的な停戦条件、UNITA兵力の動員解除、統一政府樹立などで合意。国連平和維持軍が派遣される
- **1997年** 統一政府が発足。サヴィンビは政権ポストを拒否し、身の安全が保障されないとして発足セレモニーを欠席
- **1998年** 公然戦争が再開
- **1999年** 国連がアンゴラ平和維持活動を打ち切り、両勢力の和平プロセス無視を非難
- **2002年** サヴィンビが政府軍兵士によって殺される。政府とUNITAは和平協定に調印。一カ月以内にUNITA兵士の85％が復員キャンプに集結するが、キャンプの食糧不足と飢餓が心配される

武力紛争とその時期：
- アンゴラ：1961–75、1975–2002
- モザンビーク：1965–74、1976–92
- ジンバブエ：1972–1980
- ナミビア：1966–88
- 南アフリカ：1984–94
- レソト：1998

レソト	330,000	27,000	25,000	73,000
モザンビーク	1,000,000	80,000	60,000	420,000
ナミビア	200,000	30,000	13,000	47,000
南アフリカ	4,700,000	300,000	360,000	660,000
スワジランド	150,000	14,000	12,000	35,000
ジンバブエ	2,000,000	240,000	200,000	780,000

円グラフ（％）：
- レソト：31%
- モザンビーク：13%
- ナミビア：23%
- 南アフリカ：20%
- スワジランド：33%
- ジンバブエ：34%

第8章
ラテン・アメリカ

年表(左)
1899-1903年 コロンビア：内戦－民主党対保守党
1904年 ウルグアイ：内戦
1906年 第三次中米戦争：グアテマラ対エルサルバドル、ホンジュラス
1907年 第四次中米戦争：ニカラグア対エルサルバドル、ホンジュラス
1910-20年 メキシコ革命と内戦
1911-12年 パラグアイ：クーデターと反乱
1924年 ホンジュラス：クーデター
1926-30年 メキシコ：内戦
1932年 エル・サルバドル：農村蜂起
1932年 ブラジル：サンパウロ地方で反乱
1932-35年 チャコ戦争：ボリビア対パラグアイ
1947年 パラグアイ：反乱
1948年 コスタリカ：反乱
1948-64年 コロンビア：内戦－「ラ・ヴィオレンシア」
1952年 ボリビア：反乱
1954年 グアテマラ：軍事クーデター
1955年 アルゼンチン：反乱
1958-59年 キューバ革命
1965年 ドミニカ共和国：反乱
1966年 コロンビア内戦
1968-96年 グアテマラ：内戦
1969年 「サッカー戦争」：エルサルバドル対ホンジュラス
1976-83年 アルゼンチン：「汚れた戦争」－軍事独裁政権による国家テロ
1974-79年 ニカラグア革命
1979-91年 エルサルバドル：内戦
1980-90年 ニカラグア内戦
1980-99年 ペルー：内戦、センデロ・ルミノソ（輝く道：左翼ゲリラ）
1982年 マルヴィナス／フォークランド戦争：アルゼンチン対イギリス
1986-92年 スリナム：内乱
1991年 ハイチ：クーデター
1992年 ベネズエラ：クーデター未遂
1994-95年 メキシコ：チアパス蜂起
1995年 国境戦争：エクアドル対ペルー
1996-98年 メキシコ：低レベル内乱

　1990年代のはじめには、コロンビア、エルサルバドル、グアテマラ、ニカラグア、ペルー、スリナムで内戦が続いていたが、21世紀のはじめには、コロンビアだけになっていた。

　紛争終結とともに、1980年代にはじまった民主化への動きは続いている。アルゼンチン、ブラジル、チリ、ウルグアイなどで民主主義は着実に発展しつつある。1990年代に入りラテン・アメリカにおける人権擁護状況も1980年代以前と比べて改善された。

　ほとんどの国々で、紛争や独裁者の台頭を許す長期的な原因は解決されていない。非都市部では土地所有の不平等が目立ち、大都市は貧困にのみまれてしまっている。しかしながら、2001年と2002年に発生した不安定化への脅威は、ラテン・アメリカで伝統的な武力紛争のパターンや原因とは異なっていた。新たな問題の原因は、現代の金融分野にある。

　2001年の末から2002年のはじめにかけて、アルゼンチンの金融システムは荒廃し、経済的メルトダウン寸前にあった。大統領は数日おきに次々と辞任に追い込まれた。アルゼンチンの政権リーダーの無能力を訴える街頭デモに参加したのは、おもに経済危機によってそれまでの生活をめちゃめちゃにされた中産階級だった。2002年3月、ベネズエラの通貨価値が急落し、アルゼンチンの危機と同様に中産階級が街頭抗議へとくり出した。ベネズエラの場合は、この街頭抗議行動を前奏曲に4月には軍事クーデターが発生した（ヒューゴ・チャベス大統領は自身も10年前にはクーデターで権力の座に就いた）。いったん追放されながらすぐに権力をとり戻し、民衆の抗議とチャベス支持の世論はほぼきっ抗した。ウルグアイでも、一時的な銀行閉鎖と首都で抗議デモに端を発する商店略奪などの危機が生じ、ブラジルでは通貨と国債相場の急落を受けて、国際通貨基金（IMF）から300億ドルの融資を受け入れた。

　こうした経済危機の危険性は2段階に分け説明できる。第1段階として、経済危機は将来への信用不安を生み、選ばれた政治家の能力と正直さに対する疑念を呼ぶ。民主主義を壊したり、これを巧みに制限したり恣意的に操作した強力なリーダーの歴史を持つ（いまはそうでなくても）政治システムでは、経済の危機は多くの選挙民に投票など時間の無駄に他ならないと思わせる罠となりかねない。第2段階として、大規模な経済危機の影響は、最も富裕な階層よりも最も貧しい階層に強く作用するものだが、富裕な階層は自己の利益の侵害を貧しい階層以上に大きな声で訴えることもできるし、またそれに対抗する手段もある程度は手にしている。政治家と結託したグループが、自己の権益をいかなる犠牲を払っても守る決意の少数のエリートと結びついた場合、それはまさに平和と自由を後退させるうえで最高のレシピとなるのだ。

ラテン・アメリカは、アメリカ合衆国の経済的、政治的、戦略的パワーに包み込まれている。1823年に、モンロー米大統領はヨーロッパ諸国に向けて、スペイン帝国から独立したばかりの新生国家への干渉をしないよう警告を発した。80年後、セオドア・ローズベルト大統領は、このモンロー主義をさらに広げて、ラテン・アメリカ諸国の不当行為にアメリカが自由に介入できる権利を主張した。アメリカのパワー注入手段として直接軍を投入するやり方は1920年以降は、減ってきてはいる。例外はあるにしても、今日好んで使われる方法は、秘密作戦、ゲリラや政府軍に対する軍事援助、経済面でのてこ入れなどである。ローズベルトの拡大解釈モンロー主義がさらに改良されたパターンは、1980年代のレーガン大統領が行った、中米とカリブ海の保守政権支援／革新政権敵視政策に見ることができた。

　現代では、アメリカ合衆国がラテン・アメリカでパワーを行使するか否かは問題ではない。パワーの行使とは、強大なパワーのみがなしうることであり、それ以外の例はほとんど予想不可能だ。むしろ、いま問題なのはアメリカがどこまで、どのような形で行使するかである。はたしてアメリカのパワーは、政治不安と暴力的紛争を招きかねない経済危機防止の目的で使われるのか？　アメリカは、ラテン・アメリカ諸国の個別の政治生命を保護するためにパワーを使うのか？　アメリカはこうしたことを実際に行ってきたが、それ以外の紛争地帯で示したような、局外者の立場から不当行為を正すだけにすべきなのか？

40 コロンビアと周辺諸国

コロンビア独立以来2世紀近くにわたってこの国と他の南米北部諸国を荒廃させてきた武力紛争のほとんどは、土地や権力をめぐる争いが背景にあった。

この地域の諸国は独立以来、国内的には秩序が確立できなかったり、国際的には強大な北方の近隣国の意向を無視した国益追求ができないなど、近代国家の機能を完全に満たせないでいる。とくにボリビア、エクアドル、ベネズエラなどは、長年にわたって国民の福祉よりも私益の追求に熱心な個人や派閥によって支配されてきた。

コロンビアにおける戦争は、以前の戦争で未解決のまま残された問題がそのまま原因となっていた。1940～50年代の「ラ・ヴィオレンシア」と呼ばれる内戦の頃には、紛争勢力のイデオロギー上の違いはほとんどわからなくなっていた。1960年代になると、和平が繁栄にはつながらず「ラ・ヴィオレンシア」の最中に結成された民兵諸派のなかから、コロンビア革命軍（FARC）に代表される新興ゲリラ諸勢力（40年後の現在もFARCは最強のゲリラ勢力である）が発生した。

貧しい農民にとってコカの葉は、それが生育可能な土地では他のいかなる作物よりも、大きな収益をもたらすものだ。しかし同時に、犯罪の源ともなり、コカイン取引による利益は、ゲリラ諸勢力が国軍と同等の武力を手に入れるための資金源となる。

1990年代のほとんどを通じ、FARCが投入した戦闘員の数はコロンビア陸軍を上回っていた。絶えまなく続く戦争と、コロンビアの強大な犯罪組織は、戦闘を周辺諸国に拡散させ、コカイン腐敗を近隣諸国にまで浸透させるという意味でこの地域の脅威である。そしてこの脅威は、国境を越えようとする難民を生み出し、彼らは援助と保護を必要としている。

コカの葉生産
単位 千トン

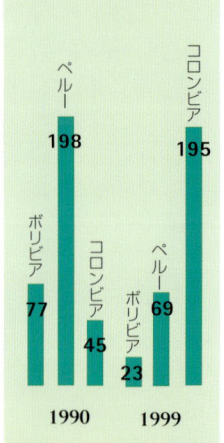

1990年
- ペルー 198
- ボリビア 77
- コロンビア 45

1999年
- コロンビア 195
- ペルー 69
- ボリビア 23

ボリビア、コロンビア、ペルーの3カ国で世界のコカの葉のほぼすべてが生産されている。ボリビアとペルーでは、有効な対麻薬プログラムが行われた結果、コカの葉生産は減少を見たが、このことが逆にコロンビアの生産急増を招いた。コロンビアは、アヘンについても世界第4位の生産国だ。

コロンビアからのコカイン輸出

判明している主要コカイン・ルート

コロンビア

- **1821年** 今日のエクアドル、パナマ、ベネズエラなどを含む地域が、グラン・コロンビアとして独立
- **1829-30年** エクアドルとベネズエラが分離
- **1840年** 内戦の発生により工業化が停滞、貿易の障害となる
- **1840年代末期** 民主党（近代的で貿易指向）と保守党（伝統的で土地権益に立脚）の対立構造に集約化
- **1860年代から1870年代** 「内戦の時代」：社会秩序の崩壊
- **1880年代** さらなる国内紛争
- **1899-1903年** 民主党と保守党の間で「千日戦争」が起こり、死者6万-13万人にのぼる
- **1903年** コロンビア議会は米国とのパナマ運河条約を批准拒否。パナマ住民は、秘密裏に米国の支援を受けて反乱。分離独立へ
- **1946-64年** 「ラ・ヴィオレンシア」：民主・保守両勢力の紛争により20万人以上が死亡（一部には35万人という推定もある）
- **1953年と1957年** 軍事クーデター
- **1957年** 民主党と保守党間で権力分割協定成立（大統領輪番制、政府職員と議員の50/50配分など）
- **1960年代初頭** 経済の停滞、ハイパーインフレーション
- **1964年** 国民解放軍（ELN）結成
- **1966年** コロンビア革命軍（FARC）結成
- **1973-74年** 4月19日運動（M-19）結成
- **1970年代末期** コロンビアにおける麻薬生産と輸出が急拡大。最初はマリファナ、やがてコカインへ
- **1985年** M-19が司法省を占拠して数百人の人質を取る。引き続く軍隊による突入で、最高裁判事の半数を含む100人が死亡
- **1980年代** 地主層による左翼ゲリラに対抗する準軍事組織多数が結成される。違法薬物取引の拡大とメデリン、カリのコカイン・カルテル勃興
- **1989年** M-19が政府と和平合意し、合法政党へ移行
- **1991-92年** 政府とELN、FARCの間で交渉
- **1998年** ELN、FARCとの交渉再開。FARCの和平プロセス参加を促すため、政府は安全地帯（スイス一国くらいの大きさ）を認める
- **2000年** アメリカは、コカイン取引撲滅の戦費として10億ドルの軍事援助
- **2002年** 和平交渉不調に終わる。FARCは、100人以上の市長に対し、辞任しなければ殺害すると脅迫

地図凡例

コロンビア
- FARC 安全地帯
- 近隣諸国におけるFARCと対FARC軍事行動
- コロンビア国内戦闘地域からの難民

地図上の地名: カリブ海、パナマ、バランキジャ、ベラヴィスタ、メデリン、ベネズエラ、太平洋、コロンビア、ボゴタ、カリ、ウリベ、メセタス、ヴィスタ・ヘルモサ、ラ・マカレナ、ブラジル、キト、エクアドル、ペルー、ボリビア

ベネズエラ

- **1830年** グラン・コロンビアから分離
- **1830-1945年** 歴代軍閥政権が続く
- **1914年以前** 石油資源開発の初期段階
- **1920年代** 世界有数の石油輸出国となる
- **1945-48年** 軍民一体のクーデターの末に、ベタンクールが大統領就任。初の国民多数の支持を受けた政権誕生
- **1948-58年** 軍事独裁政権
- **1959年** ロムロ・ベタンクール大統領職2期目選出（1963年には3期目）
- **1969年** ベネズエラ史上初めて、選挙に敗れた大統領が退任
- **1970年代-1980年代** 世界的な原油価格高騰による好景気に続き、原油下落による不景気
- **1989年** 緊縮財政に反対する暴動と略奪によって、数百人が死亡
- **1992年** ヒューゴ・チャベス大佐率いるクーデター未遂
- **1998年** チャベスが大統領に就任（2000年に再選）
- **2001年** 政府の経済政策に反対する集会に数百万人が集まる
- **2002年** チャベス大統領に反対するクーデター未遂

ボリビア

- **1825年** 独立
- **1825-80年** 軍閥政治、私利私欲のための独裁政権が続く
- **1879-83年** チリと戦争。海への出口を失う
- **1880年** 民政時代のはじまり
- **1932-35年** パラグアイと「チャコ戦争」。57,000人の死者を出す。敗戦によって領土割譲を招く
- **1936年** 軍事クーデター：1943年、1946年、1951年にも、クーデターと民衆蜂起が続く
- **1952年** 民衆蜂起：文民政府を修復し1964年まで続く
- **1964-78年** 軍事独裁時代。リーダーがこの間入れ替わる
- **1978-79年** 民政復帰の試み
- **1980年** 「コカイン・クーデター」によりメサ将軍が権力掌握。強圧政治、殺人、拷問、腐敗の治世。クーデター首謀者は、コカイン取引に関与していた
- **1981年** 民政復帰
- **1980年代末期** アメリカの軍事支援を受け、ボリビア政府は麻薬取引との戦いに乗り出す

エクアドル

- **1830年** グラン・コロンビアから分離
- **1830-1925年** リベラル派（商業特権中心）対保守派（土地特権中心）の対立が政治の中心課題を占め続ける。どちらの政府も等しく独裁的だった
- **1925年** 軍事クーデター：独裁政治、混乱、脆弱な経済はそのまま続いた
- **1948-60年** 憲政期、経済も成長
- **1963-66年** 軍事独裁政権
- **1972-79年** 軍事独裁政権
- **1979年** 民主政治回復
- **1987年** 経済政策に怒った陸軍が、コルデロ大統領を拉致し殴打
- **2000年** 民衆プロテストの支援を受けた陸軍が、マハウド大統領に退陣を迫る

ペルー

- **1824年** ペルー独立
- **1968-78年** 軍事独裁政権
- **1980年** ゲリラ組織「センデロ・ルミノソ」（輝く道）が蜂起
- **1980-85年** インフレ率3,240パーセントに
- **1990年** アルベルト・フジモリ大統領に選出。ガソリン価格の3,000パーセント引き上げによりその他の生活物資の値上げを招くなど、緊縮経済政策導入
- **1992年** フジモリによる「自作自演クーデター」。軍部の支援を受けて議会を解散し、憲法効力停止。センデロの指導者が拘束される
- **1993年** フジモリの再選を可能にするため憲法を改変
- **1994年** 6,000人のセンデロ・ゲリラが投降
- **2000年** 収賄スキャンダルが政権を揺るがし、フジモリは日本へ脱出後、辞任を表明
- **2001年** フジモリに逮捕状
- **2002年** 暴力的なデモ。センデロの活動復活の兆し（推定ゲリラ400人）

41　中央アメリカ

中米の国々では、南米の大国のような国内調和をとることができず、アメリカ合衆国の恣意的な政策に翻弄されることが多かった。

グアテマラの和平プロセス

グアテマラでは内戦で20万人以上が殺された。軍部は、テロ戦術の一環として公然と大量虐殺を行った。こうした背景のなかで、1987年に政府と反乱勢力の最初の接触が行われた。3年後のオスロで、和平プロセス構築の合意が成立した。この間も戦争は続き、オスロの合意後も和平プロセスは停滞した。続く1994年に、コロンビア、メキシコ、ノルウェー、スペイン、アメリカ合衆国、ベネズエラなどの「友人グループ」の支持を受けて、交渉再開の枠組み合意が成立した。

引き続き以下の事項が合意された：
・和平プロセス、人権、追放された住民グループの帰還、真実委員会設置へのタイムテーブル（いずれも1994年3月に）
・先住民の権利（1995年3月）
・社会経済的議題（1996年5月）
・軍隊の役割制限（1996年9月）
・停戦、憲法改正、反政府組織の合法化、国内融和のための立法、執行と順守監視の手順、最終和平協定（いずれも1996年12月）

グアテマラの和平プロセスは、他に前例がないほど包括的で、社会経済的な問題を和平協定に取り込んだ点でも画期的だった。これは、戦争の遠因となった問題解決への意欲を示したものだ。

これだけ複雑な一連の合意を、2000年末までにすべて実施することが予定されたが、これは少々欲張りすぎで、完璧な実施は実現しなかった。とくに、先住民の権利関係の動きは遅かった。戦争中に行われた残虐行為の93％は政府軍側の犯行だったにもかかわらず、責任追求の動きはほとんど起きていない。1999年、和平プロセスの過程で合意された憲法改正は、国民投票にかけられたが、投票率もひじょうに低く、否決された（投票者は有権者の19％）。和平は、相変わらず危ういままだ。

サッカー戦争

1969年、エルサルバドルとホンジュラスは翌年のサッカー・ワールド・カップの出場権をかけた3つの激しいゲームを戦い、これが両国の戦争の前奏曲となった。原因は、長年にわたり紛争が続いてきた国境問題と、大量のエルサルバドル人移民越境に対するホンジュラス人の不満が挙げられる。ホンジュラス政府は、移民に対し強制送還政策を導入した。エルサルバドル人移民に対する迫害の報道は乱れ飛び、戦闘はエルサルバドルの側が口火を切った。2週間続いた戦争では数千人の生命が失われ、ようやく1980年に両国は公式に戦争を終結した。

グアテマラ

- 1823年　中米連合州に併合
- 1838年　独立国家となる
- 1944年　民衆蜂起によって独裁制崩壊。新たな民主憲法が制定される
- 1951年　ジャコボ・アルベンツが大統領に選出され、彼の過激な土地改革がアメリカ企業、特にユナイテッド・フルーツ・カンパニーの利権を脅かした。
- 1954年　CIAが仕組んだ反乱でアルベンツが失脚。以後長期間にわたって政治不安が続く
- 1968年　内戦スタート
- 1996年　最終和平協定によって内戦が終結

エルサルバドル

- 1824年　中米連邦共和国に併合
- 1841年　独立国家となる
- 1931年　軍事クーデター、以後代々大土地所有者の支持を受けた軍人主導政権が続く
- 1932年　農民蜂起。参加を疑われた者1万人以上の処刑によって鎮圧される
- 1969年　ホンジュラスとの間で「サッカー戦争」
- 1970年　反政権デモが増加、ことごとく鎮圧。軍事政権にエリート層の不満が募る
- 1979年　公然内戦スタート
- 1980年　軍事政権崩壊、民政復帰への試みがスタートする。1980年代、いくどとなく選挙が行われたが、国際監視員はその公正さに疑問を呈する
- 1981年　左翼ゲリラとの戦闘が続き、アメリカから資金援助と軍事軍連の支援
- 1991年　和平協定により戦争終結

ホンジュラス

- 1823年　中米連合州に併合
- 1838年　独立国家となる
- 1963-71年と1972-81年　軍事独裁政権
- 1969年　エルサルバドルとの間で「サッカー戦争」
- 1980年代　ニカラグアの左翼サンディニスタ政権打倒を目論むコントラに対し、米国支援による基地が提供される。
- 1998年　ハリケーン・ミッチが襲来。数千人が死亡、100万人以上の民衆が家を失う。道路、市街、農村などに多大な被害

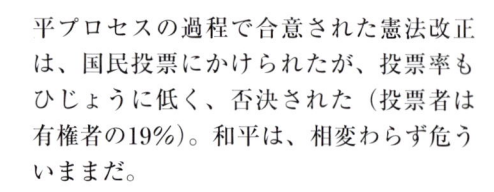

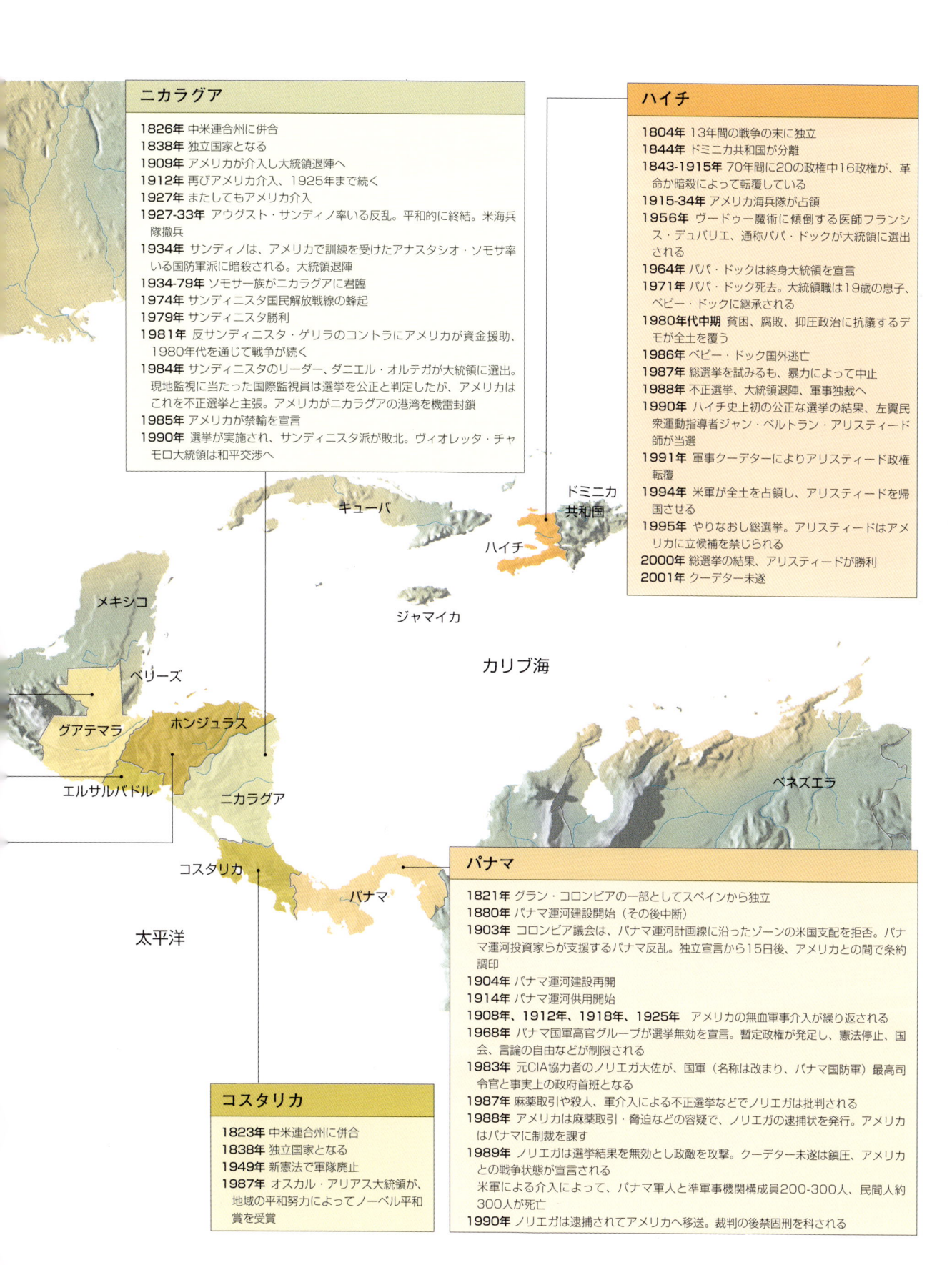

ニカラグア

- 1826年 中米連合州に併合
- 1838年 独立国家となる
- 1909年 アメリカが介入し大統領退陣へ
- 1912年 再びアメリカ介入、1925年まで続く
- 1927年 またしてもアメリカ介入
- 1927-33年 アウグスト・サンディノ率いる反乱。平和的に終結。米海兵隊撤兵
- 1934年 サンディノは、アメリカで訓練を受けたアナスタシオ・ソモサ率いる国防軍派に暗殺される。大統領退陣
- 1934-79年 ソモサ一族がニカラグアに君臨
- 1974年 サンディニスタ国民解放戦線の蜂起
- 1979年 サンディニスタ勝利
- 1981年 反サンディニスタ・ゲリラのコントラにアメリカが資金援助、1980年代を通じて戦争が続く
- 1984年 サンディニスタのリーダー、ダニエル・オルテガが大統領に選出。現地監視に当たった国際監視員は選挙を公正と判定したが、アメリカはこれを不正選挙と主張。アメリカがニカラグアの港湾を機雷封鎖
- 1985年 アメリカが禁輸を宣言
- 1990年 選挙が実施され、サンディニスタ派が敗北。ヴィオレッタ・チャモロ大統領は和平交渉へ

ハイチ

- 1804年 13年間の戦争の末に独立
- 1844年 ドミニカ共和国が分離
- 1843-1915年 70年間に20の政権中16政権が、革命か暗殺によって転覆している
- 1915-34年 アメリカ海兵隊が占領
- 1956年 ヴードゥー魔術に傾倒する医師フランシス・デュバリエ、通称パパ・ドックが大統領に選出される
- 1964年 パパ・ドックは終身大統領を宣言
- 1971年 パパ・ドック死去。大統領職は19歳の息子、ベビー・ドックに継承される
- 1980年代中期 貧困、腐敗、抑圧政治に抗議するデモが全土を覆う
- 1986年 ベビー・ドック国外逃亡
- 1987年 総選挙を試みるも、暴力によって中止
- 1988年 不正選挙、大統領退陣、軍事独裁へ
- 1990年 ハイチ史上初の公正な選挙の結果、左翼民衆運動指導者ジャン・ベルトラン・アリスティード師が当選
- 1991年 軍事クーデターによりアリスティード政権転覆
- 1994年 米軍が全土を占領し、アリスティードを帰国させる
- 1995年 やりなおし総選挙。アリスティードはアメリカに立候補を禁じられる
- 2000年 総選挙の結果、アリスティードが勝利
- 2001年 クーデター未遂

キューバ
ドミニカ共和国
ハイチ
ジャマイカ
カリブ海
メキシコ
ベリーズ
グアテマラ
ホンジュラス
エルサルバドル
ニカラグア
ベネズエラ
コスタリカ
パナマ
太平洋

パナマ

- 1821年 グラン・コロンビアの一部としてスペインから独立
- 1880年 パナマ運河建設開始（その後中断）
- 1903年 コロンビア議会は、パナマ運河計画線に沿ったゾーンの米国支配を拒否。パナマ運河投資家らが支援するパナマ反乱。独立宣言から15日後、アメリカとの間で条約調印
- 1904年 パナマ運河建設再開
- 1914年 パナマ運河供用開始
- 1908年、1912年、1918年、1925年 アメリカの無血軍事介入が繰り返される
- 1968年 パナマ国軍高官グループが選挙無効を宣言。暫定政権が発足し、憲法停止、国会、言論の自由などが制限される
- 1983年 元CIA協力者のノリエガ大佐が、国軍（名称は改まり、パナマ国防軍）最高司令官と事実上の政府首班となる
- 1987年 麻薬取引や殺人、軍介入による不正選挙などでノリエガは批判される
- 1988年 アメリカは麻薬取引・脅迫などの容疑で、ノリエガの逮捕状を発行。アメリカはパナマに制裁を課す
- 1989年 ノリエガは選挙結果を無効とし政敵を攻撃。クーデター未遂は鎮圧、アメリカとの戦争状態が宣言される
  米軍による介入によって、パナマ軍人と準軍事機関構成員200-300人、民間人約300人が死亡
- 1990年 ノリエガは逮捕されてアメリカへ移送。裁判の後禁固刑を科される

コスタリカ

- 1823年 中米連合州に併合
- 1838年 独立国家となる
- 1949年 新憲法で軍隊廃止
- 1987年 オスカル・アリアス大統領が、地域の平和努力によってノーベル平和賞を受賞

第9章

和平構築

　これまでに世界で結ばれた和平協定の54%が、調印から5年以内に破棄されている。1990年代の経験から、和平協定が破られる理由は以下の5つのうちのいずれかか、いくつかの組み合わせであることがわかった。

・当事者の一方（しばしば双方）が不誠実で、相手に嘘をつき、騙し、和平調印そのものが欺瞞である場合。意外かもしれないが、このような徹底した不誠実はむしろまれだ。シエラレオネの反乱勢力RUFが、最初から相手を騙す意図で和平協定に調印したのが典型的な実例だ。

・当事者の一方（しばしば双方）の協定履行が条件付きで、実施が遅れた場合。例えば、1992年アンゴラの総選挙でジョナス・サヴィンビが勝利を逃した時点で、そこまでの和平プロセスの成果は、サヴィンビの側からみれば無効同然となった。そのためサヴィンビは野に下り、戦争はさらに10年間続くことになった。

・当事者の一方（しばしば双方）が分裂した場合（合意の直接結果でそうなることも多い）。内部分裂は、紛争の敵味方が分裂している以上に、戦争と平和を決定づけることがある。イスラエルとパレスチナの和平プロセスは、それぞれの内的分裂によってうまく機能しない典型例だ。北アイルランドの場合は、まず一方が内部分裂し、続いてもう一方も内部分裂するという、たび重なる危機を経ながら生き残った和平プロセスの例だ。

・戦争によって引き起こされる、経済的、軍事的、人的、政治的、社会的影響が、国家の正常な機能を失わせるほどに大きい場合。平和は期待されたすべてをもたらしてはくれないし、希望を失うことは幻滅と暴力回帰への誘惑となる。戦争の記憶が、すべての人々にとって戦争への警告となるとは限らない。多くの人間が戦争に感じることは、暴力に対する嫌悪だが、一部には暴力を望んでやまない人間も存在する。

・元々の戦争を引き起こした長年の問題が解決されず、国全体が他に行き場を知らず、リーダーもまた他の方法を知らないがために、時とともに再び戦争へと引きずり込まれる場合。

　1992年、国連事務総長ブトロス・ブトロス・ガリは、安全保障理事会に送った報告書で、平和維持活動をいくつかの方法に区別した。すなわち、合意が成立した後にスタートする平和維持、安保理の決定に基づき紛争地域に和平を強制的に実施する平和執行、そして、危険地域で紛争が戦争へとエスカレートするのを防ぐために介入する予防外交である。和平構築は、ひとつの社会が紛争から立ち直るのを支援するプロセスにブトロス・ガリが与えた名称だ。たんなる戦後復興だと、最初に戦争を招いたシステムとストラクチャーを元

政治的枠組み

民主化：選挙を準備し監視する

人権：国際法規の尊重、人権侵害の監視報告システムの整備

法に基づく統治：立法の改善、司法改革、警察改革

良き政府：透明性、信頼性、反汚職

政治機構の構築

和解

対話：政治リーダー同士、政治的な活動家同士、NGO同士

相互理解の構築：教育カリキュラム（特に歴史）を通じて行う

人種憎悪発言や敵対的レトリックを避ける：報道機関の規範

真実委員会

通りに戻すだけだが、和平構築とは戦後復興よりも一歩踏み出した活動である。

和平構築は、複雑で金と時間のかかるプロセスだ。治安の確保、社会経済的発展、行政機構の構築、そして和解という4つの要素は、1本が弱ければ、構造全体が崩れてしまうという意味で、4本の柱のような関係にある。

国連やその他の国際機構、国際NGOといった和平構築者は平和の保護者であり、敵対者が和平プロセスを破壊するのを防ぐ責任を負う。戦争中に発生したブラック・マーケットや腐敗を排除して、普通の経済機能を始動させるのも、平和の保護者の責任だ。農村部を再び生活の場とするために地雷を除去したり、兵士を労働者・消費者にするのも、トラウマを背負った子ども兵士の対策も、互いへの憎悪に慣れきったグループを和解へと導くのも彼らの役割だ。和平構築者たちは、こうした活動のすべてを通じて、地元の民衆からはかつての植民地支配者のような振る舞いを批判されるであろうし、国外からは仕事の非効率を批判されるだろう。そして、彼らがどれほどの努力を払おうと、任務がどれほどの広がりや深さを持とうと、保護者に過ぎない彼らに許されるのは助力と励ましだけであり、長期的な和平の本当の源は、戦争で荒廃したその国のなかから芽生えなければ意味がないことを理解しなければならない。

前述の4本柱と比べた場合、1990年に実施された主要な和平構築活動は3本足のイスに見えなくもない。すなわち、大規模な治安部隊、豊富な資金、そしてできるだけ速やかに実施された選挙である。ほとんどのケースが容易な任務ではなかったし、それが簡単であったかのように見せかけるのは非生産的である。

戦争からの立ち直りのからみ合った困難は、平和な社会で暮らしている者にはなかなか理解できないものだ。住み慣れた家を追われ難民キャンプ暮らしを強いられたり、1992年から1995年のサラエボのように包囲された都市にとどまることを強制されるといった戦争のプレッシャーにさらされた生活では、人は数日より先の未来を考えることさえ困難になる。あなた自身や愛する人が、明日パンを買いに出て撃ち殺されるかも知れないとしたら、来年のプランなど考えられるだろうか？

では、来年のことを考えられなくなったあなたに、自身の教育のことを考えたり、商売をはじめて勤勉に働きながら来年の利益に思いをはせることができるだろうか？　訓練や教育、投資を考えられなくなった人々に、経済的な立ち直りは不可能である。そして外国の資金援助機関が幻滅するか、他の紛争地へ努力を移すまで、彼らは外からの援助に頼り切るしかないのである。

政治リーダーたちは、しばしば和平構築活動の遅さにしびれを切らしがちだ。しかも政治家は、戦争勃発そのものの防止にはほとんど関心をしめさない。なぜなら、有権者たちが聞いたこともないような国の戦争を未然に防止した功績で再選された政治家はいないからだ。

それでも和平構築活動の最初の10年間が過ぎた今日までに、各国政府や政府間組織、国際NGOは経験を重ね、やるべきことやってはならないことの区別がつくようになってきた。これから先も失敗はあるだろうが、いくつかの成功もあるだろう。

治安
- 平和の確立、監視、停戦など
- 武装解除、動員解除、戦闘員の社会復帰
- 少年兵士のケア
- 人道的地雷除去
- 治安部門の改革
- 小型武器、軽兵器取引の制限

社会経済
- 物質的な再建
- 公共事業や経済基盤への投資
- 反汚職法制
- 学校
- 病院
- 難民の帰還

42 和平合意

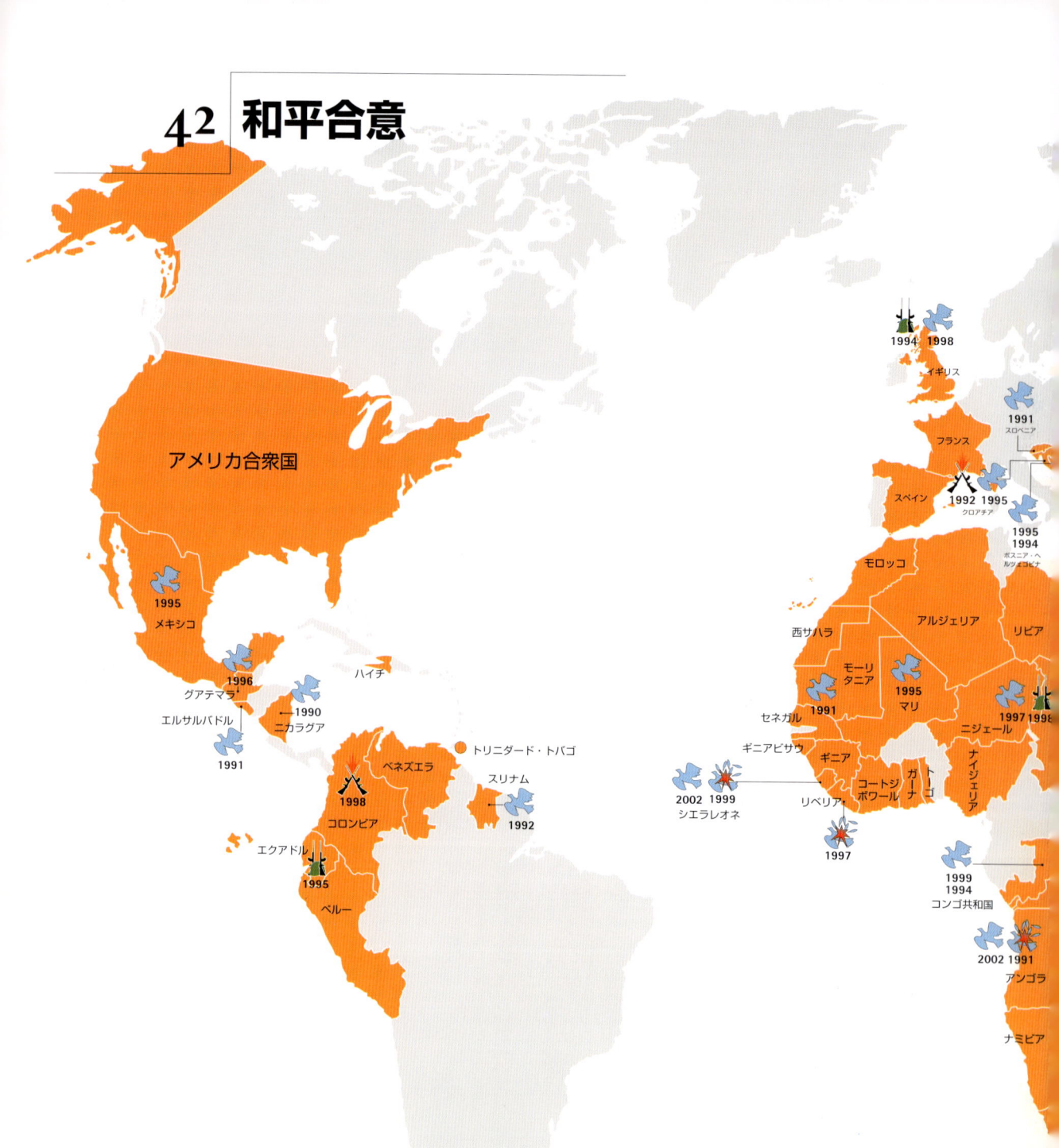

　武力紛争は、和平合意以外にも、戦勝や敗戦、一方または双方の疲弊、紛争を引き起こした基本的条件の変化によって終わることがある。和平協定が合意に達したとしても、それは長く続くプロセスのはじまりでしかないこともあり、そのプロセスの結末はむしろ、失敗である可能性のほうが大きいし、大きな惨事につながるおそれは常に存在する。この困難で脆弱なプロセスが何年か続いたとき、はじめて両方の当事者がこのプロセスを真剣に受け入れるようになり、平和がゴールではなく日常的事実、避けがたい帰結として認識されることもある。だが、時の経過が戦争の恐怖という集団記憶を鈍らせ、政治指導者たちが再び平和を危機にさらすような行動に出ることもある。和平合意が破られて再発した戦争は、前の戦争よりも激しい暴力をともなうことが少なくない。

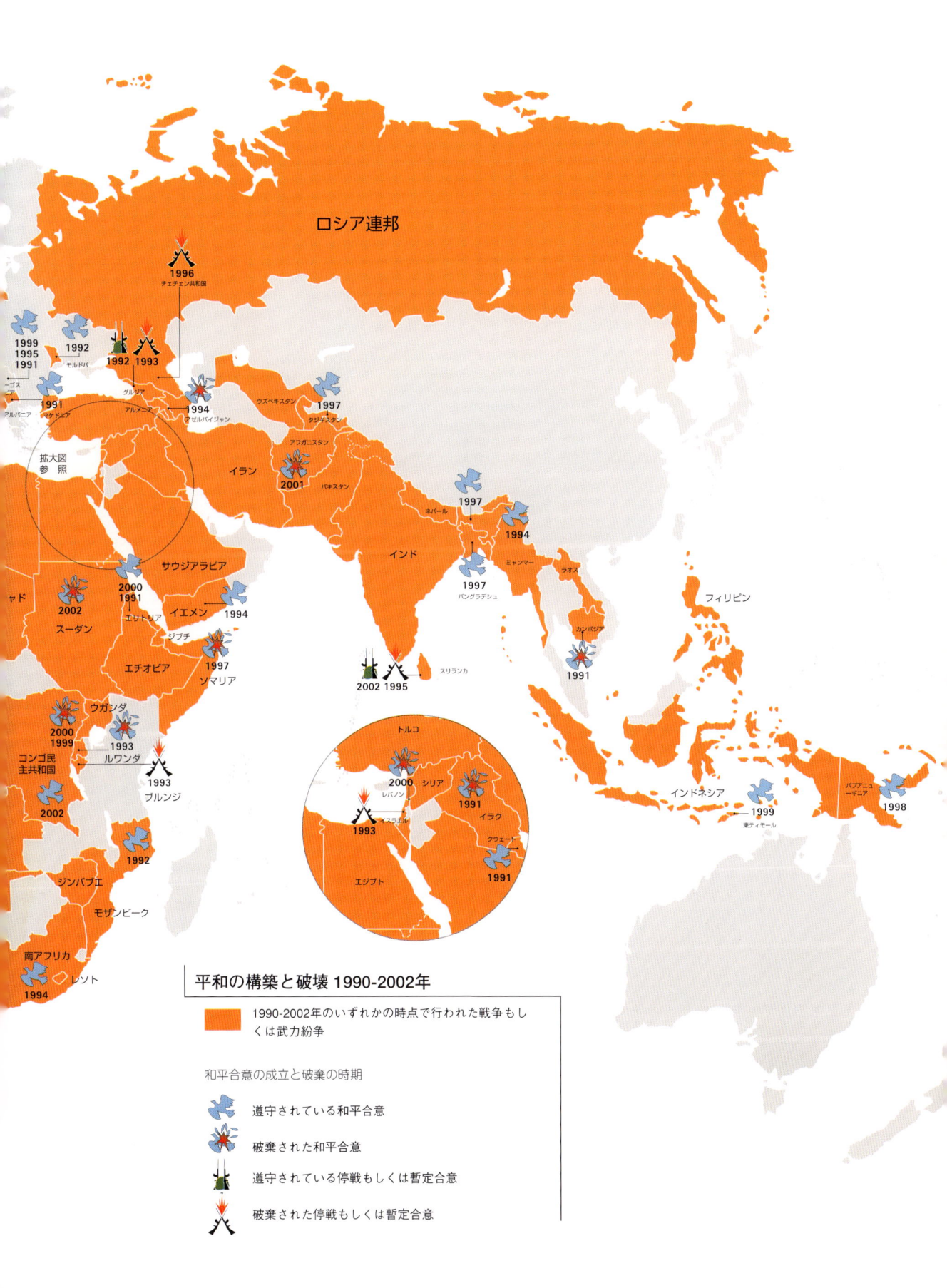

平和の構築と破壊 1990-2002年

- 1990-2002年のいずれかの時点で行われた戦争もしくは武力紛争

和平合意の成立と破棄の時期

- 遵守されている和平合意
- 破棄された和平合意
- 遵守されている停戦もしくは暫定合意
- 破棄された停戦もしくは暫定合意

ロシア連邦

1996 チェチェン共和国
1999 / 1995 / 1991
1992 モルドバ
1991 コソボ
1991 アルバニア マケドニア
1992 グルジア
1992 / 1993
1994 アルメニア / アゼルバイジャン
1997 ウズベキスタン
2001 アフガニスタン タジキスタン
イラン パキスタン
1997 ネパール
1994 インド
1997 バングラデシュ ミャンマー ラオス
1991 カンボジア
フィリピン
2002 / 1995 スリランカ
1999 東ティモール インドネシア
1998 パプアニューギニア

拡大図参照

サウジアラビア
2000 / 1991 エリトリア
1994 イエメン ジブチ
2002 スーダン
1997 ソマリア エチオピア
2000 / 1999 ウガンダ
1993 ルワンダ
1993 ブルンジ
2002 コンゴ民主共和国
1992 モザンビーク ジンバブエ
レソト 南アフリカ
1994

拡大図:
トルコ
2000 シリア
1993 レバノン / イスラエル
1991 イラク
1991 クウェート
エジプト

43 平和維持

　1989年の冷戦終結によって、国連はかつて超大国の対立によって課された制約から解放され、より多くの平和維持活動ができるようになった。平和維持活動は最初の40年間に15ミッションが行われたが、1990年代の前半4年間だけで同じ数が展開されている。

　平和維持活動は回数だけではなく、より意欲的にくり広げられるようになった。国連平和維持活動は、停戦と軍事境界線の監視から、選挙の準備や、戦闘員の社会復帰、警察の訓練、和解の促進にまで踏み込むようになった。その当然の結果として、失敗も経験している。

　平和維持軍には、能力を超えた任務が課されることも少なくない。国連安保理事会の議決は、理事国の支援をともなわないこともしばしばで、多くの活動が資金不足と人員不足のまま強行されている。

　ほとんどの平和維持活動では、兵員は軽武装だけで攻撃された後の自衛目的でのみ兵力使用が許されている。オランダの国連平和維持軍は「維持すべき平和など存在しない」といわれるボスニア・ヘルツェゴビナの戦域に派遣されたが、1995年にセルビア人勢力がスレブレニカのボスニア人7,000人を虐殺するのをなす術なく見逃すこととなった。2000年のシエラレオネでは、反乱勢力が500人の国連平和維持軍を包囲、人質に取られる事件も発生した。

　しかし、中米やモザンビーク、ナミビア、カンボジアなど多くのケースでは、国連平和維持ミッションは、戦争で荒廃した社会を助け、戦争終結という基本的な合意から比較的安定した平和へ導くことによって、より良い状況へのチャンスを与えることに成功している。

国連平和維持活動

現在進行中のミッション

国連がはじめて平和維持ミッションを手がけたのは1948年のことだ。2002年現在、国連は15の平和維持ミッションを遂行中である。

1950年
1960年
1970年
1980年
1990年
2000年

NATO加盟諸国の国連および非国連平和維持活動への貢献

　1990年代の中頃になると、国連とその活動への不満から、アメリカに代表される複数の国々が平和維持派遣軍を国連指揮系統の外に置くようになった。1995年以降のボスニア・ヘルツェゴビナと1999年以降のコソヴォの最大規模かつ最も知られた2つの活動において、派遣された戦闘部隊は国連平和維持活動の指揮系統外に置かれている。

2001-02年　非国連と国連平和維持活動に従事する軍事要員の比率

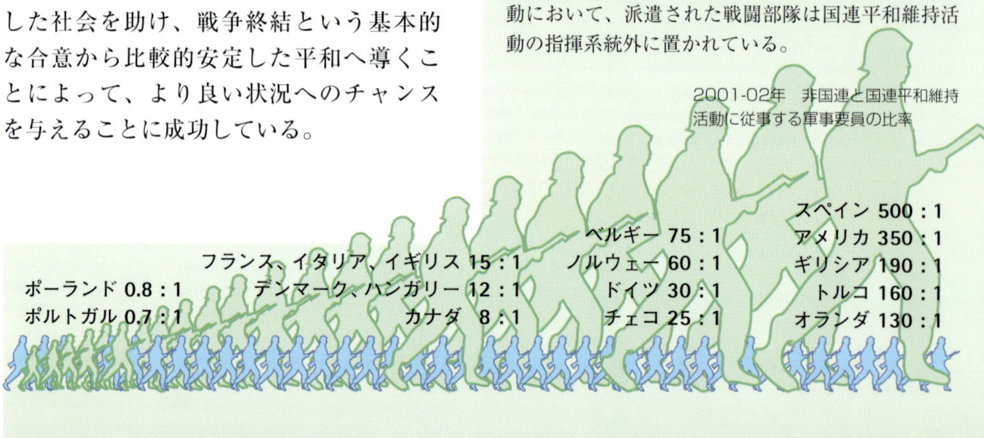

フランス、イタリア、イギリス 15:1	ベルギー 75:1	スペイン 500:1
	ノルウェー 60:1	アメリカ 350:1
ポーランド 0.8:1	ドイツ 30:1	ギリシア 190:1
デンマーク、ハンガリー 12:1		トルコ 160:1
ポルトガル 0.7:1	チェコ 25:1	オランダ 130:1
カナダ 8:1		

2002年　平和維持活動

軍事要員／警察要員を派遣した国：

- 国連および非国連の平和維持活動両方
- 国連平和維持活動のみ
- 非国連平和維持活動のみ
- これ以外に過去の国連平和維持活動に軍事もしくは警察要員を派遣した国
- その他の国

- 2002年 何らかの平和維持活動に100人以上
- 2002年 何らかの平和維持活動に100人未満

場所

- 2002年現在進行中の国連平和維持活動の場所と開始時期
- 2002年現在進行中の非国連平和維持活動の場所と開始時期
- 過去の国連平和維持活動の開始時期および終了時期

44 和平プロセス

政治指導者が戦争をはじめるには、特別な資質は必要ないが、和平への道を切り開くためには、現実主義も含めた能力を備えた、特別なタイプの指導者が必要とされる。破壊は再建よりも簡単だし、たんなる再建以上のものが求められることも多い。驚くにはあたらないが、和平構築の記録は成功と失敗が入り混じったものであり、和平の見通しが立たないケースも少なくない。しかしながら、一国の和平の見通しがある時点でどれほど悲観的に見えたとしても、北アイルランドのように長期にわたった紛争でも、カンボジアのように暴虐を極めた紛争でも、南アフリカのように根深い紛争でも、合意は可能だったことを思い起こすべきである。

以下に示した例は、2003年5月時点の状況を表している。

コソヴォ

和平見通し：国外からの支援継続に依存

ユーゴスラビアにおけるNATOの戦争は、コソヴォへの多国籍軍侵攻によって終った。アルバニア系武装独立勢力は、散発的にセルビア人やアルバニア人対立勢力に対する暴力を続けている。2002年10月の地方選挙は、政党間の暴力によって汚されてしまった。ほとんどのセルビア人自治体では、コソヴォのアルバニア系住民が多民族のためのコソヴォを受け入れることに懐疑的であり、投票率もおしなべて低かった。経済発展にはめざましいものがあったが、コソヴォ州は相変わらず外国からの援助に頼りきり、独立か現状のままセルビアに残留するかの憲法上の決断は見極められない。
56-59ページ参照

北アイルランド

和平見通し：良好

1994年の停戦合意と1998年聖金曜日の和平合意は、北アイルランドに住む2つのコミュニティ間の暴力はほぼ終結させたが、それぞれのコミュニティ内の暴力はまだ終っていない。ユニオニスト（アイルランド統一派）は、いまだに武装解除に応じようとしないIRAに対し、強い疑いを抱いている。一方、ロイヤリスト（イギリス残留派）は自分たちの優位を誇示する伝統行事、オレンジ公マーチの継続を主張している。だが、ダブリンとロンドンの両政府はこの和平プロセスに威信を賭け、北アイルランドはその恩恵に浴すことができた。和平プロセスは、次から次に発生する危機によってつまずき、無責任な政治家によって足を引っ張られてきたが、戦争への回帰を望んでいるのは、ごく限られた少数にすぎない。
42、52-53ページ参照

グアテマラ

和平見通し：良好

1996年の合意につながる和平プロセスは6年を要した。合意内容が多くを要求し性急であった割には、最初の6年間に実現したのは戦争の遠因を洗い出しただけだった。それでも一般民衆に二度と戦争を起こすまいと思わせるだけの効果はあったようだ。この国の経済は深刻な欠陥を抱えたままだが、公然の武力紛争の再発はなく、主要なグループがそれを計画しているという証拠もない。政治的対立は続いているため、国の命運はこうした対立を平和的に処理する政治的リーダーにかかっている。ただし、平和と安定への最大の脅威は組織犯罪の増加を経済の弱さだろう。
42、106-107ページ参照

シエラレオネ

和平見通し：五分五分

国連仲介による一連の交渉も、史上最大規模の国連平和維持軍派遣も、革命統一戦線（RUF）の反乱派に戦争終結を受け入れさせることはできなかった。隣国リベリアのテイラー大統領と密接な関わりを持ち、ダイヤモンド取引の利権を握るRUFは典型的な平和の敵である。2000年にRUFは国連平和維持軍を人質とし、首都フリータウンを攻撃したが、英軍による短期間の軍事介入でRUFの士気には大きな打撃が与えられた。RUFのリーダーはシエラレオネ政府に捉われ、人質問題は終息した。2001年現在、RUFとその他の武装組織の復員が軌道に乗り、2002年には和平合意も成立した。シエラレオネは世界最貧国であり、平和を確実なものとするためになすべき課題は多い。この国の政府が、RUFのような武装勢力の台頭を防ぐことができ、近隣諸国の戦争が飛び火することがなければ、和平のチャンスはあるだろう。
42、90-91ページ参照

南アフリカ

和平見通し：確実

ANCリーダー、ネルソン・マンデラを監獄に訪ねたデ・クラーク首相の決断と、対話に応じたマンデラの決断は、この2人が政治家が最高のリーダーシップを備えていることを示した。1990年のマンデラ釈放に続く交渉と憲法改正協議の過程では、この2人は政治的にライバル関係にあったが、和平プロセスにおけるパートナーという関係は堅持された。和平を脅かしたのは、ポスト・アパルトヘイトの権力の分け前を争う南アフリカ黒人諸勢力の暴力だった。アフリカ南部諸国の大部分がそうであるように、南アフリカもまたHIV AIDSの脅威にさらされ、貧富の差も大きく開いている。2つの巨星はすでにステージを降りたが、公然とした戦争再開の可能性はほとんど考えられない。
100-101ページ参照

ボスニア・ヘルツェゴビナ

和平見通し：国外からの援助の継続に依存

1995年にボスニア・ヘルツェゴビナ、クロアチア、ユーゴスラビア間で結ばれたデイトン和平合意は3年間の戦争に終止符を打った。国際派遣軍はこれ以降の戦争発生を着実に防いでいる。経済発展は最低レベルにあり、腐敗がはびこるこの国は外国からの援助資金に頼りきりだ。ボスニア・ヘルツェゴビナは3つの構成要素からなる緩慢な連合体だ。すなわち、クロアチア人、セルビア人、そして多数派のボスニア人である。ボスニア・ヘルツェゴビナに住むクロアチア人とセルビア人の政治リーダーたちは、統一された現実的国家の建設にほとんど協力することはなく、クロアチア人とセルビア人それぞれの民族主義政党から誤った煽動を受けていた。根深い幻滅と政治家に対する不信を表すかのように、選挙の投票率は低かった。仮に国際派遣軍が撤退した場合、戦争再発の可能性が高いことを、大多数が懸念するところだ。
42、54-55、58-59ページ参照

チェチェン

和平見通し：わずか

1996年の和平合意は、実質的に一時的停戦以外の何物でもなかった。ロシアがなかなか戦争に勝利することができない一点だけから生まれたこの協定は、両勢力の長期的な妥協の姿勢が一切盛り込まれていなかった。チェチェン独立に関する適切な話し合いと決定は5年間いたずらに先送りされ、3年目には新たな戦争がはじまっている。どちらの側も完全な手詰まり状態に陥り、またどちらの側も激しい暴力に手を染めている。一方か両方のリーダーシップに入れ替わりがないかぎり、交渉の再開は期待できない。
35、43、60-61ページ参照

スリランカ

和平見通し：五分五分

2002年、ノルウェーの仲介を受けたタミールのトラとスリランカ政府は大方の予想に反し、停戦に合意したばかりか和平交渉の席に着き、互いに真剣な交渉を開始した。仮にスリランカ政府がタミール人の自治を公式に認めることができれば、またタミールのトラ側が完全独立の要求を取り下げれば、いままでの悲惨な戦いの末の合意は、十分手の届く距離にある。スリランカ政府の内部分裂（大統領の所属政党と首相が属する政党は異なり、後者が議会多数を占めている）は、和平プロセスの不安定化要因だ。
82-83ページ参照

カンボジア

和平見通し：確実

1992年の和平合意は、すべての当事者の合意というかたちではなく、大多数の当事者がクメール・ルージュの当事者能力喪失を受け入れた結果として成立し、ここに東南アジアで最も悲惨な戦争が終息した。クメール・ルージュは選挙監視要員を殺害したり、投票所に向かう有権者に砲撃を加えるなどの妨害を行ったが、選挙そのものを阻止することはできず、このことも彼らの退潮を示していた。
43、84ページ参照

モザンビーク

和平見通し：確実

数ある和平合意のなかでも、最も実現が疑問視されたケースだが、南アフリカという国事態が変革を進めるなか、レナモ・ゲリラが支援を失うことはほぼ間違いないだろう。レナモ反乱勢力が政党へと変身することを予想した者はほとんどいなかったが、レナモが自己に不利な選挙結果を受け入れると予想した者はさらに少なかった。だが、現実に彼らは国連の勧めを受け入れて政治的野党勢力となる道を選択し、モザンビークは数十年におよんだ戦争から脱出することができた。
100-101ページ参照

イスラエルとパレスチナ

和平見通し：危機

オスロ・プロセスでは、困難な疑問をあえて後回しにしながら、合意可能な問題だけ合意する道が選ばれた。だが、合意から3年も経たずして、和平プロセスは死に瀕し、2000年に完全なまでに命脈を絶たれた。このとき、交渉の過程で双方がそれぞれに妥当と考えるエルサレム市街地の分割案の隔たりの大きさが露呈し、第2インティファーダのはじまりが埋葬のセレモニーとなった。双方の激しい暴力と相互不信は、今後の合意の見通しを極めて難しくしている。
43、66-69ページ参照

イラク

和平見通し：不確実

2003年の戦争は素早い展開を見せたが、アメリカは戦争準備に熱心だった割には平和の回復には無関心だったようだ。この戦争に対する表立った批判を避けた国連に対し、アメリカは渋々ではあるが一定の役割を譲り渡した。ただし、アメリカ軍もイギリス軍も彼らが予想していたほどにイラク国民からは歓迎されていない。35年間の恐怖による支配を受けてきたこの国の和平構築は困難に直面する一方で、領土的な一体性はクルド族の自治要求によって危機にさらされている。隣接するイラン、トルコの2国は、それぞれの国内に抱えるクルド族住民の独立運動を刺激することを怖れ、イラク・クルド族への自治付与にも反対している。イラクには経済建設の頼りとなる膨大な石油資源があるが、近隣諸国の経験を見れば石油の富が平和や社会正義を保証してはくれないことは明らかだ。
43、64-65、72-79ページ参照

戦争一覧表について

　このアトラスに含まれる戦争リストと地図の作製にあたっては、以下の条件をすべて満たす場合に、これを戦争もしくは武力紛争と定義した。
・公然の武力による紛争であること。
・少なくとも2つの当事者があること。
・戦闘員も戦闘も一元的な指揮に属すること。
・政治的権力および／または領域の支配権を争っていること。
・複数の衝突に連続性があること。
・死者の合計は少なくとも数百人、12カ月間に25人以上の戦闘による死者が出ていること。

　他の研究者とは異なり、ここに挙げた定義では、「戦争」と「武力紛争」という2つの用語の区別をしていない。そのため全体において、この2語は互換的に用いられている。
　年間死者数25人という下限値は、低めと思われるかもしれないが、現代の戦争の戦闘パターンが、長期間の比較的静穏な時期と突発的な極度の暴力とが入り交じっているためにこうせざるをえなかったと理解されたい。この下限値を高めに設定すると、本質的に長期にわたって続けられている戦争を、散発的な単独の戦争と誤解させる結果を招くからである。
　それでも、活動がある時期完全に鎮静化したり、この下限値を下回ったのち、再び活発化する戦争もあるだろう。そのため、本一覧では戦争が終わるとか完結するという表現は用いず、すべて「～以降停止」として扱うことにする。
　「国家」という用語も、この定義集には入っていない。近年まで、ある事件を戦争もしくは武力紛争と呼ぶには、少なくとも一方が国家であることが必須条件とされてきたが、国連が承認した国家が当事者という条件を除いて、戦争の条件をすべて満たしている事件を、戦争ではないと言い切ることはまったく恣意的であり誤った情報を与えることに他ならない。国家が関与しない戦争は、ソマリア、ソマリランド、イラク北部で現実に発生しているし、レバノンやリベリアの戦争もある期間国家が消滅したり、実効的な国家主権が存在しないなかで戦われた。
　本一覧表には、個々の戦争の2002年11月時点での状態もあわせて示してある。

1990-2002年の戦争一覧表

国名	戦争の態様	戦域
アフガニスタン	内戦	全土
アルバニア	内戦	南部地方
アルジェリア	内戦	全土
アンゴラ	内戦	全土
	限定地方内戦	カビンダ飛び地
	コンゴ民主共和国への軍事介入	コンゴ民主共和国
アルメニア	対外戦争	ナゴルノ・カラバフおよびアゼルバイジャンとの国境地帯
アゼルバイジャン	対外戦争	ナゴルノ・カラバフおよびアルメニアとの国境地帯
バングラデシュ	限定地域内戦	チッタゴン高地
ボスニア・ヘルツェゴビナ	内戦	全土
	限定地域内戦	中央地域
ミャンマー	限定地域内戦	カチン地方
	限定地域内戦	シャン地方
	限定地域内戦	カレン地方
	内戦	全土
	限定地域内戦	アラカン地方
	限定地域内戦	カヤ地方
ブルンジ	内戦	全土
	コンゴ民主共和国に軍事介入	コンゴ民主共和国
カンボジア	内戦	全土
カナダ	アフガニスタンに軍事介入	アフガニスタン
中央アフリカ共和国	内戦	全土
チャド	ナイジェリアと国境武力衝突	国境地方
	内戦	全土
	コンゴ民主共和国へ軍事介入	コンゴ民主共和国
コロンビア	内戦	全土
コンゴ（ブラザビル）	内戦	全土
	内戦	全土
コンゴ民主共和国（旧ザイール）	内戦	全土
	外国軍介入による戦争	全土
コートジボワール	内戦	全土
	内戦	全土
クロアチア	独立戦争	スラヴォニア/クラジナ
	限定地域内戦	スラヴォニア西部/クラジナ
ジブチ	限定地域内戦	アファル
東ティモール	独立戦争	ティモール島東部
エクアドル	対外国境戦争	国境地方
エジプト	内戦	全土
エルサルバドル	内戦	全土
エリトリア	対外戦争	国境地方
	独立戦争	エリトリア
エチオピア	対外戦争	国境地方
	独立戦争に対抗	エリトリア
	内戦	全土
	内戦から拡大した対外戦争	ソマリアに隣接するオガデン地方
	限定地域内戦	オロモ地方（ソマリア国境を越えた部分を含む）
	内戦から拡大した対外戦争	ソマリアのモガジシオ地方
フランス	対外戦争	クウェート／イラク
グルジア	内戦	西部地方
	限定地域内戦	南オセチア地方
	独立戦争	アブハジア
ガーナ	限定地域内戦	北部地方
	内戦	ボーク、ガーナ北東部

開戦年	2002年の戦闘状態	国名
1978年	継続中	アフガニスタン
1997年	1997年の決定的な作戦中断以降停止	アルバニア
1992年	継続中	アルジェリア
1975年	2002年の合意以降停止	アンゴラ
1978年	1998年の決定的な作戦中断以降停止	
1998年	2002年撤兵	
1990年	1997年の決定的作戦中断以降停止（1994年に合意破棄）	アルメニア
1990年	1997年の決定的作戦中断以降停止（1994年に合意破棄）	アゼルバイジャン
1973年	1997年の合意以降停止（前回1992-96年にも停戦）	バングラデシュ
1992年	1995年の合意以降停止	ボスニア・ヘルツェゴビナ
1993年	1994年の合意以降停止	
1948年	1994年の合意以降停止	ミャンマー
1948年	継続中	
1949年	継続中	
1991年	1992年の決定的作戦中断以降停止	
1992年	1994年の決定的作戦中断以降停止	
1992年	継続中	
1988年	継続中	ブルンジ
1999年	2001年に撤兵	
1970年	1998年の決定的作戦中断以降停止	カンボジア
2001年	継続中	カナダ
2001年	継続中	中央アフリカ共和国
1998年	1998年の合意以降停止	チャド
1965年	継続中	
1998年	2000年に撤兵	
1966年	継続中	コロンビア
1993年	1994年の合意以降停止	コンゴ（ブラザビル）
1997年	1999年の合意以降停止	
1996年	1997年の決定的作戦中断以降停止	コンゴ民主共和国
1997年	2002年に停戦合意、外国軍は撤退したが戦闘は継続中	（旧ザイール）
2000年	2001年の決定的作戦中断以降停止	コートジボワール
2002年	継続中	
1991年	1992年の合意以降停止	クロアチア
1995年	1995年の合意以降停止	
1991年	1996年の決定的作戦中断以降停止	ジブチ
1975年	1999年の合意以降停止	東ティモール
1995年	1995年の合意以降停止	エクアドル
1992年	1998年の決定的作戦中断以降停止	エジプト
1979年	1991年の合意以降停止	エルサルバドル
1998年	2000年の合意以降停止	エリトリア
1962年	1991年の合意以降停止	
1998年	2000年の合意以降停止	エチオピア
1962年	1991年の合意以降停止	
1974年	1991年の合意以降停止	
1996年	継続中	
1996年	継続中	
1999年	継続中	
1991年	1991年の合意以降停止	フランス
1991年	1993年の決定的作戦中断以降停止	グルジア
1991年	1992年の合意以降停止	
1992年	1993年に停戦合意するも2002年時点で継続中（前回戦闘は1998年）	
1994年	1995年の決定的作戦中断以降停止	ガーナ
1999年	継続中	ガーナ

1990-2002年の戦争一覧表

国名	戦争の態様	戦域
グアテマラ	内戦	全土
ギニア	限定地域内戦	国内各地で
ギニアビサウ	内戦	全土
ハイチ	内戦	全土
インド	対外戦争	カシミール地方
	限定地域内戦	カシミール地方
	限定地域内戦	アンドラ・プラデシュ、ビハール、マディヤ・プラデシュ
	限定地域内戦	パンジャブ地方
	限定地域内戦	アッサム地方
	限定地域内戦	マニプール地方
	限定地域内戦	ナガランド地方
	限定地域内戦	トリプラ地方
インドネシア	限定地域内戦	西パプア
	独立戦争に対抗	ティモール島東部
	限定地域内戦	スマトラ/アチェ州
	限定地域内戦	マルク諸島
イラン	内戦	全土
	限定地域内戦	北西部クルド族居住地
イラク	限定地域内戦	北部地方／クルディスタン
	対外戦争	イラク／クウェート
	限定地域内戦	南部シア地方
	対外武力衝突：イギリスと米国の空爆	イラク
イスラエル	内戦	全土、占領地域を含む
クルディスタン	内戦	全土
クウェート	対外戦争	クウェート／イラク
ラオス	内戦	全土
レバノン	全土内戦から限定地域内戦へ	1990年以降南部地域のみ
レソト	対外戦争	全土
リベリア	内戦	全土
	内戦	北部地方
リビア	内戦	全土
マケドニア	内戦	北部と西部
マリ	限定地域内戦	北部トゥアレグ地方
モーリタニア	対外戦争	国境地方
メキシコ	限定地域内戦	チアパス州
	限定地域内戦	ゲレロ州
モルドバ	限定地域内戦	ドニエストル共和国
モロッコ	独立に対抗する戦争	西サハラ
モザンビーク	内戦	全土
ナミビア	コンゴ民主共和国へ軍事介入	コンゴ民主共和国
ネパール	内戦	全土
ニカラグア	内戦	全土
ニジェール	限定地域内戦	北部トゥアレグ地方
	限定地域内戦	東部地方
ナイジェリア	チャドと国境衝突	国境地方
	限定地域内戦	北部地方
ノルウェー	アフガニスタンに軍事介入	アフガニスタン
パキスタン	対外戦争	カシミール
	限定地域内戦	カラチ／シンド
	限定地域内戦	パンジャブ
パプアニューギニア	限定地域内戦	ブーゲンビル島
ペルー	内戦	全土
	対外戦争	国境地方

開戦年	2002年の戦闘状態	国名
1968年	1996年の合意以降停止	グアテマラ
2000年	継続中	ギニア
1998年	2000年の決定的作戦中断以降停止	ギニアビサウ
1991年	1991年の決定的作戦中断以降停止	ハイチ
1982年	継続中	インド
1990年	継続中	
1969年	継続中	
1981年	1993年の決定的作戦中断以降停止	
1987年	継続中	
1991年	継続中	
1978年	1997年の合意以降停止	
1993年	継続中	
1963年	継続中	インドネシア
1975年	1999年の合意以降停止	
1989年	継続中	
1999年	継続中	
1978年	1993年の決定的作戦中断以降停止	イラン
1979年	1995年の決定的作戦中断以降停止	
1974年	1997年の決定的作戦中断以降停止	イラク
1990年	1991年の合意以降停止	
1991年	1997年の合意以降停止	
1998年	継続中	
1948年	継続中	イスラエル
1993年	1998年の決定的作戦中断以降停止	クルディスタン
1990年	1991年の合意以降停止	
1975年	1990年の決定的作戦中断以降停止	ラオス
1975年	2000年の合意以降停止	レバノン
1998年	1998年の決定的作戦中断以降停止	レソト
1989年	1997年の合意以降停止	リベリア
1999年	継続中	
1995年	1997年の決定的作戦中断以降停止	リビア
2001年	2001年の合意以降停止	マケドニア
1990年	1995年の合意以降停止	マリ
1989年	1991年の合意以降停止	モーリタニア
1994年	1995年の合意以降停止	メキシコ
1996年	1998年の決定的作戦中断以降停戦	
1991年	1992年の合意以降停止	モルドバ
1975年	1991年の決定的作戦中断以降停止	モロッコ
1976年	1992年の合意以降停止	モザンビーク
1998年	2002年撤兵	ナミビア
1997年	継続中	ネパール
1974年	1990年の合意以降停止	ニカラグア
1991年	1997年の合意以降停止	ニジェール
1994年	1997年の合意以降停止	
1998年	1998年の合意以降停止	ナイジェリア
2000年	継続中	
2001年	継続中	ノルウェー
1982年	継続中	パキスタン
1992年	継続中	
1996年	継続中	
1988年	1997年の決定的作戦中断以降停止、1998年には和平協定	パプアニューギニア
1980年	1999年の決定的作戦中断以降停止	ペルー
1995年	1995年の合意以降停止	

1990-2002年の戦争一覧表

国名	戦争の態様	戦域
フィリピン	内戦	全土
	限定地域内戦	ミンダナオ
ロシア	限定地域内戦	北オセチア／イングーシ
	内戦	モスクワ
	限定地域内戦	チェチェン
	限定地域内戦	チェチェン
	限定地域内戦	ダゲスタン
ルワンダ	内戦	全土
	コンゴ民主共和国へ軍事介入	コンゴ民主共和国
サウジアラビア	対外戦争	クウェート／イラク
セネガル	対外戦争	国境地方
	限定地域内戦	カザマンス地方
シエラレオネ	内戦	全土
スロベニア	独立戦争	スロベニア
ソマリア	内戦	全土
	内戦	全土
ソマリランド	内戦	全土
南アフリカ	対外戦争	レソト
	内戦	全土
スペイン	限定地域内戦	バスク地方
スリランカ	限定地域内戦	タミール人居住地／北西部
	内戦	全土
スーダン	限定地域内戦	南部と東部地方
	地域紛争	ベジャ地方
	コンゴ民主共和国へ軍事介入	コンゴ民主共和国
スリナム	内戦	全土
シリア	対外戦争	クウェート／イラク
タジキスタン	内戦	全土
トーゴ	内戦	全土
トルコ	限定地域内戦	南東部クルド人居住地方／イラク北部
	限定地域内戦	西部地方
ウガンダ	限定地域内戦	北部地方
	限定地域内戦	西部地方
	限定地域内戦	中央部地方
	限定地域内戦	南東部地方
	コンゴ民主共和国へ軍事介入	コンゴ民主共和国
イギリス	国際武力衝突	イラク
	地域紛争	北アイルランド
	対外戦争	クウェート／イラク
	シエラレオネに軍事介入	シエラレオネ
	アフガニスタンに軍事介入	アフガニスタン
アメリカ合衆国	国際軍事衝突	イラク
	対外戦争	クウェート／イラク
	対外戦争	ユーゴスラビア
	アフガニスタン軍事介入	アフガニスタン
ウズベキスタン	内戦から発展した対外戦争	キルギス
ベネズエラ	内戦	全土
西サハラ	独立戦争	西サハラ
イエメン	内戦	全土
ユーゴスラビア	独立戦争と対抗	スロベニア
	独立戦争と対抗	クロアチア
	地域紛争	コソヴォ
	対外戦争	ユーゴスラビア
ジンバブエ	コンゴ民主共和国へ軍事介入	コンゴ民主共和国

開戦年	2002年の戦闘状態	国名
1969年	継続中	フィリピン
1974年	継続中	
1992年	1992年の決定的作戦中断以降停止	ロシア
1993年	1993年の決定的作戦中断以降停止	
1994年	1996年の合意で停止	
1999年	継続中	
1999年	1999年の決定的作戦中断以降停止	
1990年	継続中	ルワンダ
1998年	2002年撤兵	
1991年	1991年の合意以降停止	サウジアラビア
1989年	1991年の合意以降停止	セネガル
1990年	2002年の合意以降停止	
1991年	2002年の合意以降停止	シエラレオネ
1991年	1991年の合意以降停止	スロベニア
1997年	1991年の合意以降停止	ソマリア
1991年	継続中	
1991年	1995年の決定的作戦中断以降停止	ソマリランド
1998年	1998年の決定的作戦中断以降停止	南アフリカ
1984年	1994年の合意以降停止	
1968年	1992年の決定的作戦中断以降停止（2000年以降ETAによる攻撃再開）	スペイン
1977年	2002年の停戦以降停止	スリランカ
1983年	1990年の決定的作戦中断以降停止	
1955年	2002年に暫定合意するも継続中	スーダン
1994年	1995年の決定的作戦中断以降停止	
1998年	2001年撤兵	
1986年	1992年の合意以降停止	スリナム
1991年	1991年の合意以降停止	シリア
1992年	1998年の決定的作戦中断以降停止	タジキスタン
1991年	1991年の決定的作戦中断以降停止	トーゴ
1984年	2001年の決定的作戦中断以降停止	トルコ
1991年	1992年の決定的作戦中断以降停止	
1986年	継続中	ウガンダ
1986年	継続中	
1994年	1995年の決定的作戦中断以降停止	
1994年	1995年の決定的作戦中断以降停止	
1998年	2002年撤兵	
1998年	継続中	イギリス
1969年	1994年の合意以降停止	
1991年	1991年の合意以降停止	
2000年	2001年撤兵	
2001年	継続中	
1998年	継続中	アメリカ合衆国
1991年	1991年の合意以降停止	
1999年	1999年の合意以降停止	
2001年	継続中	
1999年	継続中	ウズベキスタン
1992年	1992年の決定的作戦中断以降停止	ベネズエラ
1975年	1991年の決定的作戦中断以降停止	西サハラ
1994年	1994年の合意以降停止	イエメン
1991年	1991年の合意以降停止	ユーゴスラビア
1991年	1992年の合意以降停止	
1998年	1999年の決定的作戦中断以降停止	
1999年	1999年の合意以降停止	
1998年	2002年撤兵	ジンバブエ

索 引

【英数字】

ABM条約　28
CIA　106
ELN　104
EU　21, 51, 59, 67
FARC　104-105
FIS　70
FNLA　101
GIA　70
HIV/AIDS　86-87, 90, 92, 100, 114
ICC　39
IMF　102
IMU　76
IRA　53
KADEC　65
KDP　65
KLA　57
LTTE　82-83
M-19　104
MPLA　101
NATO　20, 21, 37, 57, 59, 112, 114
NGO　108-109
NLD　81
NMD　28
PKK　65
PKO　21
PLO　22, 66-68, 71
PUK　65
RUF　49, 91, 114
SLORC　81
SPDC　81
SPLA　98-99
UNITA　100-101

【ア行】

アイルランド　52, 53
アウン・サン・スー・チー　81
悪の枢軸　37, 72-73
アジア　20, 74-75
　　武力紛争　10
　　紛争地　75
アジャリア　61
アゼルバイジャン　60
アタチュウルク将軍、ムスターファ・ケマル　64
アダムス、ゲリー　52, 53
アチェ自治州　43
アパルトヘイト　100, 114
アハーン、バーティー　52
アブ・サヤフ・グループ　84
アフガニスタン　36, 45, 50, 75-76, 78-79, 81
　　民族分布　79
アブハジア　60, 61
アフリカ　86-89
　　角　96-97
　　紛争地帯　87
アフリカ南部　100-101
アヘン　78-79, 104
アミン、イディ　95

アメリカ　10, 20, 21, 24, 26, 28, 29, 35, 36-37, 39, 42, 63, 65, 67, 73, 76, 96, 99, 103, 106
アメリカ国防総省　21, 34, 42, 72, 78
アラブ世界　62-63, 73
アラファト議長、ヤセル　66-67, 71
アリアス、オスカル　107
アリスティード、ジャン・ベルトラン　107
アル・バシル　99
アルカイダ　34, 35, 72-73, 76, 78, 84, 99
アルコール　48, 49
アルジェリア　42, 50, 70
アルゼンチン　102
アルバニア　32, 33
アルバニア人　57, 114
アルベンツ、ジャコボ　106
アンゴラ　86, 92, 100-101, 108
アンゴラ解放国民戦線　101
アンゴラ解放人民運動　101
アンゴラ全面独立　100
暗殺　11, 34, 42
安全保障　20, 21, 26, 36

イースター蜂起　53
イエメン　29, 35
イギリス　29, 33, 62, 64-65
イスラエル　29, 43, 62-63, 66-67, 108, 115
イスラエル人　68-69
イスラム・シャリア法　98
イスラム救国戦線　70
イスラム教徒　83, 84, 98
イタリア　65
1党制　17
移民　14, 15
イラク　29, 47, 64-65, 72-73, 115
イラン　29, 45, 47, 62, 72-73
イングランド　52
インティファーダ　67-69, 115
インド　28, 29, 47, 50, 74, 80
インドネシア　43, 49, 74-75, 84-85
インフラストラクチャ　25

ウイグル族　77
ウィリアムIII世　53
ヴォイヴォディナ　54, 56
ウガンダ　92, 95, 99
ウズベキスタン　75-77
ウズベキスタン・イスラム教運動　76
ウズベク族　77, 79
ウルグアイ　102

衛星　28
エクアドル　104-105
エジプト　29, 33, 62, 66, 71
エスニック・ライン（民族分界線）　84
エチオピア　96-98
エリトリア　96-97
エルサルバドル　102-103, 106
エルサレム　69

オジャラン、アブドラ　65
オスマン帝国　62, 64, 72

オスロ　106
オスロ・プロセス　115
オセアニア人　60
オマル、ムラー　78
オルテガ、ダニエル　107

【カ行】

ガーナ　91
化学兵器　43, 72
カガメ、ポール　94
核実験　29
核弾頭総数　29
核兵器　28
革命統一戦線　49, 91, 114
カサーヴブ　92
ガザ地区　43, 45, 67-69
カザフスタン　76-77
カザフ族　77
カシミール　80
カダフィ大佐　71
カトリック　52, 53
カビラ、ジョセフ　92
カビラ、ローラン　92, 94
ガボン　91
ガマ・アル・イスラミーヤ　71
カラジッチ、ラドヴァン　58
ガラン、ジョン　99
ガリ、ブトロス・ブトロス　108
カルザイ大統領、ハミド　78
カルマル、バルブラク　78
カメルーン　91
漢族　74, 76, 77
ガンビア　91
カンボジア　43, 84, 112, 115
カーン、イスマイル　78
カーン、レザ　73

飢餓　96-97
北アイルランド　42, 51, 52-53, 108, 114
北アフリカ　10, 20, 62-63, 64, 70-71
北オセチア　61
北朝鮮　24
ギニア　91
ギニアビサウ　91
虐殺　11, 57
キューバ　47, 100-101
旧ユーゴスラビア国際犯罪法廷　58
脅威　18, 21
共産主義　54
ギリシャ　65
キリスト教徒　83, 98
キルギス　76-77

グアテマラ　42, 102-103, 106, 114
クウェート侵攻　71, 72
9月11日　21, 34, 36, 72, 78
グジャラート暴動　81
クマノヴォ合意　57
クメール・ルージュ　43, 84, 115
グラン・コロンビア　104-107

124

グルジア　60
クルディスタン　64
クルディスタン愛国同盟　65
クルディスタン自由と民主のための議会　65
クルディスタン民主党　65
クルド　29
クルド族　64-65, 72, 115
クロアチア　54, 58
クロアチア人　42, 115
黒い9月事件　66
軍構成員　22, 23
軍事独裁制　17
軍事費　26-27, 36
軍事プレゼンス　36, 60
君主制　17, 54
軍隊　22, 23, 38, 40
軍備　20-21

警察　11, 14, 15
ケニヤ　65
ゲリラ　40, 42, 43

強姦　38, 42, 43
攻撃ヘリコプター　20
拷問　38, 42, 48
コーカサス　51, 60-61
コシュトニツァ、ヴォイスラフ　57
コートジボワール　91
コカイン　104
小型武器　32-33, 48, 100, 109
コカの葉生産　104
国際人道法　38
国際犯罪法廷　39
国際平和維持軍　54, 84
国籍　18
国民解放軍　104
国民民主連盟　81
国連　67
国連安全保障理事会　38, 54, 57, 59
国連憲章　38
国際通貨基金　102
国連人間開発指数　13, 97
国連人間開発報告書　12
国連平和維持活動　21, 39, 94, 112
国連平和維持軍　91, 101, 112
コスタリカ　107
コソヴォ　32, 54, 56-57, 59, 112, 114
　解放軍　57
国家債務　91
国家法秩序回復評議会　81
国家平和発展評議会　81
子ども　42, 43, 48
子ども兵士　48-49, 81, 91, 109
コルデロ大統領　105
コロンビア　42, 48, 102-105
コロンビア革命軍　104-105
コンゴ　50
コンゴ共和国　93
コンゴ民主共和国　86, 88, 92-94
コントラ　106

【サ行】

ザイール　33, 92, 94
裁判なしの処刑　14, 15
最貧国　12
サヴィンビ、ジョナス　100-101, 108
サウジアラビア　21, 73
サスヌゲソ、デニス　93
サダト大統領、アンワル　66, 71
サッカー戦争　106
サハラ以南アフリカ　10, 86
サラエボ　109
残虐行為　42-43
サンディニスタ国民解放戦線　107
サンディノ、アウグスト　107
シェイク・オマール・アブデルラーマン　71
シエラレオネ　42, 86, 91, 112, 114
シエラレオネ革命統一戦線　49
4月19日運動　104
死者数、戦争　40
失踪　42
自爆攻撃　35
ジブチ　96-97
社会経済　109
シャーマン将軍、ウィリアム　38
シャロン、アリエル　43, 67
自由　16, 18
従属地域　
自由の抑圧　14
主の抵抗軍　95
常備軍　22, 23
植民地　88
植民地戦争　50
処刑　42, 43
女性　43
　軍隊　24, 25
地雷　46-47, 100, 109
地雷禁止条約　46, 47
シリア　65
シンガポール　47
人権　14-15
人権侵害　14, 15
ジンジッチ首相　57
人種　18, 19
新疆ウイグル自治区　74, 76-77
神殿の丘　67
ジンバブエ　86, 89, 92, 101
シンハラ人　82-83

スイス　24, 33
スーダン　86, 92, 98-99
スーダン民族解放軍　98-99
スペイト、ジョージ　85
スペイン　51, 70, 106
スリナム　102-103
スリランカ　48, 82-83
スリランカ　115
スルプスカ共和国　54, 59
スロベニア　54
スワジランド　101

西岸地区　67-69
政治指導者　34
政治体制　16-17, 71, 85, 101
政治的枠組み　109
政治リーダー　11, 34, 39, 51, 60
政府軍　42
生物化学兵器　29
セーシェル　33
セーブル条約　64
世界の武力紛争　10
赤道ギニア　91
石油　36, 63, 72-73, 76, 85, 92, 99, 105
セネガル　91
セラシエ、ハイレ　96
セルビア　54, 56
セルビア・モンテネグロ　58, 59
セルビア人　42, 57, 112, 114-115
選挙　16
戦死者　41
戦車　20, 21
戦争の原因　10-11
戦争犯罪　39
センデロ・ルミノソ　105
戦闘艦艇　20
戦闘用航空機　20, 21
千日戦争　104

ソビエト連邦　10, 16, 20, 51, 67, 76, 78, 100-101
ソマリア　96-97
ソモサ、アナスタシオ　107
ソロモン諸島　85

【タ行】

第一次世界大戦　52, 62, 64
第一次中東戦争　66
大英帝国　52
大韓民国　47
第三次中東戦争　66, 71
対人地雷生産国　47
対人地雷備蓄量　46
第二次世界大戦　20, 21, 71, 74, 94
第二次中東戦争　66
第四次中東戦争　66
大量虐殺　39, 43
大量破壊兵器　28-29
台湾　85
ダゲスタン　61
ダジキスタン　76-77
タジク人　78-79
ダオウド、モハンマド　78
タミール・イーラム解放のトラ　82-83
タミール人　82-83
タリバン　78-79, 81
タンザニア　95
弾道弾迎撃ミサイル制限条約　28
チェチェン　43, 60, 61, 115
チトー　54
チベット　74

チャウダリ、マヘンドラ　85
チャコ戦争　105
チャド　92, 94-95
チャベス、ヒューゴ　102, 105
チャモロ、ヴィオレッタ　107
中央アジア　32, 36, 60, 76-77
中央アメリカ　106-107
中華人民共和国（中国）　20, 29, 39, 47, 74, 76
中東　20, 21, 36, 62-63
　　武力紛争　10
中米　112
　　武力紛争　10
チュニジア　71
朝鮮戦争　74
朝鮮民主主義人民共和国　47, 75
徴兵　24, 48
チリ　102

ツォツィル族　42
ツチ族　43, 92

デ・クラーク　114
デイトン（和平）合意　55, 57, 115
ディンカ族　98
テクノロジー　23
デモ　11
デルグ　96, 98
テロ　36
テロリスト　34, 36, 43
テロリズム　34-35, 37
天然資源　76, 84, 90, 92, 93

ドイツ　21
東南アジア　74, 84-85
トーゴ　91
独裁　16
独立戦争　10, 13, 15, 17, 19
ドスタム、ラシド　78
ドミニカ共和国　107
ドラッグ　48, 49
トリンブル、デイビッド　52
トルクメニスタン　77
トルクメン族　77, 79
トルコ　64-65
トルコ・クルディスタン労働者党　65
トロータ将軍、フォン　88
トーン、ウルフ　53

【ナ行】

ナイジェリア　86, 91
内戦　12, 13, 14, 15, 16, 17, 18, 19
ナゴルノ・カラバフ　61
ナジブラ将軍　78
ナショナリズム　56
ナセル、ガメル　71
ナヒチェヴァン　61
ナミビア　92, 100-101, 112
南沙諸島　85
南米　10
南北戦争　38

難民　14, 15, 43, 44-45, 54, 68-69
難民支援プログラム　44
難民の流れ　61
ニカラグア　102-103, 107
西アフリカ　90-91
ニジェール　91
西サハラ　70
西ティモール　85
日露戦争　74
日中戦争　74
日本　29

ヌエル族　98
ヌリスタン人　79

ネタニヤフ、ベンジャミン　67
ネパール　75, 81

ノーベル平和賞　66-67, 107
ノリエガ　107
ノルウェー　82, 106
ノルマン人　53

【ハ行】

ハーグ　39, 58
バース党　72
ハイチ　107
バガザ　94
パキスタン　28, 29, 45, 47, 75, 80
ハザラ人　78-79
パシュトゥーン人　78-79
ハタミ、ムハンマド　73
ハッサン国王　70
発展国　12
パナマ　107
パパ・ドック　107
ハブヤリマナ　94
ハマ、シリア　43
ハマーショルド、ダグ　92
ハマス　66-67
ハラブジャ、イラク　43
ハラム・アッシャリーフ　67
バルーチー族　79
バレ、シアド　96
パレスチナ　108, 115
パレスチナ解放機構　66-68, 71
パレスチナ暫定自治政府　45, 66-67
パレスチナ人　68-69
パーレビ、モハンマド・レザ・シャー　73
パンキシ地峡　61
バングラデシュ　43
反乱　12, 23, 34

東ティモール　43, 75, 84-85
非暴力　12
ヒューム、ジョン　52, 53
貧困　12, 36
ヒンドゥー教　81, 83
ビン・ラディン、オサマ　73, 78, 99

ファランヘ党　43
フィジー　85
フィリピン　36, 84
フェルガナ峡谷　76-77
武器禁輸　30
武器取引　30-31
フジモリ、アルベルト　105
不審船舶　32
フセイン、サダム　72
武装イスラム・グループ　70
仏教徒　83
ブッシュ政権　36
ブッシュ大統領　34, 72-73
フツ族　33, 43, 92, 94, 95
ブーテフリッカ、アブデラジス　70
不発弾　46
富裕国　12
ブヨヤ　94
ブラジル　102-103
プラバカラン、ヴェルピライ　82
フランス　21, 29, 33, 50, 62, 64-65
武力紛争　10, 16, 30, 33, 50
ブルキナファソ　91
ブルギバ、ハビブ　71
ブルンジ　47, 48, 94-95
ブレア、トニー　52
プレシェヴォ峡谷　57
プロテスタント　52, 53
文化大革命　74

兵役　24-25
平均寿命　89-90, 93
米軍兵力　37
兵士　22, 23
平和維持活動　96, 108, 112-113
平和維持軍　112
平和の構築と破壊　111
ベギン、メナヘム　66
ヘクマチアル、グルブディン　78
ベタンクール、ロムロ　105
ベトナム　47, 74, 84
ベトナム戦争　24, 36, 74
ベニン　91
ベネズエラ　102-105, 106
ベビー・ドック　107
ペルー　42, 102-103
ベルギー　33, 92, 94
ペレス外相、シモン　67
ベン・アリ、ジネ・アル・アビジーネ　71
暴力　11, 14, 15, 18, 48
北東アジア　20
北部同盟　78
北米ミサイル防衛　28
保健　91
ボスニア・ヘルツェゴビナ　42, 54, 57, 58, 59, 112, 114
ボスニア人　42, 115
ボツワナ　100-101
ボナパルト、ナポレオン　62

ホメイニ師、アヤトラ　72-73
ポリサリオ戦線　70
ボリビア　48, 104-105
捕虜　38
ポルトガル　50, 85, 101
ホンジュラス　106

【マ行】

マケドニア　54, 59
マスード、アーマド・シャー　78
マハウド大統領　105
マリ　91
マレーシア　84
マンデラ、ネルソン　94, 114

ミコンベロ　94
南アジア　74, 80-81
南アフリカ　86, 100-101, 114
南オセチア　61
ミャンマー　43, 47, 74-75, 79
ミロシェビッチ、スロボダン　54, 55, 56, 57
民衆　11, 38, 60
　　要求　12
民主国家　16
民主主義　16
民主政治　11, 16
民主制度　16, 17
民族　10
民族グループ　18
民族浄化　42, 55
民族性　18-19
民族同盟　100-101
民兵　43

ムーア人　83
ムジャヘディン　78
ムスリム　67, 73, 78, 81, 84

ムセヴェニ大統領、ヨウェリ　95, 99
無秩序　17
ムバラク、ホスニ　71

メイジャー、ジョン　52
メキシコ　42, 106
メサ将軍　105

毛沢東主義共産党　81
モーリタニア　91
モサデク、モハンマド　73
モザンビーク　50, 91, 100-101, 112, 115
モハンメド6世　70
モブツ、ジョセフ　92
モロッコ　70
モンロー大統領　103

【ヤ行】

ユーゴスラビア　16, 51, 54-55, 56-57, 58-59
ユーゴスラビア犯罪法廷　39, 57
ユダヤ人　68-69
ユニオニスト　114

ヨーロッパ　10, 20, 50, 51, 62-63, 64
予備軍　22, 23
ヨルダン　45, 66

【ラ行】

ラ・ヴィオレンシア　104
ラテン・アメリカ　102-103
　　紛争地帯　103
ラバニ、ブルハヌディン　78
ラビン首相、イツハク　66-67

リビア　71
リベリア　86, 91

ルムンバ、パトリチェ　92
ルワンダ　33, 43, 86, 92, 94-95
ルワンダ愛国戦線　94
ルワンダ法廷　39

冷戦　10, 20, 22, 26, 28, 30, 36, 100, 112
レイノルズ、アルバート　52
レーガン大統領　103
レーダー　28
レオポルド2世　92
レズギン人　60, 61
レソト　101
レナモ　115
レバノン　66

ロイヤリスト　114
ローズベルト、セオドア　103
ローマ合意　39
ロシア（連邦）　20, 28, 39, 43, 47, 67, 76
ロシア人　77
ロヒンギャ族　43
ロングビーチ　32

【ワ・ン行】

ワールド・トレード・センター　21, 34, 42, 71, 78
ワイ・リバー覚書　67
和解　18, 109
和解構築　108-109
和平　32, 48, 51
和平合意　110-111
和平プロセス　114-115
湾岸戦争　67, 72-73

ンダダイェ　94

[編 著]

ダン・スミス
ノルウェー、オスロの国際平和研究所元ディレクター。
現在はシニア・アドバイザーとして活躍。
2002年、大英帝国爵位OBEを授与される。
著 書
"The State of the World Atlas"
"Pressure：How America runs NATO"の他、
犯罪小説など多数。

アネ・ブレーン
ノルウェー、オスロの国際平和研究所の東地中海プロジェクト・マネージャー。大学でアラビア語と中東研究を学んだ後、民間人オブザーバーとして、ヘブロンの暫定国際プレゼンスに参加。

[翻 訳]

森岡しげのり
軍事研究家。軍事、兵器、小火器、航空機関連の翻訳多数。世界各地の紛争と歴史に詳しい。

翻訳協力　徳岡 麻絵子
DTP　　　リリーフ・システムズ

THE ATLAS OF WAR AND PEACE
最新版アトラス　世界紛争・軍備地図

2003年10月24日　第1刷発行

編　著	ダン・スミス
翻　訳	森岡しげのり
発行者	荒井 秀夫
発行所	株式会社ゆまに書房
	東京都千代田区内神田2-7-6
	〒101-0047
	TEL 03-5296-0491
印刷・製本	株式会社 シナノ

日本語版版権©2003　株式会社ゆまに書房

乱丁・落丁の場合はお取替いたします
ISBN4-8433-0998-2 C0031